STARK

TRAINING MATHEMATIK

Herbert Kuon

Übertritt auf das Berufliche Gymnasium · Berufskolleg

STARK

Bildnachweis.
Umschlagbild: © YBond – Fotolia.com
Seite 1: Handytasche: © mipan – Fotolia.com
Seite 2: Block: © ilco / sxc.hu
Seite 9: Notizzettel: © hansenn – Fotolia.com
Seite 16: Füller: © Johnfoto / Dreamstime.com; Block: © fotoflash – Fotolia.com
Seite 17: Kartoffeln: © Red2000 / Dreamstime.com; Tomaten: © http://www.pachd.com/free-images/
Seite 19: Reisbrett: © Stark Verlag
Seite 20: Hefe: © KariDesign – Fotolia.com
Seite 28: Mädchen: © Dannyphoto80 / Dreamstime.com; Kellnertablett: © Mocoloco – Fotolia.com
Seite 31: Treppe: © Visions-AD – Fotolia.com
Seite 37: Federball: © UMA – Fotolia.com
Seite 57: Schachtel: © VRD – Fotolia.com
Seite 67: Auto: © Robwilson39 / Dreamstime.com; Schild: © Torbz – Fotolia.com; Junge: © gekaskr – Fotolia.com
Seite 68: Fußball: © Vincent Giordano / Dreamstime.com; Mädchen: © Darrin Henry – Fotolia.com
Seite 70: Schild an Faden: © Ivan Bliznetsov / Dreamstime.com; Brücke: © Thierry ZENNARO – Fotolia.com
Seite 83: Junge: © Willeecole / Dreamstime.com
Seite 86: Häuserfront: © Neca Cerin / www.sxc.hu; Mann in Anzug: © Lea – Fotolia.com; Mann mit Leiter: © Lisa F. Young / Dreamstime.com; Haus: © roman Sika / Dreamstime.com
Seite 87: Mechaniker: © Uwe Annas – Fotolia.com
Seite 88: Katze: © S. Simon / www.sxc.hu
Seite 90: Block stehend: © Josep Altarriba / sxc.hu; Schiedsrichter: © Alexandru Dobre / Dreamstime.com
Seite 91: Schale: © Kristina Shukurova – Fotolia.com; Kugeln: © Foto Zihlmann – Fotolia.com
Seite 92: Lose: © Heinz Tschanz-Hofmann / Dreamstime.com
Seite 93: Kreuz 7, Karo 7: © Bergfee – Fotolia.com
Seite 94: Würfel: © Folco Banfi / Dreamstime.com
Seite 95: Gummibärchen: © Stark Verlag
Seite 96: Einmachglas: © m-produktfotos.de – Fotolia.com
Seite 97: Mädchen: © Yuri Arcurs – Fotolia.com
Seite 98: Buchstabenplättchen: © Yobro10 / Dreamstime.com
Seite 99: Domino: © djama – Fotolia.com
Seite 102: Schilfrohr: © Visions-AD – Fotolia.com; Surfboard: © Bernardo Varela / Dreamstime.com
Seite 107: Rechenseil: © dieter stein e.k., www.dieters-holzspielzeug.de
Seite 108: Straßenkreuzung: © 3drenderings / Dreamstime.com
Seite 109: Bach: © Foto Zihlmann – Fotolia.com
Seite 112: Goldbarren: © Maximo Sanz – Fotolia.com
Seite 113: Würfel mit Hand: © Sergey Galushko – Fotolia.com
Seite 115: Holzspiel: © Mikhail Rulkov / Dreamstime.com
Seite 118: Messzylinder: © Alsos / Dreamstime.com; Würfel: © Vaide / istockphoto.com; Batterien: © Sergey Lagutin – Fotolia.com; Spardose: © Stark Verlag
Seite 119: Pyramide: © Titan120 / Dreamstime.com; Konservendose: © Spauln – Fotolia.com; Mauerdreieck: © Stark Verlag
Seite 123: Smartphones: © Scanrail – Fotolia.com
Seite 132: Straße: © albert schleich – Fotolia.com
Seite 142: Bankordner: © Lars Koch – Fotolia.com

ISBN 978-3-86668-670-0

www.stark-verlag.de

Inhalt

Fortsetzung nächste Seite

Autor: Herbert Kuon

Vorwort

Liebe Schülerin, lieber Schüler,

du schließt gerade die Realschule ab und möchtest danach eine weiterführende Schule wie das Berufliche Gymnasium oder das Berufskolleg besuchen? Mithilfe dieses Buches kannst du dich optimal auf deinen Übertritt auf die neue Schule vorbereiten.
Dafür ist dieses Buch in zwei wesentliche Teile gegliedert:

Teil 1: **Wiederholung und Vertiefung** aller relevanten Stoffinhalte der **Klassen 5 bis 10**

Teil 2: **Einblick** in den Schwerpunkt „Funktionenklassen" des **Beruflichen Gymnasiums • Berufskollegs**

Ziel ist es, dass du selbstständig lernst und dich konsequent auf den Einstieg in die Oberstufe vorbereitest. Um dir die Arbeit zu erleichtern, sind alle Kapitel dieses Buches folgendermaßen aufgebaut:

- Am Anfang jedes Abschnitts wird das **Thema kurz eingeführt**.
- In den **Merkkästen** wird die Rechenregel bzw. das Wichtigste des Stoffes einprägsam dargestellt.
- Anhand von **anschaulichen Beispielen und deren Lösungen** wird der neue Stoff ausführlich erläutert.
- Mit einer Vielzahl von **Übungsaufgaben** kannst du dein Wissen festigen.
- **Kleinschrittige Lösungen** mit vielen zusätzlichen Hilfestellungen unterstützen dich dabei, deine eigenen Lösungen zu kontrollieren.

Wenn du zielstrebig mit diesem Buch arbeitest, gewinnst du nach und nach die notwendige Sicherheit und genug Selbstvertrauen. Lass dich nicht von Fehlern abschrecken. Sie gehören zum steinigen Weg des Lernerfolgs dazu.

Ich wünsche dir viel Freude und Erfolg bei deiner weiteren Schullaufbahn!

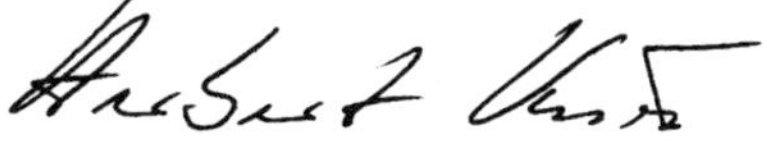

Herbert Kuon

Elementare Voraussetzungen

1 Terme

Julia zahlt für ihre Internet-Flatrate 19,95 € pro Monat. Hinzu kommen 9,95 € für die SMS-Flatrate und 7 ct für jede abtelefonierte Minute. Um die Kosten pro Tag zu ermitteln, stellt sie folgenden Term auf:
$(19{,}95\,€ + 9{,}95\,€ + 0{,}07x) : 30$

Während die beiden Flatrates Fixkosten sind, sind die Kosten für die Gesprächsminuten variabel. In Termen unterscheidet man also zwischen Konstanten (lat.: constans = „fest") und Variablen (lat: variabilis = „veränderlich").

Terme

- Zahlen sind **Konstanten**. Sie sind feststehend bzw. unveränderlich.
- Buchstaben sind **Variablen**. Variablen sind lediglich Platzhalter, für die beliebige Zahlen eingesetzt werden können.
- **Terme** sind sinnvolle Zusammenstellungen von Zahlen und/oder Variablen, die durch Rechenzeichen wie +, –, ·, : usw. und Klammern miteinander verbunden sind.
- Für **gleiche Variablen** innerhalb eines Termes muss die **gleiche Zahl** eingesetzt werden.
- Nach dem Einsetzen von Zahlen für die Variablen lässt sich der **Wert des Terms** berechnen.

Beispiele

1. Entscheide, ob die nachfolgenden Ausdrücke Terme sind.

a) $3x$ b) $x + y$

c) $(a + b))^2$ d) $a + -0{,}5$

Lösung:

a) $3x$ ist ein Term. — $3x$ kann auch als $3 \cdot x$ geschrieben werden.

b) $x + y$ ist ein Term. — Es handelt sich um eine sinnvolle Zusammensetzung der beiden Variablen x und y und des Rechenzeichens +.

c) $(a + b))^2$ ist kein Term. — Es geht nur 1 Klammer auf, aber 2 gehen zu.

d) $a + -0{,}5$ ist kein Term. — Hinter einem Rechenzeichen darf nur ein Vorzeichen folgen: $a + (-0{,}5)$ wäre ein Term.

2. Im Term 4a ist 4 eine Konstante und a eine Variable, für die jede beliebige Zahl eingesetzt werden kann, z. B. 5, 6 oder –1. Man erhält dann:

4	·	**5**	=	20
4	·	**6**	=	24
4	·	**(–1)**	=	–4
↑		↑		↑
konstanter Faktor		variabler Faktor		Wert des Terms

1 Berechne die Termwerte von $T = ax + 3a + 2$ für $a = -3, -1, 2, 4$ und $x = -1, 2$.

2 Familie Trank zahlt monatlich für ihr geleastes Fahrzeug 343 € inklusive 20 000 km Pauschale pro Jahr. Jeden gefahrenen Kilometer mehr muss sie zusätzlich mit 30 ct vergüten. Für jeden Kilometer, den sie weniger als die vereinbarte Pauschale fährt, bekommt sie 15 ct wieder.
Alle weiteren Kosten hat Herr Trank notiert.
Stelle zwei Terme auf, die die Kosten pro Jahr für das Auto wiedergeben. Unterscheide dabei die gefahrenen Kilometer.

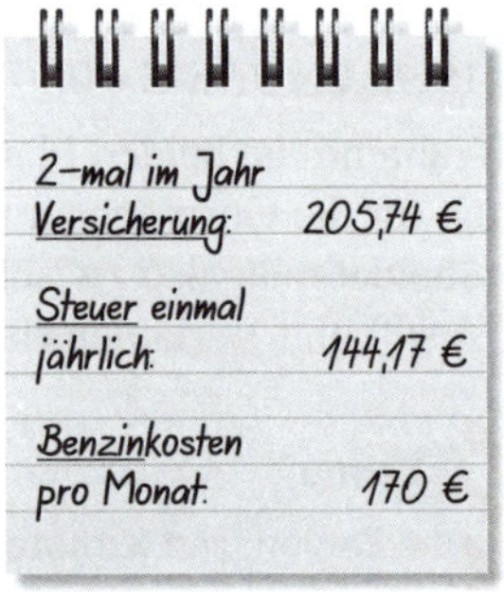

2 Rechnen mit Brüchen und Bruchtermen

Brüche erweitern die Menge der ganzen Zahlen $\mathbb{Z}$ zur **Menge der rationalen Zahlen** $\mathbb{Q}$ (vgl. Kap. 3). Am Zahlenstrahl liegen sie zwischen den ganzen Zahlen:

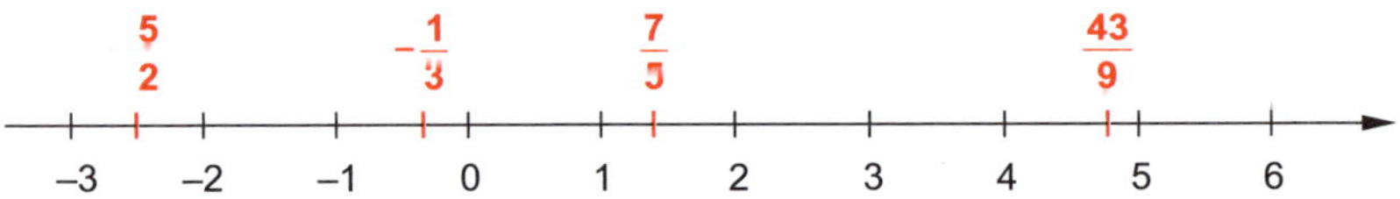

Bruch

Jeder Bruch besteht aus Zähler, Bruchstrich und Nenner und ist äquivalent zur Division des Zählers durch den Nenner.

$$\frac{a}{b} \quad \begin{array}{l} \leftarrow \text{Zähler} \\ \leftarrow \text{Bruchstrich} \\ \leftarrow \text{Nenner} \end{array} \qquad b \neq 0$$

Brucharten

- Ist der Zähler kleiner als der Nenner, spricht man von einem **echten Bruch**.
- Ist der Zähler größer oder gleich dem Nenner, spricht man von einem **unechten Bruch**.
- **Gemischte Zahlen** bestehen aus einer ganzen Zahl und einem Bruch.
- Jede ganze Zahl lässt sich als Bruch mit Nenner 1 schreiben: $a = \frac{a}{1}$

Beispiel

Echte Brüche: $\frac{3}{4}; \frac{6}{16}; \frac{1}{8}; \frac{a}{a+1}$ für $a > 0$

Unechte Brüche: $\frac{7}{3}; \frac{13}{5}; \frac{2}{1}; \frac{a+1}{a}$ für $a > 0$

Gemischte Zahlen: $2\frac{1}{2}; 3\frac{2}{3}; 15\frac{4}{17}$

3 Ordne richtig zu.

$\frac{15}{19}$ $\frac{50}{1}$ $\frac{4}{3}$ $3\frac{3}{4}$ $\frac{12}{3}$ $\frac{10}{16}$ $2\frac{1}{2}$ $\frac{3}{8}$

echter Bruch **unechter Bruch** **gemischte Zahl**

Erweitern und Kürzen von Brüchen

- Beim **Erweitern** eines Bruchs werden Zähler und Nenner mit derselben Zahl (Erweiterungszahl) multipliziert:

$\frac{a \cdot c}{b \cdot c}$ $\left(\frac{a}{b} \text{ erweitert mit } c\right)$ $b \neq 0; c \neq 0$

- Beim **Kürzen** eines Bruchs werden Zähler und Nenner durch dieselbe Zahl dividiert:

  $\frac{a:c}{b:c}$ $\left(\frac{a}{b} \text{ gekürzt mit c}\right)$ $b \neq 0; c \neq 0$

Beim Erweitern und beim Kürzen eines Bruches bleibt sein **Wert unverändert**.

Beispiele

1. $\frac{3}{4}$ erweitert mit 5x: $\frac{3 \cdot \mathbf{5x}}{4 \cdot \mathbf{5x}} = \frac{15x}{20x}$

2. $\frac{24a}{36a}$ gekürzt mit 12a: $\frac{24a : \mathbf{12a}}{36a : \mathbf{12a}} = \frac{2}{3}$

4 Erweitere die Brüche jeweils mit 5, –2, 6a bzw. 15x.

a) $-\frac{x}{2y}$ b) $\frac{3(a+b)}{4b}$

5 Kürze die Brüche so weit wie möglich.

a) $\frac{24a}{32b}$ b) $\frac{24(a+b)}{44(a+b)}$

c) $\frac{60a^2b^2}{125ab^3}$ d) $\frac{19(x+y)}{57(x+y)^3}$

Hauptnenner

Um Brüche der Größe nach anzuordnen, bringt man sie auf den **Hauptnenner**. Der Hauptnenner ist das kgV (kleinstes gemeinsames Vielfaches) der jeweiligen Nenner.

Beispiel

Ordne die Brüche $\frac{3}{4}$, $\frac{2}{5}$ und $\frac{4}{15}$ der Größe nach.

Lösung:

Zuerst werden die Brüche durch Erweitern auf den Hauptnenner gebracht. Das kgV der Nenner 4, 5 und 15 ist 60.

$$\frac{3}{4} = \frac{3 \cdot 15}{4 \cdot 15} = \frac{45}{\mathbf{60}}, \quad \frac{2}{5} = \frac{2 \cdot 12}{5 \cdot 12} = \frac{24}{\mathbf{60}}, \quad \frac{4}{15} = \frac{4 \cdot 4}{15 \cdot 4} = \frac{16}{\mathbf{60}} \quad \Rightarrow \quad \frac{16}{60} < \frac{24}{60} < \frac{45}{60}$$

Also: $\frac{4}{15} < \frac{2}{5} < \frac{3}{4}$

6 Bilde jeweils den Hauptnenner.

1. Nenner	7	x	7a	4x	x + y	36a
2. Nenner	2	y	3ab	3y	3x	11b
3. Nenner	14	z	$14ab^2$	24x	6x	10ab
Hauptnenner						

7 Setze die Rechenzeichen <, > und = passend ein ($a \neq 0$; $x \neq 0$; $b \neq 0$).

a) $\frac{3}{4}$ □ $\frac{4}{5}$

b) $\frac{3}{15}a^2$ □ $\frac{3}{17}a^2$

c) $\frac{2}{7}$ □ $\frac{1}{4}$

d) $\frac{3}{14}x^2$ □ $\frac{7}{27}x^2$

e) $\frac{54}{60}$ □ 0,9

f) $0{,}7b^2$ □ $\frac{9}{15}b^2$

Addieren und Subtrahieren von Brüchen

Für das Addieren und Subtrahieren von Brüchen braucht man die Rechengesetze für das Addieren und Subtrahieren ganzer Zahlen.

Addieren und Subtrahieren von Brüchen

- **Gleichnamige Brüche** werden addiert (subtrahiert), indem man die Zähler addiert (subtrahiert) und den Nenner beibehält.
  $\frac{a}{c} + \frac{b}{c} = \frac{a+b}{c}$ und $\frac{a}{c} - \frac{b}{c} = \frac{a-b}{c}$ $c \neq 0$
- **Ungleichnamige Brüche** müssen zuerst durch Erweitern oder Kürzen gleichnamig gemacht werden.
- Bei der Addition bzw. Subtraktion von **Brüchen und Dezimalbrüchen** müssen beide Terme entweder in Brüche oder in Dezimalbrüche umgewandelt werden.

eispiele

1. $\frac{5}{7x} + \frac{3a}{7x} = \frac{5+3a}{7x}$

Zähler addieren und Nenner beibehalten

2. $\frac{7}{18a^2} - \frac{1}{9a} = \frac{7}{18a^2} - \frac{2a}{18a^2} = \frac{7-2a}{18a^2}$

- Erweitern von 9a auf HN $18a^2$
- Zähler subtrahieren und Nenner beibehalten

3. $\frac{5x}{16} + 0{,}5x = \frac{5x}{16} + \frac{x}{2} = \frac{5x}{16} + \frac{8x}{16} = \frac{13x}{16}$

- 0,5x in Bruch umwandeln: $0{,}5x = \frac{1}{2}x = \frac{x}{2}$
- Erweitern auf HN 16
- Zähler addieren und Nenner beibehalten

8 Addiere bzw. subtrahiere die Brüche und kürze so weit wie möglich.

a) $\frac{1}{3a}+\frac{2}{5a}$

b) $\frac{4x}{5}-\frac{2}{3x}$

c) $-13\frac{1}{4}-11\frac{5}{6}+0,4$

d) $18\frac{1}{3}-4\frac{5}{6}+1$

e) $\frac{1}{2x}+\frac{2}{3x}+\frac{3}{4x}$

f) $\frac{5}{8x}+\frac{3}{8}-\frac{1}{8}-\frac{3}{8x}$

g) $a-\left(\frac{2}{3}a+\frac{3a}{4}\right)$

h) $3-\left(\frac{x}{3}-\frac{4}{5x}\right)$

i) $\frac{9}{2c}-2\frac{1}{4}-\frac{9}{8c}$

j) $-3x+\frac{4x}{5}-\frac{2}{3x}$

Multiplizieren und Dividieren von Brüchen

Für das Multiplizieren und Dividieren von Brüchen benötigt man die Rechengesetze für das Multiplizieren und Dividieren ganzer Zahlen.

Multiplizieren und Dividieren von Brüchen

- Brüche werden multipliziert, indem man **Zähler mit Zähler** und **Nenner mit Nenner** multipliziert.

  $\frac{a}{c}\cdot\frac{b}{d}=\frac{a\cdot b}{c\cdot d}$ und $\frac{a}{c}\cdot b=\frac{a\cdot b}{c}$ $c\neq 0;\ d\neq 0$

- Brüche werden dividiert, indem man mit dem **Kehrwert des Divisors** multipliziert.

  $\frac{a}{c}:\frac{d}{b}=\frac{a}{c}\cdot\frac{b}{d}=\frac{a\cdot b}{c\cdot d}$ und $\frac{a}{c}:b=\frac{a}{c}\cdot\frac{1}{b}=\frac{a}{c\cdot b}$ $c\neq 0;\ b\neq 0;\ d\neq 0$

Beispiele

1. $\frac{5}{16}\cdot 3=\frac{5}{16}\cdot\frac{3}{1}=\frac{5\cdot 3}{16\cdot 1}=\frac{15}{16}$

Jede ganze Zahl kann als Bruch geschrieben werden.

2. $\frac{5x}{16}\cdot\left(-\frac{1}{8}\right)=-\frac{5x\cdot 1}{16\cdot 8}=-\frac{5x}{128}$

Auch bei Brüchen gelten die **Vorzeichenregeln**.

3. $\frac{5}{16x}:3x=\frac{5}{16x}:\frac{3x}{1}=\frac{5}{16x}\cdot\frac{1}{3x}=\frac{5}{48x^2}$

Unterscheide zwischen Dividend $\left(\frac{5}{16}\right)$ und Divisor $\left(\frac{3}{1}\right)$.

4. $\frac{\frac{3a}{4}}{\frac{5a}{6}}=\frac{3a}{4}:\frac{5a}{6}=\frac{3a\cdot 6}{4\cdot 5a}=\frac{18a}{20a}=\frac{9}{10}$

- Doppelbrüche sind dasselbe wie die Division von Brüchen.
- Kürze das Ergebnis.

9 Multipliziere bzw. dividiere und kürze das Ergebnis.

a) $8a \cdot \frac{3x}{7}$

b) $4\frac{2}{3} \cdot 3x$

c) $\frac{2a}{3} \cdot \frac{1}{4a^2}$

d) $9a : \frac{3x}{7}$

e) $\frac{3b}{10a} : (-2)$

f) $\frac{8xy}{x-y} : \frac{12xy}{x-y}$

10 Berechne die Terme.

a) $\left(1{,}25 - \frac{1}{4}\right) : \left(-1 + \frac{4}{5}\right)$

b) $\frac{3}{4} : \left(-\frac{4}{5}\right) : \frac{5}{6}$

c) $6 \cdot \left(\frac{1}{3a} + \frac{2c}{3}\right)$

d) $-\frac{7}{8}x : \frac{8x}{9} - \frac{x}{4}$

e) $\frac{\frac{5}{15} + \frac{12}{15x}}{x + \frac{12}{5}}$

f) $\frac{3}{4} \cdot 9y : \frac{2y^2}{3} + 2y$

3 Definition der Zahlenmengen

Eine wichtige Voraussetzung zur Beherrschung von Rechenarten, Operationen und mathematischen Fragestellungen ist die Einteilung und Zuordnung von Zahlen in Zahlenmengen.

Die Zahlen und Variablen in Termen gehören mindestens einer der folgenden Zahlenmengen an:

- Menge der **natürlichen** Zahlen: $\mathbb{N} = \{1; 2; 3 \ldots\}$
- Menge der **ganzen** Zahlen: $\mathbb{Z} = \mathbb{N} \cup \{0; -1; -2; -3 \ldots\}$
- Menge der **rationalen** Zahlen: $\mathbb{Q} = \mathbb{Z} \cup$ **Brüche**, z. B. $-\frac{3}{4}; -\frac{1}{2}; \frac{5}{4} \ldots$
- Menge der **reellen** Zahlen: $\mathbb{R} = \mathbb{Q} \cup$ **irrationale Zahlen**, z. B. $\pi; \sqrt{2}; \sqrt{3} \ldots$

Eine Menge A heißt **Teilmenge** einer anderen Menge B, wenn alle Elemente a aus A in B enthalten sind. In Zeichen: $A \subset B$, d. h. $a \in A \Rightarrow a \in B$

Es lässt sich damit folgende Anordnung der Zahlenmengen angeben:
$\mathbb{N} \subset \mathbb{Z} \subset \mathbb{Q} \subset \mathbb{R}$

Hinweis: Soll die 0 zur Menge der natürlichen Zahlen gehören, schreibt man die Menge als $\mathbb{N}_0$.

In der Menge der reellen Zahlen sind also alle anderen Zahlenmengen enthalten. Jede natürliche Zahl ist auch eine ganze Zahl, ebenso eine rationale sowie eine reelle Zahl. Grafisch kann man sich das wie folgt bewusst machen:

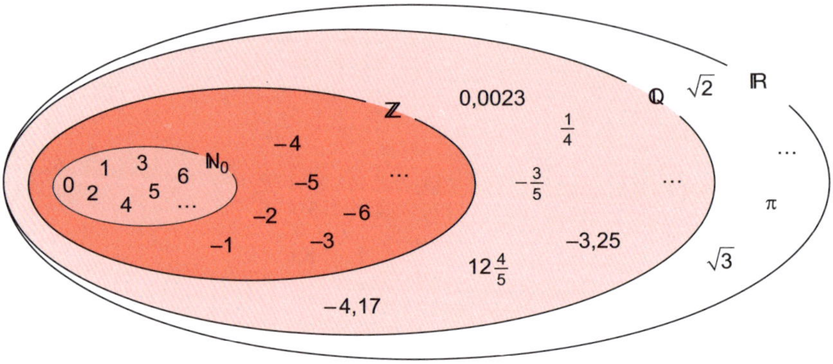

Beispiel

Ordne, falls möglich, die folgenden Zahlen derjenigen Zahlenmenge zu, die in der Hierarchie $\mathbb{N} \subset \mathbb{Z} \subset \mathbb{Q} \subset \mathbb{R}$ die kleinste ist.

a) $\frac{1}{2}$

b) 33,405

c) –2

d) $\sqrt{3}$

e) $\sqrt{-1}$

f) π

Lösung:

a) $\frac{1}{2} \in \mathbb{Q}$

Man spricht: $\frac{1}{2}$ ist Element der Menge $\mathbb{Q}$. $\frac{1}{2}$ ist eine Bruchzahl und gehört damit zu $\mathbb{Q}$.

b) $33{,}405 \in \mathbb{Q}$

33,405 ist eine gemischte Zahl aus ganzen Zahlen und Dezimalbrüchen, gehört also zur Zahlenmenge $\mathbb{Q}$ der rationalen Zahlen.

c) $-2 \in \mathbb{Z}$

–2 ist eine negative ganze Zahl, gehört also zur Menge $\mathbb{Z}$ der ganzen Zahlen.

d) $\sqrt{3} \in \mathbb{R}$

$\sqrt{3}$ ist eine Quadratwurzel und lässt sich nicht als Bruch darstellen, dessen Zähler und Nenner ganze Zahlen sind, gehört also zur Menge $\mathbb{R}$ der reellen Zahlen.

e) $\sqrt{-1}$ nicht definiert

$\sqrt{-1}$ ist in keiner der vier Mengen enthalten.

f) $\pi \in \mathbb{R}$

Die Zahl $\pi = 3{,}14159\ldots$ gehört zur Menge $\mathbb{R}$ der reellen Zahlen.

11 Ordne die folgenden Zahlen der kleinstmöglichen Zahlenmenge zu.

a) $\frac{1}{3}$

b) 15,15

c) –10

d) $\sqrt{10}$

e) –10,1

f) $\sqrt{10{,}1}$

g) $\sqrt{-5}$

h) $3\frac{3}{4}$

i) $-\frac{4}{161}$

j) 4π

4 Rechnen mit reellen Zahlen

Jaqueline berechnet den Term $(4{,}2 + 5{,}7) \cdot 3 - 2$. Jetzt überlegt sie, ob es sich um einen Summenterm, einen Produktterm oder einen Differenzenterm handelt.

$\underbrace{(4{,}2+5{,}7)}_{\text{Summenterm}} \cdot 3 - 2$

$\underbrace{(4{,}2+5{,}7)\cdot 3}_{\text{Produktterm}} - 2$

$\underbrace{(4{,}2+5{,}7)\cdot 3 - 2}_{\text{Differenzenterm}}$

Wenn Terme durch Rechenzeichen miteinander verbunden werden, erhalten sie spezielle Namen. Die letzte ausgeführte Operation bestimmt, um welche Rechenart es sich handelt.

Rechenarten und ihre Bezeichnungen

- Addition: 1. Summand + 2. Summand = Summe
- Subtraktion: Minuend – Subtrahend = Differenz
- Multiplikation: 1. Faktor · 2. Faktor = Produkt
- Division: Dividend : Divisor = Quotient
- Potenzieren: $\text{Basis}^{\text{Exponent}}$ = Wert der Potenz
- Radizieren: $\sqrt{\text{Radikand}}$ = Wert der Wurzel

Beispiel

Übersetze in eine Formel, berechne und gib an, um welche Termart es sich handelt.

a) Bilde die Summe aus 5x und 3x und dividiere sie durch die Differenz aus dem Subtrahenden x und dem Minuenden 5x.

b) Bilde das Produkt aus den Faktoren –4 und 8 und potenziere das Ergebnis mit 2.

c) Addiere zur Wurzel aus $2{,}25x^2$ den Quotienten aus x und 4.

Lösung:

a) $\frac{5x+3x}{5x-x}=\frac{8x}{4x}=2$

Der Term ist ein Quotiententerm.

b) $(-4\cdot 8)^2=(-32)^2=1\,024$

Bei dem Term handelt es sich um einen Potenzterm.

c) $\sqrt{2{,}25x^2}+\frac{x}{4}=1{,}5x+0{,}25x=1{,}75x$

Der Term ist ein Summenterm.

12 Bilde zum Term den passenden Text.

a) $(4x-y):2$

b) $2:(4x-y)$

c) $5(2x+1)$

d) $(3y-1)(2x+1)$

13 Stelle den zugehörigen Term auf.

a) Addiere das Produkt aus 2x und 3y mit dem Produkt aus 2x und 3.

b) Addiere zum Produkt aus 5 und x die Differenz von 6x und 1.

c) Multipliziere den Quotienten aus 1 und x mit der Summe aus 2x und 3.

d) Dividiere das Produkt aus 3x und y mit der Summe aus 3x und y.

Die einzelnen Rechenarten sind eng miteinander verbunden.

Zusammenhang der Rechenarten

- Die Subtraktion ist die Umkehrung der Addition:
  $a - b = c \Rightarrow a = c + b$
- Das Vorzeichen „–" entspricht der Multiplikation mit (–1):
  $-a = (-1) \cdot a$
- Die Division ist die Umkehrung der Multiplikation:
  $a : b = c \Rightarrow a = c \cdot b$
- Die Division durch eine Zahl ist dasselbe wie die Multiplikation mit ihrem Kehrwert:
  $a : b = c \Rightarrow a \cdot \frac{1}{b} = c$
- Das Potenzieren ist die Kurzschreibweise für die Multiplikation von gleichen Faktoren:
  $a^4 = a \cdot a \cdot a \cdot a$

eispiele

1. Von welcher Zahl muss ich 19,87 subtrahieren, um 221,45 zu erhalten?

Lösung:
Die gesuchte Zahl erhält man durch Addition der beiden Zahlen:
$221{,}45 + 19{,}87 = 241{,}32$

2. Berechne $\frac{89}{123} : \frac{1}{4}$ mithilfe des Kehrbruchs.

Lösung:
$\frac{89}{123} \cdot \frac{4}{1} = \frac{356}{123}$

Beim Berechnen von Termen kann man durch das geschickte Anwenden von Rechengesetzen manchmal viel Zeit sparen.

Rechengesetze

- Kommutativgesetze (Vertauschungsgesetze)
  $a + b = b + a$ und $a \cdot b = b \cdot a$
- Assoziativgesetze (Verbindungsgesetze)
  $a + (b + c) = (a + b) + c$ und $a \cdot (b \cdot c) = (a \cdot b) \cdot c$
- Distributivgesetze (Verteilungsgesetze)
  $(a + b) \cdot c = a \cdot c + b \cdot c$ und $(a - b) \cdot c = a \cdot c - b \cdot c$
  $(a + b) : c = a : c + b : c$ und $(a - b) : c = a : c - b : c$

Laut Distributivgesetz gilt:
$(3+4)\cdot 8 = 3\cdot 8 + 4\cdot 8$

Kai und Thorsten wollen dies überprüfen und rechnen jeweils eine der beiden Seiten aus.

Kai:	Thorsten:
$(3+4)\cdot 8 = 7\cdot 8 = 56$	$3\cdot 8 + 4\cdot 8 = 24 + 4\cdot 8 = 28\cdot 8 = 224$ ϟ

Thorsten hat einfach der Reihe nach berechnet, weshalb sein Ergebnis nicht mit Kais richtigem Ergebnis übereinstimmt.
Beim Vereinfachen von Termen müssen gewisse Regeln beachtet werden.

Rechenregeln (Vorfahrtsregeln)
1. Klammern und Wurzeln zuerst
2. Potenzen vor Punkt
3. „Punkt vor Strich", also „·" und „:" haben Vorfahrt vor „+" und „–"
4. Summen in Zählern und Nennern
5. Terme mit mehreren Klammern von innen nach außen
6. Terme mit Addition/Subtraktion von links nach rechts

Diese Vorfahrtsregeln und die obigen Rechengesetze gelten für das Berechnen sowohl von Termen mit Zahlen als auch von Termen mit Variablen.

Beispiele

1. Berechne den Term mit Zahlen:

$$\frac{3+2}{4+6} + (5,2 - 2\cdot 4^2 + 1) - 0,3$$

Lösung:

$$\frac{3+2}{4+6} + \left(5,2 - 2\cdot 4^2 + 1\right) - 0,3$$ Regel 4 und Regel 2

$$= \frac{5}{10} + (5,2 - 2\cdot 16 + 1) - 0,3$$ Regel 3

$$= 0,5 + (5,2 - 32 + 1) - 0,3$$ Kommutativgesetz; Regel 6

$$= 0,5 - 0,3 + (-25,8)$$ Regel 1

$$= 0,2 - 25,8$$

$$= -25,6$$

2. Berechne den Term mit Variablen:

$$a^2 - \left(\sqrt{9}a - 2\cdot(a - 5,4b)\cdot 8 + 2a^2\right)$$

Lösung:

$a^2-\left(\sqrt{9}a-2\cdot(a-5{,}4b)\cdot 8+2a^2\right)$	Kommutativgesetz; Regel 1
$=a^2-(3a-16\cdot(a-5{,}4b)+2a^2)$	Distributivgesetz; Regel 5, „–“ vor Klammer
$=a^2-(3a-16a+86{,}4b+2a^2)$	Regel 1; „–“ vor Klammer
$=a^2-3a+16a-86{,}4b-2a^2$	Kommutativgesetz für das Zusammenfassen
$=-a^2+13a-86{,}4b$	

Du kannst auch mehrere Rechenschritte gleichzeitig durchführen, z. B. die letzten beiden Schritte in Beispiel 1 oder die ersten beiden Schritte in Beispiel 2.

14 Kreuze an und begründe deine Entscheidung.

		wahr	falsch
1	Bei der Rechnung $4-2x$ kann ich das Kommutativgesetz anwenden.	☐	☐
2	Wende ich das Distributivgesetz auf $(-(x^2-23)-5)\cdot 3$ an, so erhalte ich $3\cdot(x^2-23)-3\cdot 5$.	☐	☐
3	Aufgrund des Assoziativgesetzes darf ich $-3\cdot 5a\cdot(-7)\cdot 12x$ auch als $-5\cdot 3ax\cdot(-12)\cdot 7$ schreiben.	☐	☐

15 Berechne nach den Rechengesetzen und Vorfahrtsregeln.

a) $0{,}5x(0{,}3+2y)-x$

b) $-(6x-0{,}2y)-15x\cdot 3$

c) $2+(1-x)\cdot 75+\left(12^2-3\right)$

d) $5+\left(3\cdot\left(\frac{3}{8}+2x\right)-1\right)-\frac{1}{8}$

16 Setze Rechenzeichen und Klammern, sodass das Ergebnis stimmt.

a) $-5x \quad 7x \quad 12 \quad 3x^2 \quad =-32x^2-12$

b) $4 \quad 5x \quad 9 \quad 2x \quad =2x$

c) $3 \quad 4x \quad 2 \quad =6+8x$

d) $25x \quad 5 \quad x \quad =4x$

17 Fasse so weit wie möglich zusammen.

a) $\frac{1}{2}x-\frac{1}{4}y^2+\frac{1}{2}\cdot(x+y^2)$

b) $\frac{1}{4}a^2-\frac{2}{5}b^2+\frac{2}{3}a\cdot 6a+2{,}4b^2$

c) $13{,}8+\left(\left(2+\frac{1}{12}\right)\cdot 36-21{,}8\right)$

d) $4{,}6a+3{,}5\cdot\left(\frac{1}{2}a-3\right)\cdot 4$

e) $\left((4-x)\cdot\frac{1}{2}+2^3\right)+\left(-\frac{1}{4}+8x^2\right)$

f) $\frac{4}{5}\cdot 6y\cdot\frac{5}{4}-(5\cdot(2-x)-3{,}4y)$

5 Multiplikation von Summen und binomische Formeln

Verschiedene Summanden in den Klammern

In vielen Berechnungen müssen Summenterme in Klammern miteinander multipliziert werden. Dafür gibt es folgende Klammerregeln:

Klammerregeln

- Jedes Element der ersten Klammer wird mit jedem Element der zweiten Klammer multipliziert. Das jeweilige Vorzeichen ergibt sich aus den beiden zu multiplizierenden Elementen:

  $(a+b)(c+d) = ac + ad + bc + bd$

  $(a+b)(c-d) = ac - ad + bc - bd$

  $(a-b)(c+d) = ac + ad - bc - bd$

  $(a-b)(c-d) = ac - ad - bc + bd$
- Bei mehr als 2 Klammern muss schrittweise vorgegangen werden: Erst 2 Klammern berechnen, dann die dritte mit der sich ergebenden Klammer usw.

Beispiele

1. In den Klammern können auch mehr als 2 Elemente stehen.

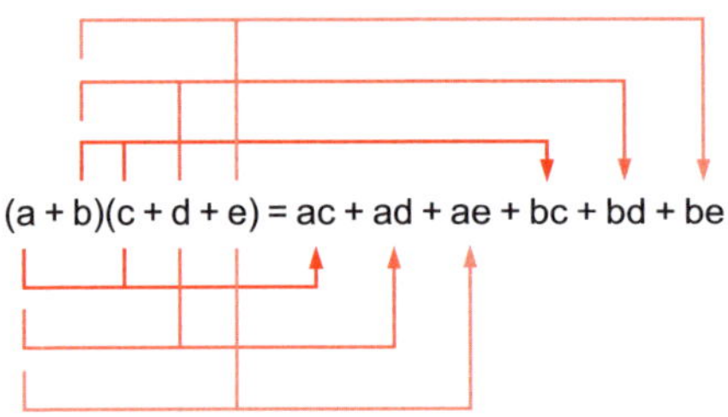

2. Berechne den Flächeninhalt des Rechtecks mit den Seiten a und b, wenn

a) die Seite a um 3 LE verlängert wird.

b) die Seite a um 3 LE und b um 2 LE verlängert wird.

Zeichne jeweils eine Skizze.

Lösung:

a) Skizze:

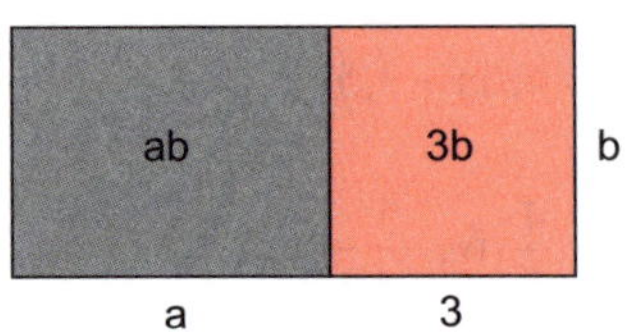

Rechnung:

$A = \text{Länge} \cdot \text{Breite}$

$A = (a+3) \cdot b$

$A = ab + 3b$

b) Skizze:

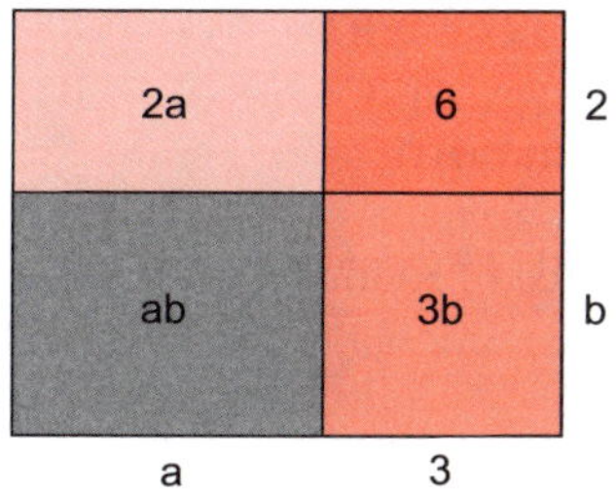

Rechnung:

$A = \text{Länge} \cdot \text{Breite}$
$A = (a+3) \cdot (b+2)$
$A = ab + 2a + 3b + 6$

3. Berechne $(2a+1)(b-2)(a+2)$ durch Ausmultiplizieren.

Lösung:

$(2a+1)(b-2)(a+2)$ — 1. Schritt: die beiden ersten Klammern multiplizieren

$= (2ab - 4a + b - 2)(a+2)$ — 2. Schritt: mit der dritten Klammer multiplizieren

$= 2a^2b + 4ab - 4a^2 - 8a + ba + 2b - 2a - 4$ — 3. Schritt: zusammenfassen; $ba = ab$ nach Kommutativgesetz

$= 2a^2b + 5ab - 4a^2 - 10a + 2b - 4$

18 Multipliziere aus und fasse so weit wie möglich zusammen.

a) $(a+1)(a+2)(a+3)$
b) $(x^2+7y^2)(9x-y)$
c) $(x^2+4x+1)(x-1)$
d) $(2a+4{,}5b+c)(a+2b)$
e) $2(m+11n)(2m-2)$
f) $5{,}4u(u-3v)(v-3u)$
g) $\left(\frac{1}{3}x+1\right)\left(\frac{2}{3}x-1\right)\left(\frac{3}{2}y-\frac{1}{4}x\right)$
h) $(4a+2b-3c)(-6b-3c+5a)$

Gleiche Summanden in den Klammern: Binomische Formeln

Treten in den zu multiplizierenden Klammern bis auf die Vorzeichen die gleichen Summanden auf, kann die Multiplikation mittels der binomischen Formeln schnell durchgeführt werden.

Binomische Formeln

1. binomische Formel: $(a+b)^2 = a^2 + 2ab + b^2$ (Plus-Formel)
2. binomische Formel: $(a-b)^2 = a^2 - 2ab + b^2$ (Minus-Formel)
3. binomische Formel: $(a+b)(a-b) = a^2 - b^2$ (Plus-Minus-Formel)

Beispiel

Berechne mithilfe der binomischen Formeln.

a) $(2x^2+4)^2$ b) $(2x-5y)(2x-5y)$

c) $(3x+4y)(4y-3x)$ d) $(2x+1)^3$

Lösung:

a) $(2x^2+4)^2$ 1. BF: $a \hat{=} 2x^2$; $b \hat{=} 4$
$= (2x^2)^2 + 2 \cdot 2x^2 \cdot 4 + 4^2$
$= 4x^4 + 16x^2 + 16$

b) $(2x-5y)(2x-5y)$ $(2x-5y)(2x-5y) = (2x-5y)^2$
$= (2x)^2 - 2 \cdot 2x \cdot 5y + (5y)^2$ 2. BF: $a \hat{=} 2x$; $b \hat{=} 5y$
$= 4x^2 - 20xy + 25y^2$

c) $(3x+4y)(4y-3x)$ $(3x+4y)(4y-3x) = (4y+3x)(4y-3x)$
$= 16y^2 - 9x^2$ 3. BF: $a \hat{=} 4y$; $b \hat{=} 3x$

d) $(2x+1)^3 = (4x^2+4x+1)(2x+1)$ $(2x+1)^3 = (2x+1)^2(2x+1)$
$= 8x^3 + 4x^2 + 8x^2 + 4x + 2x + 1$ 1. BF: $a \hat{=} 2x$; $b \hat{=} 1$
$= 8x^3 + 12x^2 + 6x + 1$

19 Jan sind einige Fehler unterlaufen. Finde und verbessere sie.

20 Ergänze zu binomischen Formeln.

a) $(\square + \square)^2 = 16x^2 + 32xy + \square$ b) $(a + \square)^2 = \square + \square + 4b^2$

c) $(\square + \square)(\square - \square) = a^4 - 9b^2$ d) $(\square - 4s^2)^2 = 9s^2 - \square + \square$

21 Berechne mithilfe der binomischen Formeln.

a) $(2{,}7x+1)^2$
b) $(7x-5)^2$
c) $(2a+4)(2a+4)$
d) $(1{,}5x+8y)^2$
e) $(0{,}5x+2y)^2$
f) $(-x+6)(-x-6)$
g) $-2\cdot(a-b)^2$
h) $\frac{3}{2}\cdot\left(x-\frac{3}{4}\right)^2$

22 Berechne und fasse vorteilhaft zusammen.

a) $(3x+7)^2+(3x-7)^2$
b) $(2a+3)^2-(2a-3)^2$
c) $(x-4y)^2+(x+4y)^2$
d) $(13x+1)^2-(1-13x)^2$
e) $(0{,}5a^2+b^2)(0{,}5a^2-b^2)+(a^2-b^2)^2$
f) $(x+1)^2+(x-2)^2-(x+3)^2$
g) $(x-y)^2+\left(x+\frac{1}{2}y\right)^2$
h) $(x+1)^2+(x-2)^2-(x+3)^2-(x-4)^2$

6 Faktorisieren

Christin berechnet, wie schwer die Einkäufe für ihre Party sind:

4 Säcke mit 2 500 g Kartoffeln
4 Dosen mit 230 g Tomaten
4 Dosen mit 250 g Bohnen
4 Dosen mit 420 g Mais
4 Packungen mit 200 g Reis

Also: $4\cdot 2\,500\text{ g}+4\cdot 230\text{ g}+4\cdot 250\text{ g}+4\cdot 420\text{ g}+4\cdot 200\text{ g}$
$=10\,000\text{ g}+920\text{ g}+1\,000\text{ g}+1\,680\text{ g}+800\text{ g}=14\,400\text{ g}$

Sie hätte weniger rechnen müssen, wenn sie erst alle Gewichte zusammengezählt und das Ergebnis dann mit 4 multipliziert hätte. Sie hätte den Faktor 4 also ausklammern können:

$4\cdot(2\,500\text{ g}+230\text{ g}+250\text{ g}+420\text{ g}+200\text{ g})=4\cdot 3600\text{ g}=14400\text{ g}$

Beim Ausmultiplizieren und Auflösen von Klammern wandelst du Produkte in Summen um. Das Faktorisieren bzw. Ausklammern bewirkt genau das Gegenteil.

Faktorisieren

Durch das Ausklammern gemeinsamer Zahlen und Variablen können Summenterme in Produkte umgewandelt werden. Dies geschieht mithilfe

- des Distributivgesetzes: $ab + ac = a(b + c)$

  und/oder
- der binomischen Formeln.

Beispiele

1. Zerlege die Summe $x^2 + 2xy + y^2$ in Faktoren.

Lösung:

$x^2 + 2xy + y^2 = (x + y)(x + y) = (x + y)^2$ 1. binomische Formel

2. Faktorisiere.

a) $45x + 5xy$ b) $2a + a(c + 2)$

Lösung:

a) $45x + 5xy = 5x(9 + y)$ Klammere so viel wie möglich aus.

b) $2a + a(c + 2) = a(2 + c + 2) = a(4 + c)$ Multipliziere **nicht** erst aus!

23 Klammere aus.

a) $14x + 7$ b) $0{,}5a - 2{,}5b$

c) $-0{,}5x + 2 - 8{,}5y$ d) $-12x - 4xy - 32xz$

e) $4{,}5abc + 9b + 18bc - 99ab$ f) $2{,}1s^2 - 8{,}4s^3 + 21s^4 + 33{,}6s^6$

24 Faktorisiere.

a) $x^2 - 625$ b) $0{,}01 - x^2$

c) $1{,}21u^2 - 1{,}1u + 0{,}25$ d) $81x^2 + 144xy + 64y^2$

e) $(a + b) + c(a + b)$ f) $x^3 + x^2y - 2xy^2$

25 Faktorisiere im Zähler und im Nenner und kürze, wenn möglich.

a) $\dfrac{4a + 4b}{4a - 4b}$ b) $\dfrac{5x - 5y}{2(x - y)}$

c) $\dfrac{3x + 6xy}{9xy + 12x}$ d) $\dfrac{10x^2 - 10y^2}{2(x + y)}$

7 Potenzen

Nach einem bekannten Märchen wurde ein Höfling für seine treuen Dienste belohnt, indem auf das 1. Feld des Schachbretts 1 Reiskorn, auf das 2. Feld 2 Reiskörner, auf das 3. Feld 4 Reiskörner usw. gelegt wurden. Auf jedem Feld des Bretts lag also immer das Doppelte vom Vorfeld. Wie viele Reiskörner befanden sich auf dem letzten Feld?

Zur Beantwortung solcher Fragen können Potenzen zu Hilfe genommen werden.

Potenz

Die mehrfache Multiplikation gleicher Zahlen oder gleicher Variablen kann verkürzt durch eine Potenz dargestellt werden:

$\underbrace{a \cdot a \cdot a \cdot \ldots \cdot a}_{\text{n Faktoren}} = a^n \qquad a \in \mathbb{Q}; n \in \mathbb{N}$

a nennt man **Basis**, n **Exponent** bzw. Hochzahl der **Potenz** a^n.

Man legt fest:
- $a^1 = a$
- $a^0 = 1$
- 0^0 nicht definiert

Beispiele

1. Wie viele Reiskörner lagen auf dem 64. Feld des Schachbretts?

Lösung:

Die Anzahl der Reiskörner wird von Feld zu Feld verdoppelt. Pro Feld wird mit dem Faktor 2 multipliziert: vorherige Anzahl · 2

Auf dem 1. Feld befindet sich ein Reiskorn: $1 = 2^0$
Auf dem 2. Feld befinden sich zwei Reiskörner: $1 \cdot 2 = 2^1$
Auf dem 3. Feld befinden sich vier Reiskörner: $1 \cdot 2 \cdot 2 = 2^2$
Auf dem 4. Feld befinden sich acht Reiskörner: $1 \cdot 2 \cdot 2 \cdot 2 = 2^3$ usw.

Die Anzahl der Reiskörner auf dem **n-ten** Feld beträgt also: 2^{n-1}

Auf dem letzten Feld des Schachbretts liegen $2^{63} \approx 9 \cdot 10^{18}$ Reiskörner.

2. $10^6 = 1\,000\,000$ — Bei Potenzen mit Basis 10 entspricht der Exponent der Anzahl der Nullen.

$(-3)^4 = 81$ — Potenzen mit negativer Basis und geradem Exponenten werden positiv.

$(-3)^3 = -27$ — Potenzen mit negativer Basis und ungeradem Exponenten werden negativ.

26 Bestimme zuerst das Vorzeichen des Ergebnisses und berechne dann.

a) $(-3)^8$

b) $(-10)^{11}$

c) $\left(-\frac{2}{5}\right)^5$

d) $-\left(\frac{1}{3}\right)^6$

27 Pilze (z. B. Hefe) vermehren sich durch Teilung. Bei einer bestimmten Pilzart teilt sich innerhalb von zwei Stunden eine Zelle in zwei Zellen. Innerhalb der nächsten zwei Stunden teilt sich jede Zelle wieder in zwei Zellen. Wie viele Zellen gibt es nach einem Tag?

Potenzen können über die Grundrechenarten miteinander verknüpft werden.

Potenzen mit gleicher Basis

- Potenzen mit gleicher Basis werden **multipliziert**, indem man die **Exponenten addiert**:
  $a^m \cdot a^n = a^{m+n}$ $a \in \mathbb{Q};\ m, n \in \mathbb{N}$
- Potenzen mit gleicher Basis werden **dividiert**, indem man die **Exponenten subtrahiert**:
  $\frac{a^m}{a^n} = a^{m-n}$ $a \in \mathbb{Q}\setminus\{0\};\ m, n \in \mathbb{N}$

Beispiele

1. $2a^3 \cdot a^4 = 2a^{3+4} = 2a^7$

Ausführlich bedeutet $2 \cdot a^3 \cdot a^4$:

$2 \cdot \underbrace{a \cdot a \cdot a}_{\text{3 Faktoren}} \cdot \underbrace{a \cdot a \cdot a \cdot a}_{\text{4 Faktoren}}$

2. $\frac{3b^5}{b^3} = 3b^{5-3} = 3b^2$

Du kannst auch im Bruch kürzen:

$\frac{3b^5}{b^3} = \frac{3b^2}{b^0} = \frac{3b^2}{1} = 3b^2$

28 Vereinfache.

a) $2^2 \cdot 2^4 \cdot 2^6$

b) $m^7 \cdot m^3$

c) $x^5 \cdot x^6$

d) $s^5 \cdot s^{3x}$

e) $x^{a+1} \cdot x^5$

f) $3x^n \cdot 5x^{2n}$

g) $10y^4 \cdot 5y^2$

h) $x^n \cdot x^{1-n}$

i) $v^{n+2} \cdot v^{m-2}$

j) $b^3 \cdot 2b^4 \cdot b^5$

29 Vereinfache.

a) $\frac{m^7}{m^3}$

b) $\frac{13}{13^m}$

c) $\frac{x^5}{x^{n+5}}$

d) $\frac{a^{n-3}}{a^n}$

e) $\frac{x^4}{x^{n-4}}$

f) $\frac{3(a+b)^5}{12(a+b)^3}$

g) $\frac{20b^3}{5b^4}$

h) $\frac{xy^{n+1}}{x^2y^2}$

i) $\frac{a^{m-1}b^6}{a^3b^m}$

j) $\frac{x^{a+1}y^4}{x^2y^{a-2}}$

Potenzen mit gleichen Exponenten

- Potenzen mit gleichen Exponenten werden **multipliziert**, indem man ihre **Basen multipliziert** und den **Exponenten beibehält**:
  $a^n \cdot b^n = (a \cdot b)^n \qquad a, b \in \mathbb{Q};\ n \in \mathbb{N}$
- Potenzen mit gleichen Exponenten werden **dividiert**, indem man ihre **Basen dividiert** und den **Exponenten beibehält**:
  $\frac{a^n}{b^n} = \left(\frac{a}{b}\right)^n \qquad a \in \mathbb{Q};\ b \in \mathbb{Q}\setminus\{0\};\ n \in \mathbb{N}$

Beispiele

1. $2^3 \cdot x^3 = (2x)^3$

Ausführliche Rechnung mit Anwendung des Kommutativgesetzes:
$2 \cdot 2 \cdot 2 \cdot x \cdot x \cdot x = (2 \cdot x) \cdot (2 \cdot x) \cdot (2 \cdot x) = (2x)^3$

2. $\frac{x^2}{2y^2} = \frac{1}{2} \cdot \left(\frac{x}{y}\right)^2$

Ausführlich: $\frac{1 \cdot x \cdot x}{2 \cdot y \cdot y} = \frac{1}{2} \cdot \left(\frac{x}{y}\right) \cdot \left(\frac{x}{y}\right) = \frac{1}{2} \cdot \left(\frac{x}{y}\right)^2$

30 Forme um.

a) $3^6 \cdot x^6$

b) $3a^2 \cdot b^2$

c) $y^5 \cdot 4^5 \cdot x^5$

d) $2^n \cdot 5^n$

e) $25^{a+1} \cdot 4^{a+1}$

f) $(-5)^{2x} \cdot 12^{2x}$

g) $(-3x)^3 \cdot (-y)^3$

h) $(a+b)^t \cdot (a-b)^t$

i) $\left(\frac{1}{3}\right)^4 \cdot x^4 \cdot 3^4$

j) $\left(\frac{x}{2y}\right)^3 \cdot \left(\frac{y}{2x}\right)^3$

31 Löse die Klammern auf.

a) $(ab)^3$ b) $(2xy)^5$
c) $(10x)^4$ d) $(-2x)^5$
e) $(4a)^{x+1}$ f) $(5 \cdot 2a)^b$
g) $(-3x)^{2n}$ h) $(2x \cdot 3y)^6$
i) $\left(\frac{2}{5}x\right)^2$ j) $\left(\frac{1}{2a}\right)^{-n}$

Potenzieren von Potenzen

Eine Potenz wird potenziert, indem man die **Exponenten multipliziert** und die **Basis beibehält**.

$(a^m)^n = a^{m \cdot n}$ $\quad a \in \mathbb{Q};\ m, n \in \mathbb{N}$

Es gilt: $(a^m)^n = (a^n)^m$

Beispiele

1. $(x^{n+1})^2 = x^{(n+1) \cdot 2} = x^{2n+2}$ — Wenn der Exponent eine Summe oder Differenz ist, dann muss diese vor dem Multiplizieren in Klammern gesetzt werden.

2. $((x^2)^3)^5 = x^{2 \cdot 3 \cdot 5} = x^{30}$ — Es kann beliebig oft potenziert werden.

3. $(-x)^2 = x^2$ — Bei geraden Exponenten wird das Ergebnis positiv.

32 Berechne im Kopf.

$(a^3)^7$	$(-a^{3x})^4$	$((a^{x+2})^x)^2$	$((a^{x-2})^{2x})^3$
$(a^{7x+2})^{3x}$	$(((-a)^2)^x)^3$	[illegible]	$(a^{4+2x})^8$
$((a^x)^5)^{1+x}$	$(a^{7x})^{4x}$	$((a^8)^{x+2})^3$	$((a^{4x})^x)^{3x+2}$

33 Verwandle in Potenzen mit möglichst kleiner Basis.

a) 16^3 b) 8^5
c) $1\,000^2$ d) 49^2
e) 125^x f) 16^{m+n}
g) 64^t h) 32^{x-y}

Die Wellenlänge von unsichtbaren Ultraviolettstrahlen (UV) beträgt $1 \cdot 10^{-18}$ m. Der Exponent ist –18 und damit keine natürliche Zahl, kann aber mittels einer Rechenregel in eine natürliche Zahl übergeführt werden.

Potenzen mit negativen Zahlen als Exponenten

Potenzen mit **negativen ganzen Zahlen als Exponenten** können in der Bruchschreibweise dargestellt werden. Der Exponent wird dann positiv.

$a^{-n} = \frac{1}{a^n}$ $\quad a \neq 0$

Es gelten dieselben Rechenregeln wie für Potenzen mit positiven Exponenten.

Beispiel

Wie viele Schwingungen führt die UV-Welle auf einer Länge von 1 mm aus, wenn die Wellenlänge $1 \cdot 10^{-18}$ m beträgt?

Lösung:

$$10^{-18}\text{ m} = \frac{1}{10^{18}}\text{ m}$$

In 1 m passen 1 000 mm:

$$\frac{1}{10^{18}}\text{ m} = \frac{1\,000}{10^{18}}\text{ mm} = \frac{10^3}{10^{18}}\text{ mm} = \frac{1}{10^{15}}\text{ mm} = 10^{-15}\text{ mm}$$

Die Wellenlänge beträgt also 10^{-15} mm. Somit finden $10^{15} = 1$ Billiarde Schwingungen auf einer Länge von 1 mm statt.

34 Fasse zusammen.

a) $x^5 \cdot x^{-3}$

b) $a^{-m} \cdot a^{-n}$

c) $b^{-2} \cdot b^2 \cdot b^{-4}$

d) $\frac{a^{-5}a^2}{a^{-1}}$

e) $\left(\frac{1}{3}\right)^{-2} \cdot \left(\frac{1}{3}\right)^4$

f) $\frac{y^3x^{-2}}{y^{-3}x^4}$

35 Gib als Potenz mit positiven Exponenten an.

a) a^{-3}

b) $2a^7 \cdot a^{-3}$

c) $5^{-2}x^{-2}$

d) ax^{-2}

e) a^{-m-1}

f) $a^{-m}b^m$

8 Wurzeln

Die reellen Zahlen bestehen aus den rationalen und den irrationalen Zahlen.

Rationale Zahlen: $+5;\ -120;\ 3{,}25;\ \frac{1}{5};\ 0;\ -\frac{1}{3} = -0{,}\overline{3};\ \frac{3}{11} = 0{,}\overline{27};\ \ldots$

Zu den rationalen Zahlen zählen neben den natürlichen und ganzen Zahlen auch Brüche sowie endliche und unendliche periodische Dezimalzahlen.

Irrationale Zahlen: $\sqrt{2};\ \sqrt{3};\ \sqrt{5};\ -\sqrt{3};\ \pi;\ \ldots$

Zu den irrationalen Zahlen gehören die Wurzeln, aber auch z. B. die Kreiszahl π. Die Menge der irrationalen Zahlen lässt sich kurz als $\mathbb{R}\setminus\mathbb{Q}$ schreiben.

Quadratwurzel

Für $a \geq 0$ gilt: $\sqrt{a}$ bzw. $\sqrt[2]{a}$ heißt **Quadratwurzel** aus der Zahl a.
Die Quadratwurzel ist die nicht-negative Zahl, deren Quadrat a ist:
$\sqrt{a} \cdot \sqrt{a} = (\sqrt{a})^2 = a$

Die Zahl unter der Wurzel heißt **Radikand**.

Die Quadratwurzel aus einer negativen Zahl ist nicht zu erklären. Näherungswerte für Wurzeln können mithilfe des Taschenrechners bestimmt werden.

Beispiele

1. $\sqrt{16x^2} = \sqrt{(4x)^2} = 4x;\ x \geq 0$

Die Quadratwurzel ist die Umkehrung des Quadrierens.

2. Berechne die Seitenlänge eines Quadrats mit dem Flächeninhalt $A = 25\ \text{cm}^2$.

Lösung:

$a = \sqrt{25\ \text{cm}^2} = 5\ \text{cm}$

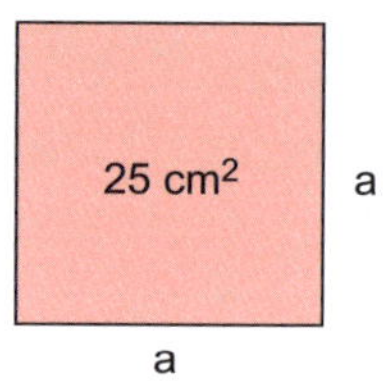

$A = a^2$
$\Rightarrow\ a = \sqrt{a^2};\ a \geq 0$

Rechnen mit Wurzeln

- Beim **Multiplizieren (Dividieren) von Wurzeln** werden die Radikanden multipliziert (dividiert) und unter dieselbe Wurzel geschrieben:

  $\sqrt{a} \cdot \sqrt{b} = \sqrt{a \cdot b}$ und $\frac{\sqrt{a}}{\sqrt{b}} = \sqrt{\frac{a}{b}}$ $a \geq 0;\ b \geq 0$

- Beim **teilweisen Radizieren** bzw. **teilweisen Wurzelziehen** wird der Radikand so in ein Produkt zerlegt, dass mindestens einer der Faktoren eine Potenz mit Exponent 2 ist. Diese Faktoren werden dann ohne Exponenten vor die Wurzel geschrieben.

Beispiele

1. $\sqrt{8}\cdot\sqrt{8a} = \sqrt{8\cdot 8a} = \sqrt{8^2 a} = \sqrt{8^2}\,\sqrt{a} = 8\sqrt{a}$

Du kannst erst alles unter eine Wurzel schreiben und dann teilweise radizieren.

2. $\dfrac{\sqrt{x}}{\sqrt{3x}} = \sqrt{\dfrac{x}{3x}} = \sqrt{\dfrac{1}{3}} = \dfrac{1}{\sqrt{3}}$

Nachdem du unter dieselbe Wurzel gezogen hast, kannst du manchmal kürzen.

36 Berechne und radiziere teilweise.

a) $\sqrt{400}\cdot\sqrt{529}$

b) $\sqrt{0{,}01x^2}$

c) $\sqrt{49a^3b^2}$

d) $\sqrt{18xy^4}$

e) $\sqrt{\dfrac{x}{225}}$

f) $\sqrt{\dfrac{4x}{1\,024y^2}}$

g) $\sqrt{625a^2b^2} + a\sqrt{5b}\cdot\sqrt{180b}$

h) $\sqrt{5x}\cdot\sqrt{10y}\cdot\sqrt{8y}$

i) $\sqrt{a^2+2ab+b^2}$

j) $\sqrt{x-2}\cdot\sqrt{9x-18}$

37 Bilde nach dem Satz des Pythagoras die Seitenlänge $\sqrt{13}$ der Hypotenuse c. Überlege dazu, wie lang die beiden Katheten sein müssen.

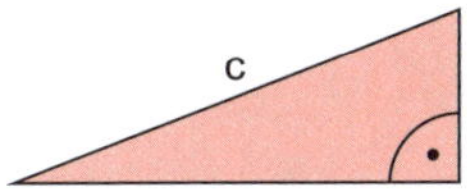

Rationalmachen des Nenners

Durch Erweitern kann der Nenner eines Bruches rational gemacht werden.

- Steht im Nenner ein Produkt mit einer Wurzel, dann wird der Bruch mit dieser Wurzel erweitert.
- Steht im Nenner eine Summe oder eine Differenz mit einer Wurzel, dann wird unter Anwendung der 3. binomischen Formel erweitert.

Beispiel

Mache die Nenner von $\frac{4}{3\sqrt{x}}$ und $\frac{2}{\sqrt{y}-3}$ rational.

Lösung:

$$\frac{4}{3\sqrt{x}} = \frac{4\sqrt{x}}{3\sqrt{x}\sqrt{x}} = \frac{4\sqrt{x}}{3x}$$

$$\frac{2}{\sqrt{y}-3} = \frac{2(\sqrt{y}+3)}{(\sqrt{y}-3)(\sqrt{y}+3)} = \frac{2\sqrt{y}+6}{y-9}$$

3. BF: $(a-b)(a+b) = a^2-b^2$

38 Mache den Nenner rational.

a) $\frac{2}{\sqrt{4x}}$

b) $\frac{x}{\sqrt{x+2}}$

c) $\frac{y^3}{2-\sqrt{y}}$

d) $\frac{a}{2\sqrt{2a+b}}$

Vermischte Aufgaben

39 Kreuze an, ob die Zuordnungen der Elemente in die Zahlenmengen wahr oder falsch sind.

		wahr	falsch
1	$4{,}5 \in \mathbb{Q}$	☐	☐
2	$\sqrt{4{,}5} \in \mathbb{R}$	☐	☐
3	$-10 \in \mathbb{N}$	☐	☐

		wahr	falsch
4	$5\frac{1}{5} \in \mathbb{Z}$	☐	☐
5	$1\,026 \in \mathbb{N}$	☐	☐
6	$-\sqrt{2} \in \mathbb{Q}$	☐	☐

40 Multipliziere aus und fasse so weit wie möglich zusammen.

a) $2{,}5 \cdot (5 + 4 \cdot (-3{,}2 + 4))$

b) $\sqrt{25} - ((5{,}4 - 4 \cdot (-3)) \cdot 2$

c) $\frac{1}{4}x \cdot \left(\frac{1}{2}z - 5y\right) - \left(\frac{1}{2}z + 5y\right) \cdot x$

d) $a^2b \cdot \left(\frac{1}{5}a - b\right) - \left(\left(-\frac{2}{3}ab\right)^2 + a^3b\right)$

e) $(a+2)(3{,}5b-1) - (3{,}5b+1)(a-2)$

f) $(a + 1{,}5b + c) \cdot d - (2ad - 6bd + 5cd)$

41 Die Puzzleteile zeigen Bruchstücke von ausmultiplizierten binomischen Formeln. Füge sie passend zusammen.

$+49y^2$ $+64y^2$ $+144y^2$ $+96xy$

$9x^2$ $-70xy$ $-54xy$

$36x^2$ $4x^2$ $25x^2$ $+48xy$ $+81y^2$

42 Berechne mithilfe der binomischen Formeln und fasse vorteilhaft zusammen.

a) $(12x+yz)(12x-yz)$

b) $(1{,}5a+0{,}1)(1{,}5a-0{,}1)$

c) $\left(6x-\frac{1}{3}\right)^2$

d) $\left(\frac{1}{4}x-2y\right)^2$

e) $-(4x-2y)^2+(4x+2y)^2$

f) $\left(\frac{1}{10}x+0{,}2y\right)^2-\left(0{,}2x+\frac{1}{10}y\right)^2$

43 Berechne und gib das Ergebnis gekürzt an.

a) $\frac{4x-5y}{8x}-\frac{5x-y}{12x}$

b) $\frac{(2x+1)^2}{8c}-\frac{(x+2)^2}{12c}$

c) $\frac{x+2}{x-2}\cdot\frac{x-2}{x+2}-\frac{8}{x^2-4}$

d) $-\frac{4a}{b+c}:\frac{4(b+c)}{75a^2}$

e) $\frac{2}{x-1}:\frac{3}{x-2}\cdot\frac{5}{x+2}$

f) $\frac{3(x+y)}{15(x-y)}\cdot\frac{25(x-y)^2}{18(x+y)^2}$

44 Zerlege in Faktoren und kürze, falls möglich.

a) $-5v^2+50v-125$

b) $a(t-4)+b(t-4)$

c) $\frac{2a-2b}{8a-8b}$

d) $\frac{6m-5n}{18m-15n}$

e) $60a^4-15a^3-10a^2$

f) $(a-b)c-a+b$

g) $\frac{x^2-xy}{y^2-x^2}$

h) $\frac{a^2-b^2}{a^2+ab}$

45 Vereinfache so weit wie möglich.

a) $a^2(a^2+a^3)$

b) $2x^2(3x^3\cdot 3x^4)$

c) $20^{n+2}\cdot 20^{n+3}$

d) $(ax^3)^4$

e) $\frac{x^{m+1}}{x^{m-1}}$

f) $\left(\frac{2}{3}\right)^n\cdot\left(\frac{3}{4}\right)^n\cdot 2^n$

g) $a^{2n}\cdot(ab)^{2n}$

h) $((x^{-3})^4)^{-5}$

46 Mache den Nenner rational.

a) $\frac{2a}{\sqrt{3}}$

b) $\frac{x}{\sqrt{x}+1}$

Gleichungen und lineare Gleichungssysteme

1 Lineare Gleichungen

„Das Zehnfache einer Zahl vermindert um 10" liefert den Term T_1: $10x - 10$
„Das Sechsfache der Zahl vermehrt um 2" liefert den Term T_2: $6x + 2$
Die beiden Terme sollen gleich sein, werden also durch ein = miteinander verbunden. Dies führt auf eine lineare Gleichung.

Lineare Gleichungen

- Werden zwei Terme T_1 und T_2 durch ein Gleichheitszeichen miteinander verbunden, so entsteht eine **Gleichung** $T_1 = T_2$.
- Eine Gleichung beinhaltet eine mathematische **Aussage** (T_1 ist gleich T_2), die **wahr** oder **falsch** sein kann.
- Eine Gleichung heißt **linear**, wenn die höchste vorkommende Potenz der Variablen 1 ist, d. h., x^2, x^3 usw. kommt nicht vor.

Beispiel

Ist es wahr, dass die Addition der Zahlen 134 und 481 dasselbe Ergebnis liefert wie die Zahl 25 zum Quadrat?

Lösung:

$134 + 481 = 25^2$
$615 = 625$ falsche Aussage

47 Ordne die Aussagen richtig zu.

wahr	falsch

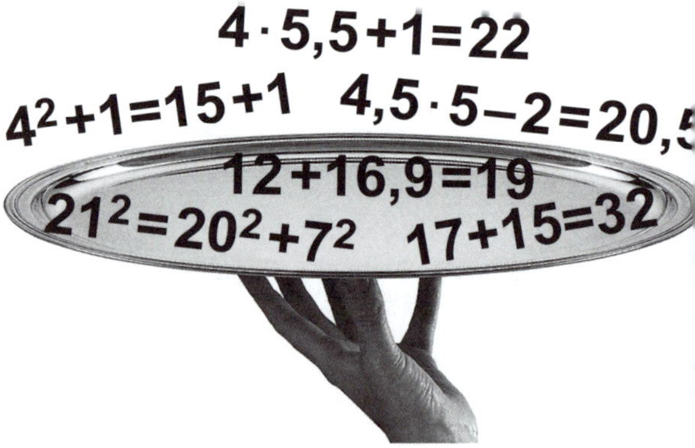

Wenn Gleichungen Variablen enthalten, so muss zuerst festgelegt werden, für welche Werte der Variablen die Gleichung überhaupt definiert ist.

Grundmenge und Lösungsmenge von Gleichungen

- Die Menge der Zahlen, die für die Variable(n) einer Gleichung zur Verfügung stehen, heißt **Grundmenge G**.
- Die Menge der Zahlen, die in der Grundmenge enthalten sind und zu einer wahren Aussage führen, heißt **Lösungsmenge L**. Die Lösungsmenge ist also immer eine Teilmenge der Grundmenge. Gibt es keine Zahl aus G, die in L liegt, so ist die Lösungsmenge leer, kurz: $L = \{\,\}$.

eispiele

1. Die Gleichung $2 + x = 5$ mit der Grundmenge $G = \mathbb{N}$ hat die Lösungsmenge $L = \{3\}$, denn die Zahl 3, die die Gleichung erfüllt, ist eine natürliche Zahl und damit in der Grundmenge enthalten.

2. Die Gleichung $2 - x = 5$ mit der Grundmenge $G = \mathbb{N}$ hat die Lösungsmenge $L = \{\,\}$, denn es gibt keine natürliche Zahl x, die die Gleichung erfüllt. Die Zahl –3, die die Gleichung erfüllt, ist nicht in der Grundmenge enthalten.

48 Bestimme die Lösungsmengen der Gleichungen mit der Grundmenge $G = \mathbb{Q}$ im Kopf.

a) $x + 5 = 12$

b) $5 - x = 13$

c) $2x + 4 = 3$

d) $0{,}5x + 2 = 4$

Eine lineare Gleichung wie $2x + 4(x - 1) = 10$ lässt sich durch Probieren verschiedener Belegungen für die Variable x lösen. Aber dieses Vorgehen ist mühselig. Daher löst man lineare Gleichungen, indem man sie mithilfe von Umformungen in eine Form bringt, in der das Ergebnis direkt abgelesen werden kann. Zwei Gleichungen, die über derselben Grundmenge G die gleiche Lösungsmenge L haben, heißen **äquivalent**.

Äquivalenzumformungen bei Gleichungen

Äquivalente Umformungen erhält man, indem man

- Terme vertauscht:
  $T_1 = T_2 \;\Leftrightarrow\; T_2 = T_1$
- auf beiden Seiten dieselbe Zahl oder denselben Term addiert bzw. subtrahiert:
  $T_1 = T_2 \;\Leftrightarrow\; T_1 + a = T_2 + a$ und $T_1 = T_2 \;\Leftrightarrow\; T_1 - a = T_2 - a$
- auf beiden Seiten dieselbe Zahl oder denselben Term multipliziert bzw. dividiert, wobei die Zahl bzw. der Term nicht den Wert 0 haben dürfen:
  $T_1 = T_2 \;\Leftrightarrow\; T_1 \cdot a = T_2 \cdot a$ und $T_1 = T_2 \;\Leftrightarrow\; T_1 : a = T_2 : a$

Beispiel

Berechne die Lösungsmenge der Gleichung über der Grundmenge $G = \mathbb{R}$.

a) $2x + 5 = 4 - x$

b) $-[-4(x-1)+1] = 5$

c) $6x - 5r + 4 = -x, \quad r \in \mathbb{R}$

Lösung:

a) Enthalten beide Seiten dieselbe Variable, so muss diese zunächst auf eine Seite gebracht werden.

$$\begin{aligned} 2x + 5 &= 4 - x && \mid -5 \\ 2x + 5 \mathbf{-5} &= 4 - x \mathbf{-5} \\ 2x &= -x - 1 && \mid +x \\ 2x \mathbf{+x} &= -x - 1 \mathbf{+x} \\ 3x &= -1 && \mid :3 \\ 3x \mathbf{:3} &= -1 \mathbf{:3} \\ x &= -\frac{1}{3} \end{aligned}$$

$$L = \left\{-\frac{1}{3}\right\}$$

Zuerst die Strichumformungen …

… dann die Punktumformungen.

b) Enthält die Gleichung Klammern, so müssen diese zuerst berechnet werden, bei mehreren Klammern zuerst die innere, dann die äußere Klammer.

$$\begin{aligned} -[-4(x-1)+1] &= 5 \\ -[-4x+4+1] &= 5 \\ 4x - 5 &= 5 && \mid +5 \\ 4x &= 10 && \mid :4 \\ x &= 2{,}5 \end{aligned}$$

$$L = \{2{,}5\}$$

Erst Klammern auflösen, dann die Strichumformungen, danach die Punktumformungen.

Es ist nicht nötig, die Zwischenschritte wie $4x - 5 + 5 = 5 + 5$ extra hinzuschreiben.

c) Eine lineare Gleichung kann auch einen Parameter, hier r, enthalten. Dieser steht für eine beliebige, aber feste Zahl und wird daher wie jede andere auftretende Zahl „behandelt."

$$\begin{aligned} 6x - 5r + 4 &= -14x && \mid +14x \\ 20x - 5r + 4 &= 0 && \mid +5r - 4 \\ 20x &= 5r - 4 && \mid :20 \\ x &= \frac{5r-4}{20} \\ x &= 0{,}25r - 0{,}2 \end{aligned}$$

$$L = \{0{,}25r - 0{,}2\}$$

Alle Terme mit x auf eine Seite bringen.

Alle Terme ohne x auf die andere Seite bringen. Dazu gehört auch der Term 5r.

Da der Parameter r nur im Zähler vorkommt, gibt es für jedes $r \in \mathbb{R}$ eine Lösung. Stünde r im Nenner, so müsstest du eine Fallunterscheidung machen.

Bei den Äquivalenzumformungen können sich Rechenfehler einschleichen. Um diese auszuschließen und sicherzugehen, dass das Ergebnis richtig ist, empfiehlt es sich, dass du eine **Probe** machst.

Beispiel Mache für die erste Gleichung des obigen Beispiels die Probe.

Lösung:

$$2\cdot\left(-\frac{1}{3}\right)+5=4-\left(-\frac{1}{3}\right)$$ Für x wird die Lösung $x=-\frac{1}{3}$ eingesetzt.

$$-\frac{2}{3}+5=4+\frac{1}{3}$$

$$4\frac{1}{3}=4\frac{1}{3}\ \checkmark$$

49 Stelle die Gleichungen aus den Treppenstufen jeweils von links nach rechts auf und löse sie dann, $G=\mathbb{Q}$. Mache die Probe.

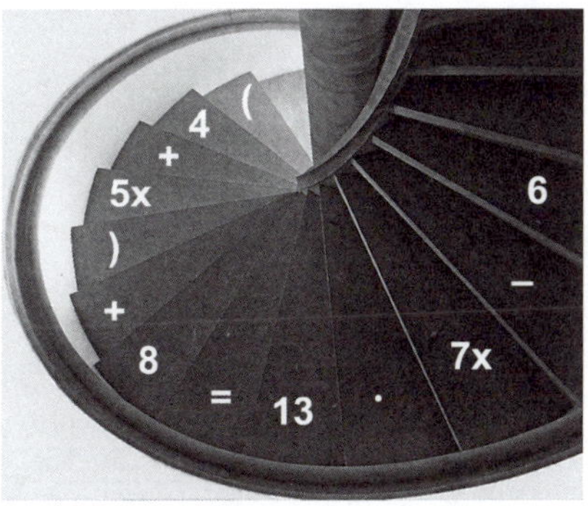

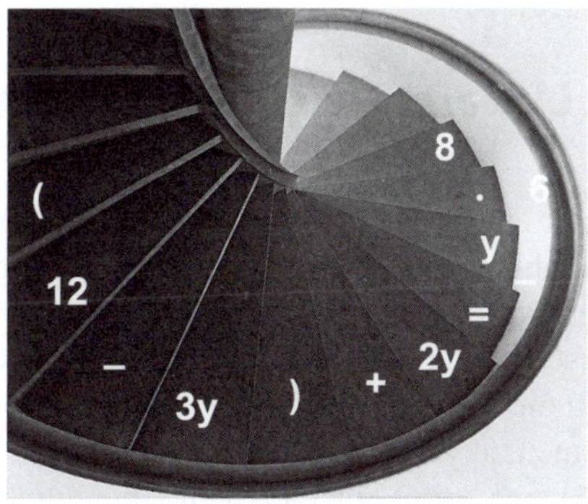

50 Berechne die Lösungsmenge der Gleichungen auf der Grundmenge $G=\mathbb{Z}$.

a) $4{,}5x+8=17$ b) $6x+1=10$

c) $12x-10=-24$ d) $3x+29=8+3r,\ r\in\mathbb{Z}$

51 Berechne die Lösungsmenge der Gleichungen auf der Grundmenge $G=\mathbb{R}$.

a) $12x+27=11+(187-7x)$ b) $3x-(36+4x)=28-2x$

c) $11+5x=3x-(10-5x)$ d) $22-9x=17-(10x-7)$

52 Von einem rechteckigen Grundstück mit den Seiten a und b ist die Länge 9 m größer als die Breite. Der Umfang beträgt 118 m.
Bestimme a und b.

53 Zwei Zahlen unterscheiden sich um 2. Ihr Produkt ändert seinen Wert nicht, wenn man die kleinere Zahl um 2 vermindert und die größere um 3 vermehrt.
Wie lauten diese Zahlen?

54 Korrigiere Kerstins Rechnung.

$$4(13+3x)-3(6-x)+11=0$$
$$52+12x-18-3x+11=0$$
$$45+15x=0 \quad |-45$$
$$15x=-45 \quad |-15$$
$$\boxed{x=-60}$$

2 Lineare Gleichungssysteme

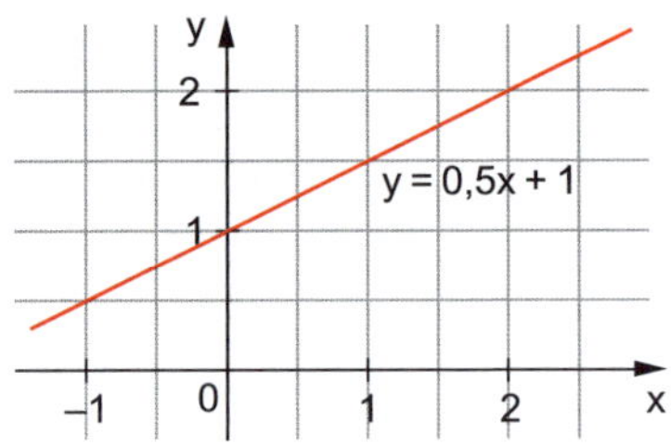

Unter einer linearen Gleichung mit zwei Variablen versteht man eine Gleichung der Form $ax+by=c$, wobei a und b feste, von 0 verschiedene Zahlenwerte sind. Z. B. lässt sich die lineare Gleichung $0{,}5x-y=-1$ umformen zu $y=0{,}5x+1$. Zu jedem Wert von x lässt sich somit ein Wert von y berechnen. Die Lösungen dieser Gleichung sind also geordnete Zahlenpaare $(x \mid y)$, die, in die lineare Gleichung eingesetzt, zu wahren Aussagen führen. Eine Gleichung mit zwei Variablen hat deshalb unendlich viele Lösungen. Grafisch entspricht die Lösungsmenge einer Geraden.

Um beide Variablen eindeutig bestimmen zu können, genügt eine einzige Gleichung nicht. Man braucht zwei lineare Gleichungen, die meist mit (1) und (2) nummeriert werden. Es entsteht ein **Gleichungssystem mit 2 Variablen**:

(1) $a_1x+b_1y=c_1$
(2) $a_2x+b_2y=c_2$

Grundsätzlich gibt es drei mögliche Lösungsmengen für ein solches Gleichungssystem. Grafisch kann man diese mithilfe der Lage der beiden Geraden im Koordinatensystem ermitteln.

Mögliche Lösungsmengen von linearen Gleichungssystemen

- Die Lösungsmenge besteht aus **genau einem Zahlenpaar** $(x \mid y)$:
  $L = \{(x \mid y)\}$
- Die Lösungsmenge enthält **unendlich viele Elemente**:
  $L = \{(x \mid y) \mid a_1x + b_1y = c_1\}$
- Die Lösungsmenge ist **leer**:
  $L = \{\}$

Beispiel

Betrachte grafisch die bereits nach y umgeformten Gleichungssysteme und lies die Lösungsmenge jeweils anhand deiner Zeichnung ab.

a) (1) $y = 2x + 1$
   (2) $y = -x + 2$

b) (1) $y = 0,5x + 1$
   (2) $y = 0,5x$

c) (1) $y = 0,5x + 1$
   (2) $y = 0,5x + 1$

Lösung:

a)

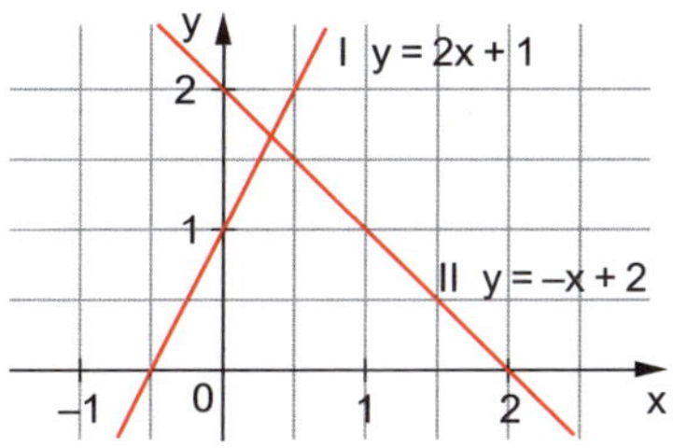

Die Geraden I und II schneiden sich in einem Punkt. Das Gleichungssystem hat **genau eine Lösung**.

b)

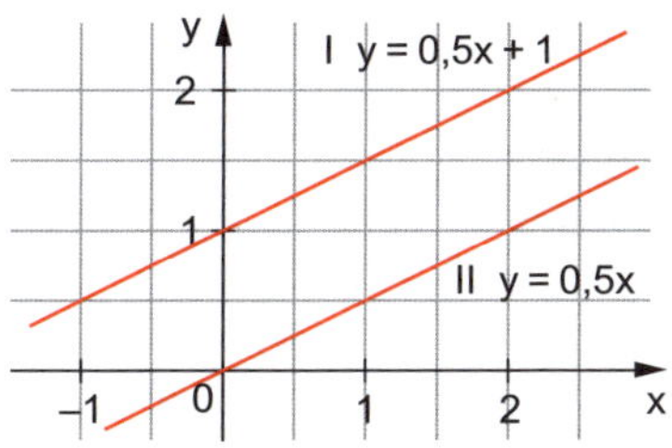

Die Geraden I und II verlaufen parallel und schneiden sich daher nicht. Das Gleichungssystem hat **keine Lösung**.

c)

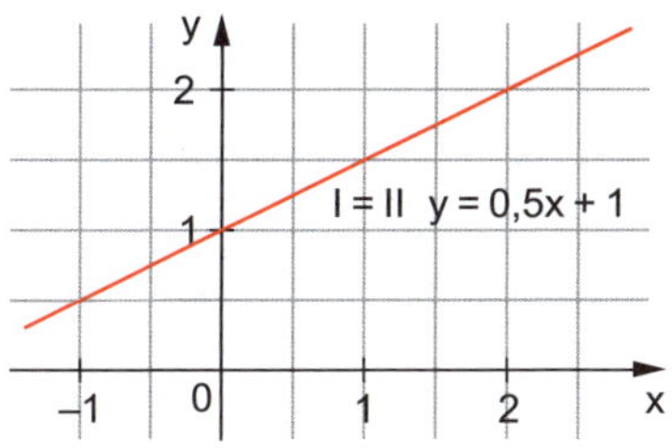

Die Geraden I und II liegen aufeinander, sind also identisch. Das Gleichungssystem hat **unendlich viele Lösungen**.

Die Lösungsmenge linearer Gleichungssysteme kann man auch rechnerisch ermitteln. Dafür gibt es verschiedene Verfahren.

Additionsverfahren

Schritt 1: Gleichungen durch geeignete Multiplikation so umformen, dass die Koeffizienten einer Variablen bis auf das Vorzeichen gleich sind

Schritt 2: Bei Addition der Gleichungen wird 1 Variable eliminiert

Schritt 3: Wert der anderen Variablen berechnen und in (1) oder (2) einsetzen

Schritt 4: Wert der vorher eliminierten Variablen berechnen

Schritt 5: Lösungsmenge $L=\{(x|y)\}$ angeben

Schritt 6: Probe durch Einsetzen von x und y in (1) und in (2)

Beispiel

Löse das Gleichungssystem mithilfe des Additionsverfahrens.

$$\begin{array}{ll}(1) & -4x+2y=2\\ (2) & \quad x+2y=4\end{array}$$

Lösung:

$$\begin{array}{lrl}(1) & -4x+2y=2 & \\ (2) & x+2y=4 & |\cdot(-1)\\ \hline (1) & -4x\mathbf{+2y}=2 & \\ (2') & -x\mathbf{-2y}=-4 & \\ \hline (1)+(2') & -5x+\mathbf{0}=-2 & |:(-5)\\ & x=0{,}4 & \end{array}$$

Die Koeffizienten von y unterscheiden sich nicht im Vorzeichen. Daher wird eine der beiden Gleichungen mit (–1) multipliziert.

Einsetzen in (1):

$$\begin{array}{rl}-4\cdot\mathbf{0{,}4}+2y=2 & |+1{,}6\\ 2y=3{,}6 & |:2\\ y=1{,}8 & \end{array}$$

$L=\{(0{,}4|1{,}8)\}$

Probe:

$-4\cdot 0{,}4+2\cdot 1{,}8=-1{,}6+3{,}6=2$ ✓

$0{,}4+2\cdot 1{,}8=0{,}4+3{,}6=4$ ✓

Einsetzungsverfahren

Schritt 1: Eine Gleichung nach x oder y auflösen

Schritt 2: Den berechneten Term in die zweite Gleichung einsetzen

Schritt 3: Den Wert für die andere Variable berechnen

Schritt 4: In die zuerst umgeformte Gleichung einsetzen und Wert für die zweite Variable berechnen

Schritt 5: Lösungsmenge $L=\{(x|y)\}$ angeben

Schritt 6: Probe durch Einsetzen von x und y in (1) und in (2)

Beispiel

Löse das Gleichungssystem mithilfe des Einsetzungsverfahrens.

(1) $-4x+2y=2$

(2) $x+2y=4$

Lösung:

(1) $-4x+2y=2 \quad |+4x$

(2) $x+2y=4$

Gleichung (1) nach y auflösen, indem zuerst der Term mit x auf die andere Seite gebracht und dann durch 2 geteilt wird.

(1') $2y=4x+2 \quad |:2$

(2) $x+2y=4$

(1') $y=\mathbf{2x+1}$

(2) $x+2\mathbf{y}=4$

Den berechneten Term in Gleichung (2) für die Variable y einsetzen.

(1') in (2) $x+2(\mathbf{2x+1})=4$

Klammern auflösen und zusammenfassen

$$x+4x+2=4$$
$$5x+2=4 \quad |-2$$
$$5x=2 \quad |:5$$
$$x=0{,}4$$

Einsetzen in (1):

$$-4\cdot\mathbf{0{,}4}+2y=2 \quad |+1{,}6$$
$$2y=3{,}6 \quad |:2$$
$$y=1{,}8$$

$L=\{(0{,}4\,|\,1{,}8)\}$

Probe:

$-4\cdot 0{,}4+2\cdot 1{,}8=2$ ✓

$0{,}4+2\cdot 1{,}8=4$ ✓

Gleichsetzungsverfahren

Schritt 1: Beide Gleichungen nach der gleichen Variable x oder y auflösen

Schritt 2: Gleichungen gleichsetzen

Schritt 3: Entstandene Gleichung nach der verbliebenen Variable auflösen

Schritt 4: Wert in eine der beiden Gleichungen einsetzen und Wert für die zweite Variable berechnen

Schritt 5: Lösungsmenge $L=\{(x\,|\,y)\}$ angeben

Schritt 6: Probe durch Einsetzen von x und y in (1) und in (2)

Beispiel

Löse das Gleichungssystem mithilfe des Gleichsetzungsverfahrens.

(1) $-4x+2y=2$

(2) $x+2y=4$

Lösung:

$$\begin{array}{lrl} (1) & -4x+2y=2 & \mid +4x \\ (2) & x+2y=4 & \mid -x \\ \hline (1') & 2y=4x+2 & \\ (2') & 2y=-x+4 & \\ \hline (1')=(2') & 4x+2=-x+4 & \mid +x \\ & 5x+2=4 & \mid -2 \\ & 5x=2 & \mid :5 \\ & x=0{,}4 & \end{array}$$

Einsetzen in (1):

$$\begin{array}{rl} -4\cdot 0{,}4+2y=2 & \mid +1{,}6 \\ 2y=3{,}6 & \mid :2 \\ y=1{,}8 & \end{array}$$

$L=\{(0{,}4 \mid 1{,}8)\}$

Probe:

$-4\cdot 0{,}4+2\cdot 1{,}8=2$ ✓

$0{,}4+2\cdot 1{,}8=4$ ✓

55 Löse mit dem Additionsverfahren.

a) (1) $3x+y=14$
(2) $2x-y=1$

b) (1) $9x-8y=14$
(2) $5x-4y=10$

56 Löse mit dem Einsetzungsverfahren.

a) (1) $2x+3y=-14$
(2) $x+2y=-8$

b) (1) $5y+1=9-2x$
(2) $-y=3x+1$

57 Löse mit dem Gleichsetzungsverfahren.

a) (1) $3x+y=15$
(2) $5x-6y=2$

b) (1) $3x+y=-5$
(2) $2y+x=5$

58 Ein Bruch erhält den Wert $\frac{8}{9}$, wenn man Zähler und Nenner um 1 vergrößert; er nimmt den Wert $\frac{7}{8}$ an, wenn man Zähler und Nenner um 1 vermindert.
Wie lautet der Bruch?

59 Löse erst mit einer Zeichnung und überprüfe deine Lösung durch Rechnung.

a) (1) $y=2x-1$
(2) $y=x+3$

b) (1) $5y=5-10x$
(2) $5y=-5-5x$

3 Quadratische Gleichungen

Joshua und Miriam möchten ein Spielfeld für Badminton mit zwei gleich großen Quadraten markieren. „Da das Spielfeld 128 m^2 groß sein soll und ein Quadrat mit Seitenlänge x den Flächeninhalt x^2 besitzt, setze ich die quadratische Gleichung $2x^2 = 128$ an. So können wir berechnen, wie lang eine Seite des Quadrats ist", meint Joshua.

Quadratische Gleichungen sind Gleichungen von der allgemeinen Form:
$ax^2 + bx + c = 0$ mit $a \neq 0$
Die höchste auftretende Potenz ist vom Grad 2, weshalb diese Gleichungen auch Gleichungen 2. Grades genannt werden. Man unterscheidet zwischen reinquadratischen und gemischt-quadratischen Gleichungen.

Reinquadratische Gleichungen

- Quadratische Gleichungen der Form $ax^2 + c = 0$ mit $a \neq 0$ bezeichnet man als **reinquadratische Gleichungen**, da kein linearer Term mit x auftritt.
- Alle reinquadratischen Gleichungen lassen sich durch Äquivalenzumformungen in die Form $x^2 = d$ bringen, aus der die Lösungsmenge direkt abgelesen werden kann:

  $d > 0$: $L = \{-\sqrt{d}; \sqrt{d}\}$ 2 Lösungen
  $d = 0$: $L = \{0\}$ 1 Lösung
  $d < 0$: $L = \{\}$ keine Lösung

Beispiel

Berechne die Lösungsmenge der Gleichung $2x^2 = 128$.

Lösung:

$2x^2 = 128 \quad |:2$
$x^2 = 64 \quad |\sqrt{\ }$
$x_{1/2} = \pm 8$
$L = \{-8; 8\}$

Gemischt-quadratische Gleichungen

Quadratische Gleichungen der Form $ax^2 + bx + c = 0$ mit $a \neq 0$ und $b \neq 0$ bezeichnet man als **gemischt-quadratische Gleichungen**, da sie mit ax^2 und bx ein quadratisches und ein lineares Glied aufweisen.

Für das Lösen gemischt-quadratischer Gleichungen gibt es verschiedene Verfahren.

p-q-Formel

Eine gemischt-quadratische Gleichung kann durch Äquivalenzumformungen in die **Normalform** $x^2 + px + q = 0$ gebracht und mithilfe der **p-q-Formel**

$$x_{1/2} = -\frac{p}{2} \pm \sqrt{\left(\frac{p}{2}\right)^2 - q}$$

gelöst werden. Die **Diskriminante** $\mathbf{D = \left(\frac{p}{2}\right)^2 - q}$ bestimmt die Anzahl der Lösungen:

- 2 Lösungen für $D > 0$
- 1 Lösung für $D = 0$
- keine Lösung für $D < 0$

Beispiel

Löse die quadratische Gleichung $4x^2 - 2x - 6 = 0$ mit der p-q-Formel.

Lösung:

$4x^2 - 2x - 6 = 0 \quad |:4$ — In Normalform bringen.

$x^2 - \frac{1}{2}x - \frac{3}{2} = 0$ — $p = -\frac{1}{2}$ und $q = -\frac{3}{2}$

$x_{1/2} = \frac{1}{4} \pm \sqrt{\left(-\frac{1}{4}\right)^2 - \left(-\frac{3}{2}\right)}$ — In Lösungsformel einsetzen.

$x_{1/2} = \frac{1}{4} \pm \sqrt{\frac{25}{16}} = \frac{1}{4} \pm \frac{5}{4}$ — Wegen $D > 0$ gibt es 2 Lösungen.

$\Rightarrow \quad x_1 = \frac{6}{4} = \frac{3}{2}; \quad x_2 = -\frac{4}{4} = -1$

$L = \left\{-1; \frac{3}{2}\right\}$ — Lösungsmenge angeben.

a-b-c-Formel

Die Lösungsmenge von gemischt-quadratischen Gleichungen der Form $ax^2 + bx + c = 0$ mit $a \neq 0$ und $b \neq 0$ kann mithilfe der **a-b-c-Formel**

$$x_{1/2} = \frac{-b \pm \sqrt{b^2 - 4ac}}{2a}$$

bestimmt werden. Die **Diskriminante** $\mathbf{D = b^2 - 4ac}$ bestimmt die Anzahl der Lösungen:

- 2 Lösungen für $D > 0$
- 1 Lösung für $D = 0$
- keine Lösung für $D < 0$

Beispiel

Löse die quadratische Gleichung $4x^2 - 2x - 6 = 0$ mit der a-b-c-Formel.

Lösung:

$$x_{1/2} = \frac{-(-2) \pm \sqrt{(-2)^2 - 4 \cdot 4 \cdot (-6)}}{2 \cdot 4} = \frac{2 \pm 10}{8}$$

$$\Rightarrow \quad x_1 = \frac{12}{8} = \frac{3}{2}; \quad x_2 = -\frac{8}{8} = -1$$

$$L = \left\{-1; \frac{3}{2}\right\}$$

Faktorisieren

Die Lösungsmenge von gemischt-quadratischen Gleichungen ohne Absolutglied ($c = 0$) der Form $ax^2 + bx = 0$ mit $a \neq 0$ und $b \neq 0$ kann durch Ausklammern von x bestimmt werden.

Beispiel

Löse die quadratische Gleichung $4x^2 - 2x = 0$.

Lösung:

$$4x^2 - 2x = 0$$
$$2x \cdot (2x - 1) = 0$$

Geschickt ist es, wenn man nicht nur x, sondern so viel wie möglich ausklammert.

$$\Rightarrow \quad x_1 = 0$$
$$2x_2 - 1 = 0$$
$$2x_2 = 1$$
$$x_2 = 0{,}5$$

Bei einer gemischtquadratischen Gleichung ohne Absolutglied ist immer eine Lösung gleich 0.
Die zweite Lösung findet man, indem man den Term in der Klammer gleich 0 setzt und die entstandene lineare Gleichung löst.

$$L = \{0; 0{,}5\}$$

Die Lösungen x_1 und x_2 einer quadratischen Gleichung $x^2 + px + q = 0$ sind die Nullstellen der zugehörigen quadratischen Funktion $y = x^2 + px + q$. Diese Funktion ist durch die Nullstellen eindeutig definiert und es gilt der algebraische Zusammenhang

$$x^2 + \mathbf{p}x + \mathbf{q} = (x - x_1) \cdot (x - x_2),$$

wobei die rechte Seite der Gleichung die **Zerlegung in Linearfaktoren** darstellt. Der Satz von Vieta zeigt den Zusammenhang zwischen den Parametern p und q der Normalform und den Lösungen x_1 und x_2 der quadratischen Gleichung, der sich aus der obigen Gleichung ergibt:

$$(x - x_1) \cdot (x - x_2) = x^2 - x \cdot x_2 - x_1 \cdot x + x_1 \cdot x_2 = x^2 \mathbf{- (x_1 + x_2)} \cdot x + \mathbf{x_1 \cdot x_2}$$

Satz von Vieta

Jede quadratische Gleichung $ax^2 + bx + c = 0$ kann durch Division durch $a \neq 0$ auf die Form $x^2 + px + q = 0$ gebracht werden. x_1 und x_2 sind genau dann Lösungen dieser Gleichung, wenn gilt:

$p = -(x_1 + x_2)$ und $q = x_1 \cdot x_2$

Beispiel

Eine Lösung der quadratischen Gleichung $x^2 + px + 2 = 0$ ist $x_1 = 1$. Berechne den Parameter p und die andere Lösung x_2.

Lösung:

Mithilfe des Satzes von Vieta lässt sich ein lineares Gleichungssystem aufstellen:

(1) $p = -(1 + x_2)$

(2) $2 = 1 \cdot x_2$

Gleichung (2) liefert direkt $x_2 = 2$. Eingesetzt in Gleichung (1) erhält man:

(1) $p = -(1 + 2) = -3$

Die zugehörige Gleichung lautet also $x^2 - 3x + 2 = 0$.

60 Löse die quadratischen Gleichungen durch geschickte Verfahrenswahl.

a) $x^2 - 6x + 5 = 0$

b) $x^2 - 0{,}25 = 0$

c) $x^2 + 5x = 14$

d) $2x^2 - 19x + 9 = 0$

e) $25x^2 + 450 = 0$

f) $24x^2 - 105 = -11x$

g) $25x^2 + 4x = 0$

h) $9x^2 - 24x = 0$

61 Überprüfe die Richtigkeit der angegebenen Lösungen mit dem Satz von Vieta.

a) $x^2 + 13x - 30 = 0$ $x_1 = -2;\ x_2 = 15$

b) $x^2 - 29x - 210 = 0$ $x_1 = -6;\ x_2 = 35$

c) $-x^2 + 10x - 21 = 0$ $x_1 = -3;\ x_2 = -7$

d) $4x^2 - 4x + 1 = 0$ $x_1 = x_2 = 0{,}5$

62 a) Die Diagonale eines Rechtecks beträgt 50 cm. Die Seiten des Rechtecks a und b verhalten sich wie 4 : 3.
Wie lang sind die Seiten?

b) Vergrößert man die Kanten a eines Würfels um 1 cm, so wächst seine Oberfläche O um 54 cm².
Wie groß ist die ursprüngliche Kantenlänge a?

c) Die beiden Katheten eines rechtwinkligen Dreiecks unterscheiden sich um 4,6 cm und die Hypotenuse ist 7,4 cm lang.

4 Bruchgleichungen

Gleichungen, bei denen mindestens eine **Variable im Nenner** eines Bruchs steht, heißen **Bruchgleichungen**.
Da die Division durch 0 nicht definiert ist, muss sichergestellt werden, dass kein Nenner gleich 0 wird. Dazu werden in der Definitionsmenge D alle Elemente der Grundmenge ausgeschlossen, für deren Belegung von x ein Nenner 0 würde.
Ziel ist es zunächst, die Gleichung ohne Nenner darzustellen. Dazu muss mit dem Hauptnenner multipliziert werden. Doch hier ist Vorsicht geboten! Bei dieser Multiplikation können Lösungen hinzukommen, die vorher einen Nenner zu 0 gemacht hätten. Insgesamt geht man daher wie folgt vor:

Lösen von Bruchgleichungen

Schritt 1: Definitionsmenge bestimmen

Schritt 2: Brüche eliminieren, indem mit dem Hauptnenner multipliziert wird

Schritt 3: Lösen der entstandenen Gleichung durch Äquivalenzumformungen

Schritt 4: Lösung mit der Definitionsmenge vergleichen und Lösungsmenge $L = \{(x \mid y)\}$ angeben

Beispiel

Löse die Bruchgleichungen.

a) $\frac{1}{x} + \frac{x}{x-1} = 1$ b) $\frac{7}{3x-1} - \frac{11}{2x-2} = 1$

Lösung:

a) Schritt 1: Definitionsmenge bestimmen
$D = \mathbb{R} \setminus \{0; 1\}$

Wann werden die Nenner x bzw. x – 1 gleich 0? Löse dazu die Gleichungen x = 0 und x – 1 = 0.

Schritt 2: mit Hauptnenner multiplizieren

$$\frac{1}{x} + \frac{x}{x-1} = 1 \qquad | \cdot x(x-1)$$

$$1 \cdot (x-1) + x \cdot x = 1 \cdot x(x-1)$$

Schritt 3: Äquivalenzumformungen

$$\begin{aligned} x - 1 + x^2 &= x^2 - x & &| -x^2 + x \\ 2x - 1 &= 0 & &| +1 \\ 2x &= 1 & &| :2 \\ x &= 0{,}5 \end{aligned}$$

In diesem Fall fällt das quadratische Glied x^2 weg und zu lösen bleibt eine lineare Gleichung.

Schritt 4: Lösungsmenge angeben
$0{,}5 \in D \Rightarrow L = \{0{,}5\}$

b) Definitionsmenge: $D = \mathbb{R} \setminus \left\{\frac{1}{3}; 1\right\}$

$$3x - 1 = 0 \qquad 2x - 2 = 0$$
$$3x = 1 \qquad 2x = 2$$
$$x = \tfrac{1}{3} \qquad x = 1$$

Umformen der Bruchgleichung:

$$\frac{7}{3x-1} - \frac{11}{2x-2} = 1 \qquad \big| \cdot (3x-1)\cdot(2x-2)$$

$$7\cdot(2x-2) - 11\cdot(3x-1) = 1\cdot(3x-1)\cdot(2x-2)$$

$$14x - 14 - 33x + 11 = 6x^2 - 6x - 2x + 2 \qquad \big| \text{zusammenfassen}$$

$$-19x - 3 = 6x^2 - 8x + 2 \qquad \big| +19x + 3$$

$$6x^2 + 11x + 5 = 0 \qquad \big| :6$$

$$x^2 + \frac{11}{6}x + \frac{5}{6} = 0$$

Lösen der entstandenen quadratischen Gleichung:

$$x_{1/2} = -\frac{11}{12} \pm \sqrt{\frac{121}{144} - \frac{5}{6}} = -\frac{11}{12} \pm \frac{1}{12} \qquad \text{p-q-Formel}$$

$$\Rightarrow \quad x_1 = -\frac{10}{12} = -\frac{5}{6}; \quad x_2 = -\frac{12}{12} = -1$$

Lösungsmenge angeben:

$$-1, -\frac{5}{6} \in D \quad \Rightarrow \quad L = \left\{-1; -\frac{5}{6}\right\}$$

63 Finde die Fehler und gib an, wie diese Fehler vermieden werden können.

Rechnung 1:

$$-\frac{3}{2} + \frac{2x+1}{2x} = \frac{x}{x-1}$$

$$-\frac{3}{2} + (2x+1)\cdot(x-1) = x \cdot 2x$$

$$-\frac{3}{2} + 2x^2 - 2x + x - 1 = 2x^2$$

$$-2{,}5 - x = 0$$

$$x = -2{,}5$$

$$L = \{-2{,}5\}$$

Rechnung 2:

$$\frac{x^2 + 4x + 3}{x+3} = x - 2$$

$$x^2 + 4x + 3 = (x-2)(x+3)$$

$$x^2 + 4x + 3 = x^2 + 3x - 2x - 6$$

$$3x = -9$$

$$x = -3$$

$$L = \{-3\}$$

64 Finde das Lösungswort.

a) $\frac{4}{x}=5$

E	−1

b) $\frac{3}{2}x=4$

N	$\frac{19}{9}$

c) $\frac{9}{4x+3}=5$

R	2,5

d) $\frac{4}{x+5}=1$

N	$\frac{8}{3}$

e) $\frac{9}{2x}+5=\frac{17}{x}$

T	$\frac{38}{21}$

f) $\frac{1{,}9}{x}-\frac{0{,}8}{3-x}=0$

T	−0,3

g) $-\frac{1}{x}+\frac{1}{3+x}=0$

E	{ }

h) $\frac{3}{4x}+\frac{5}{6x}=\frac{7}{8}$

I	$\frac{4}{5}$

Lösungswort: ____ ____ ____ ____ ____ ____ ____ ____

65 Berechne die Lösungsmenge der Gleichungen.

a) $\frac{3}{x+2}+\frac{5}{2}=0$

b) $\frac{3}{x-5}=\frac{7}{x-3}$

c) $\frac{1}{x-4}-\frac{2}{x+4}=-\frac{3}{x^2-16}$

d) $\frac{-3}{x+4}+\frac{1}{x-2}=-\frac{2}{x+1}$

Vermischte Aufgaben

66 Löse mit einem Verfahren deiner Wahl.

a) (1) $-3x+y=4$
(2) $2x+y=-3$

b) (1) $4y-2x=12$
(2) $3x+2y=-2$

c) (1) $10x-9y=12$
(2) $24x-12y=48$

d) (1) $4x-y=1$
(2) $12x=3(y+1)$

67 Berechne die Lösungsmenge der Gleichungen auf der Grundmenge $G=\mathbb{R}$.

a) $\frac{2}{3}x+5=\frac{3}{4}x-6$

b) $\frac{5}{7}x+4\frac{1}{9}=\frac{37}{9}$

c) $x^2-4x-5=0$

d) $x^2+x=30$

e) $\frac{5}{3x+1}=\frac{2}{2x-3}$

f) $\frac{3x}{4x^2-1}=\frac{2}{2x-1}-1$

g) $13-(5x+2)+(x-7)=8x-20$

h) $\frac{5a}{3a-x}=5,\quad a>0$

68 a) Das 5-Fache einer um 3 verminderten Zahl addiert zu 15 ist gleich dem 10-Fachen dieser um 6 verminderten Zahl addiert zu 10.
Wie lautet diese Zahl?

b) In einem Rechteck ist die eine Seite 3 cm kürzer als die andere. Der Umfang beträgt 38 cm.
Berechne die Seitenlängen des Rechtecks.

c) Zwei Zahlen unterscheiden sich um 4. Vermindert man beide Zahlen um 3, so nimmt das Produkt um 69 ab.
Wie lauten diese Zahlen?

d) Die Summe zweier Zahlen beträgt 518, ihre Differenz 204.
Wie lauten die beiden Zahlen?

e) Die Summe zweier Zahlen, die sich wie $3:11$ verhalten, beträgt 238.
Wie lauten die beiden Zahlen?

f) In einem rechtwinkligen Dreieck mit den Katheten a und b und der Hypotenuse c ist $a+b=28$ und $a+c=32$.
Wie groß sind die Seiten a, b und c?

Lineare und quadratische Funktionen

1 Eigenschaften von Funktionen

Beim Fahrrad-GP Triberg-Schwarzwald beträgt eine Runde 25 km mit einer Höhendifferenz von 580 m. Dem untenstehenden Höhenprofil kann entnommen werden, auf welcher Höhe sich die Radfahrer an einer bestimmten Stelle des Rundkurses befinden. Anders ausgedrückt lässt sich jeder Entfernung vom Startpunkt genau eine Höhenangabe zuordnen. Zuordnungen dieser Art heißen **Funktionen**.

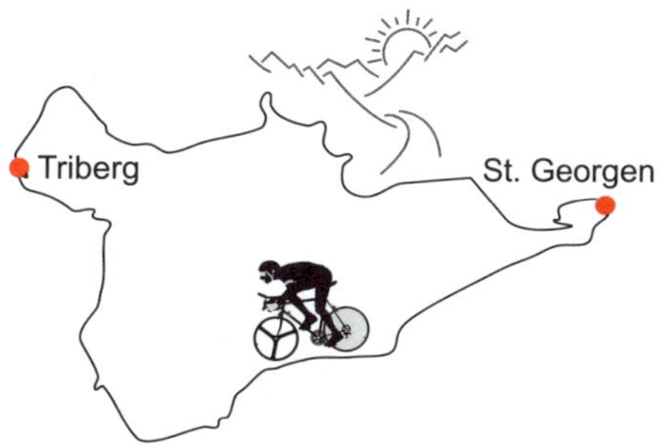

Höhenprofil GP Triberg-Schwarzwald

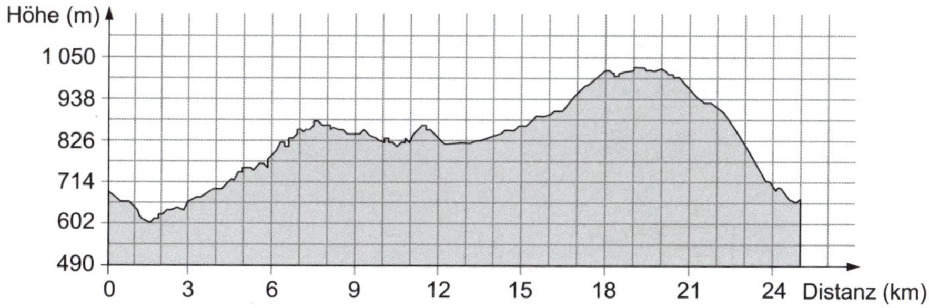

Eine **Funktion f** ist eine (eindeutige) Zuordnung, die **jedem** Element x der **Definitionsmenge D genau ein** Element y der **Wertemenge W** zuordnet. Dadurch entstehen **Wertepaare** (x | y) bzw. (x | f(x)).

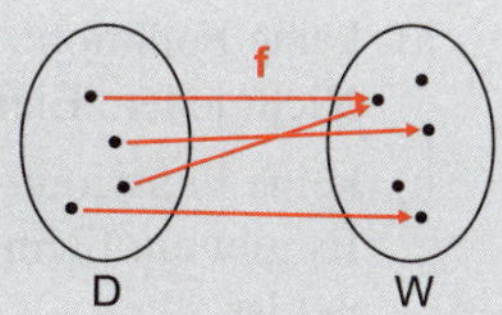

eispiele

1. a) Gib in Worten die Definitionsmenge D und die Wertemenge W an, die zu der durch das obige Höhenprofil gegebenen Funktion gehören.

b) Lies die erreichten Höhen nach 24 km, 12 km und 3 km ab und gib die zugehörigen Wertepaare P_1, P_2 und P_3 an.

Lösung:

a) D = Menge der Entfernungen vom Startpunkt
W = Menge der Höhenangaben

b) Markiere die Höhen entsprechend den km-Angaben und bilde mit Waagrechten und Senkrechten zu jedem Punkt Zuordnungen.

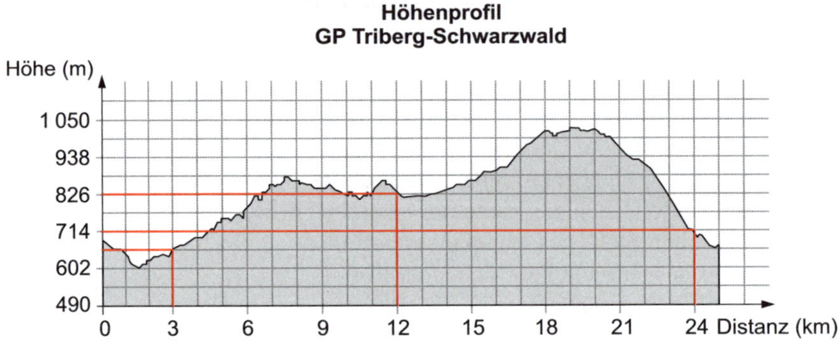

$P_1(24|714)$; $P_2(12|826)$; $P_3(3|658)$

2. Entscheide, welche der folgenden Diagramme Funktionen darstellen.

a) 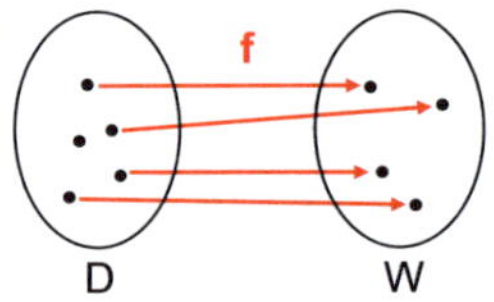

b) 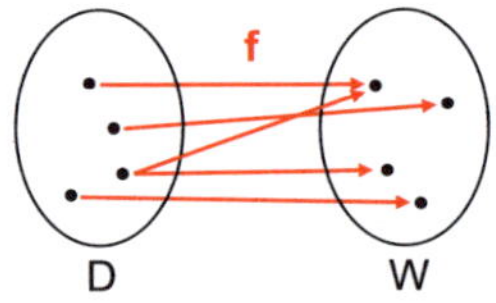

c) 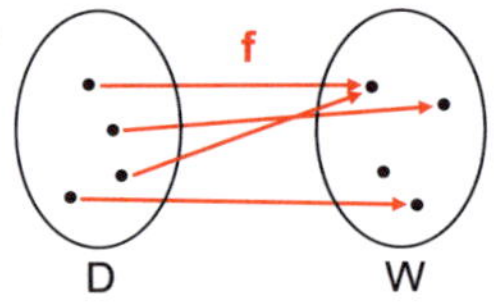

Lösung:

a) keine Funktion:
Nicht jedem Element aus D ist ein Element aus W zugeordnet.

b) keine Funktion:
Es gibt ein Element aus D, dem mehr als ein Element aus W zugeordnet ist.

c) Funktion:
Jedem Element aus D ist genau ein Element aus W zugeordnet. (Ein Element aus W darf verschiedenen Elementen aus D zugeordnet sein. Nicht alle Elemente aus W müssen einem Element aus D zugeordnet sein.)

69 Welche Zuordnungen sind Funktionen? Begründe.

	Definitionsmenge	Wertemenge
a)	zugelassenes Kfz	Kennzeichen
b)	Briefgewicht	Porto
c)	Porto	Briefgewicht
d)	Familienname	Person
e)	Person	Familienname

70 Welche Graphen sind keine Funktionsgraphen? Begründe.

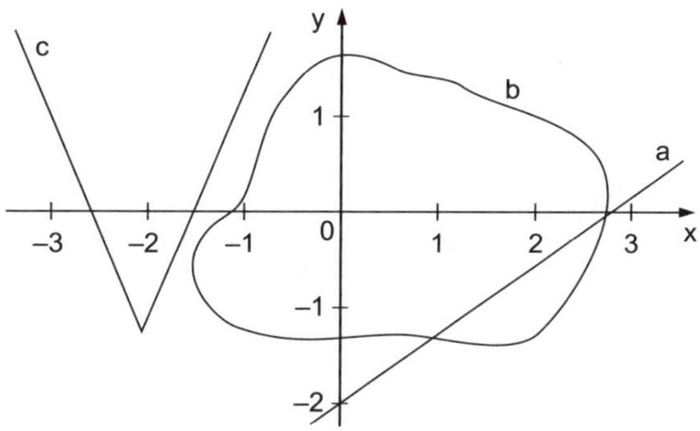

Für eine Funktion f, die jedem Wert x den Wert 2x zuordnet, kennst du aus deiner bisherigen schulischen Laufbahn die Schreibweise:

$y = 2x$

An beruflichen Gymnasien bzw. Berufskollegs wird auch folgende Notation verwendet:

$x \mapsto 2x$ Zuordnungsvorschrift

$f(x) = 2x$ Funktionsgleichung

Hinter dieser Notation steht die Vorstellung, dass die Funktion f einen (aus der Definitionsmenge D) frei wählbaren Wert x auf f(x) abbildet.

- Lässt sich eine Funktion f durch einen Funktionsterm f(x) beschreiben, schreibt man als **Zuordnungsvorschrift $x \mapsto f(x)$** und sagt „x wird abgebildet auf f von x".
- Durch Einsetzen in die **Funktionsgleichung** kann zu jedem **x-Wert** bzw. **Argument** aus dem Definitionsbereich D der zugehörige **y-Wert** bzw. **Funktionswert** aus dem Wertebereich W berechnet werden.
- Werden mehrere Wertepaare $(x \mid y)$ bzw. $(x \mid f(x))$ berechnet, hält man sie in einer **Wertetabelle** fest.

Beispiele

1. Gegeben ist die Funktion f mit $D=\{1;\,2;\,3;\,4;\,5\}$ und der Funktionsgleichung $f(x)=2x-2$. Erstelle eine Wertetabelle.

Lösung:

$f(1)=2\cdot 1-2=0$
$f(2)=2\cdot 2-2=2$
$f(3)=2\cdot 3-2=4$
$f(4)=2\cdot 4-2=6$
$f(5)=2\cdot 5-2=8$

Berechne die f(x)-Werte durch Einsetzen der x-Werte in die Funktionsgleichung.

Wertetabelle:

x	1	2	3	4	5
f(x)	0	2	4	6	8

2. Gegeben ist folgende Wertetabelle:

x	1	2	3	4	5
f(x)	2	5	8	11	14

Gib eine (möglichst einfache) dazu passende Funktionsgleichung an.

Lösung:

$f(x)=3x-1$

Die f(x)-Werte ergeben sich aus den x-Werten durch Verdreifachen und Abziehen von 1.

Probe:

$f(1)=3\cdot 1-1=2$
$f(2)=3\cdot 2-1=5$ usw.

71 Erstelle jeweils eine Wertetabelle für alle Werte der angegebenen Menge.

a) $f(x)=x+2$; $x\in\{-3;\,-2;\,0;\,5;\,7\}$
b) $f(x)=-11-x$; $x\in\{-5;\,-1;\,2;\,4;\,10\}$
c) $f(x)=x^2-4$; $x\in\{-5;\,-3;\,-1;\,1;\,3\}$
d) $f(x)=-2(3-x)$; $x\in\{-2;\,0;\,4;\,8;\,11\}$

72 Bestimme aus der Wertetabelle die zugehörige Funktionsgleichung f(x). Kannst du bereits Aussagen über das jeweilige Schaubild machen?

a)

x	–3	–2	–1	0	1	2	3
y	–1	0	1	2	3	4	5

b)

x	–3	–2	–1	0	1	2	3
y	–1,5	–1	–0,5	0	0,5	1	1,5

Falls du dir nicht sicher bist, kannst du die Punkte auch in ein Koordinatensystem zeichnen und den entstandenen Funktionsverlauf betrachten.

Zur Darstellung einer Funktion dient das **Schaubild** mit dem **Graphen** der Funktion. Die Elemente aus D werden auf der **x-Achse** (Abszisse) und die Elemente aus W auf der **y-Achse** (Ordinate) angetragen. Der Graph besteht aus allen Wertepaaren bzw. Punkten (x | f(x)); x ∈ D. Diese werden mithilfe einer Wertetabelle berechnet.

Beispiel

Erstelle mithilfe einer Wertetabelle ein Schaubild der Funktion $y = 2x + 3$.

Lösung:

Wertetabelle:

x	–1	0	1	2
y	1	3	5	7

Graph:

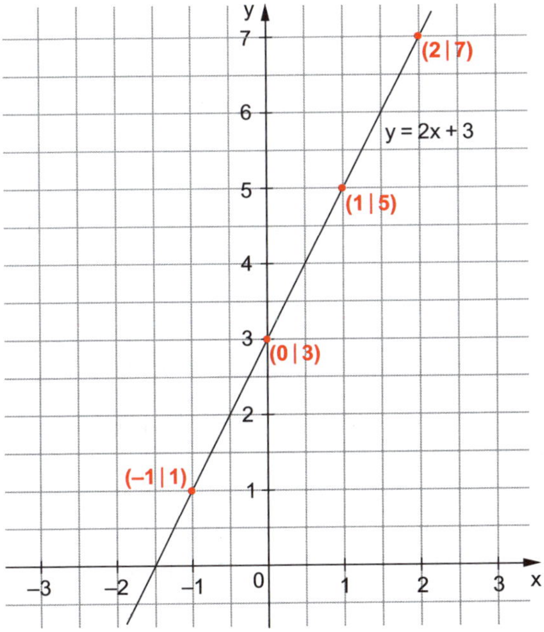

Schritt 1:
Berechne die y-Werte zu einer selbst vorgegebenen Auswahl von x-Werten in einer Wertetabelle.

Schritt 2:
Zeichne die berechneten Punkte in das Schaubild ein.

Schritt 3:
Verbinde die Punkte zum Graphen.

73 Fülle die Wertetabelle aus und zeichne die Graphen in ein gemeinsames Koordinatensystem.

x	–3	–2	–1	0	1	2	3
a) $f(x) = 2x + 1$							
b) $g(x) = 2x - 1$							
c) $h(x) = x^2 + 1$							

74 Zeichne mithilfe einer Wertetabelle die Schaubilder der Funktionen f und g in ein gemeinsames Koordinatensystem.

$f(x) = x + 2$ mit $-3 \leq x \leq 3;\ x \in \mathbb{R}$

$g(x) = -(x + 2)$ mit $-3 \leq x \leq 3;\ x \in \mathbb{R}$

75 Welcher Graph gehört zu welcher Funktionsgleichung f(x)?

a) $f(x) = x^2$

b) $f(x) = x + 1$

c) $f(x) = 2x - 3$

d) $f(x) = -2x + 3$

e) $f(x) = -x - 2$

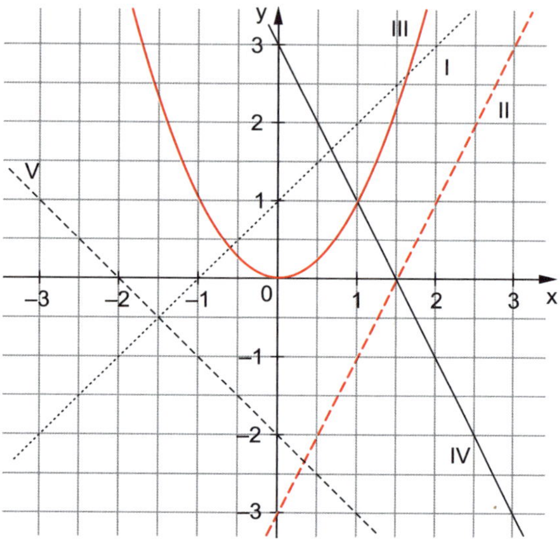

Für den Graphen einer Funktion f mit Definitionsmenge D und Wertemenge W gilt die **Punktprobe:**
Ein Punkt P(x | y) liegt genau dann auf dem Graphen, wenn seine Koordinaten beim Einsetzen in die Funktionsgleichung eine wahre Aussage liefern.

Beispiel

Stelle durch eine Punktprobe fest, ob der Graph der Funktion f mit $f(x) = 0{,}5x - 2{,}5$ durch die Punkte P(3 | –1), Q(–5 | –4) und R(–1 | –3) geht.

Lösung:

P(3 | –1) einsetzen:	Q(–5 | –4) einsetzen:	R(–1 | –3) einsetzen:
$-1 = 0{,}5 \cdot 3 - 2{,}5$	$-4 = 0{,}5 \cdot (-5) - 2{,}5$	$-3 = 0{,}5 \cdot (-1) - 2{,}5$
$-1 = 1{,}5 - 2{,}5$	$-4 = -2{,}5 - 2{,}5$	$-3 = -0{,}5 - 2{,}5$
$-1 = -1$ (wahr)	$-4 = -5$ (falsch)	$-3 = -3$ (wahr)

Nur die Punkte P und R liegen auf dem Graphen der Funktion f.

76 Prüfe, welche der Punkte A(2 | 3), B(1,5 | 4), C(–3 | 0) und D(–6 | –4) auf den Graphen der folgenden Funktionen liegen.

a) $f(x) = x + 2$

b) $f(x) = 2x + 1$

c) $f(x) = -x + 1{,}5$

d) $f(x) = x + 1$

e) $f(x) = x^2 - 2x + 3$

f) $f(x) = x^2 - 9$

77 Folgende Punkte liegen alle auf dem Graphen der Funktion f mit $y = 2x + 2$; $x \in \mathbb{R}$. Wie lauten die fehlenden Koordinaten?

A(2 | ___); B(–3 | ___); C(___ | 4); D(___ | –4); E(0,5 | ___)

78 Erstelle ein Schaubild für die Funktion $f(x) = x^2 + 2x + 1$ mithilfe des Funktionenplotters auf www.mathe-fa.de (Eingabe: f(x) = x^2 + 2*x + 1) oder mit einem Tabellenkalkulationsprogramm (z. B. Excel, Calc).

79 In untenstehende Gefäße wird Wasser gleichmäßig bis zum Rand gefüllt. Skizziere die Zuordnung der Füllzeit (t) und der Füllhöhe (h) mit einem geeigneten Graphen.

a)

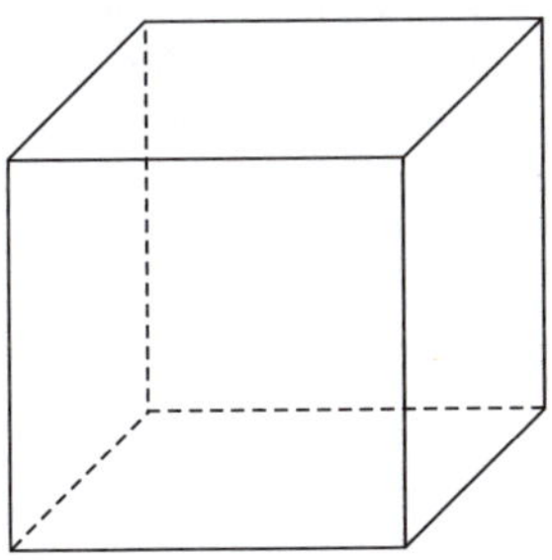

b)

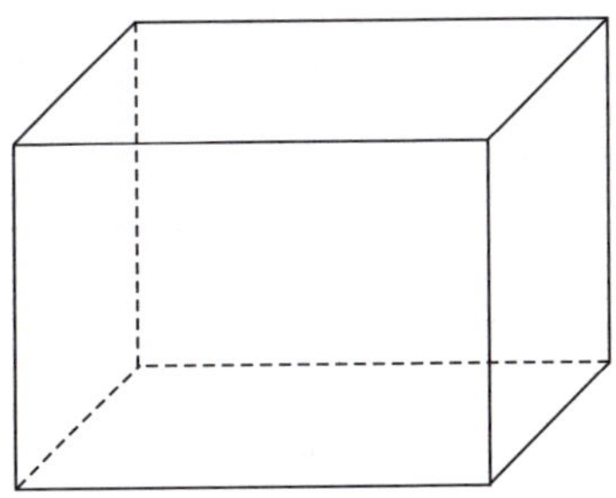

c)

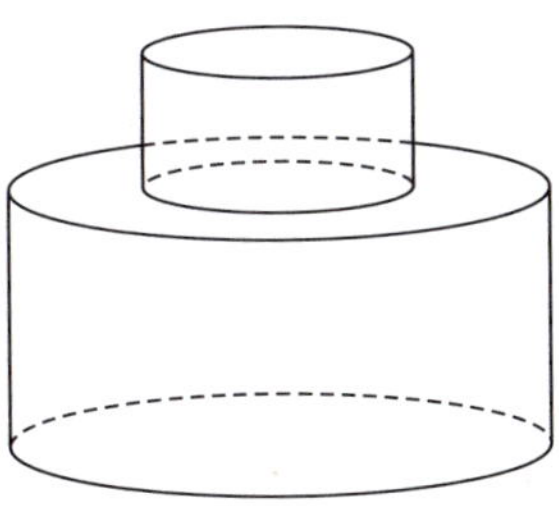

d)

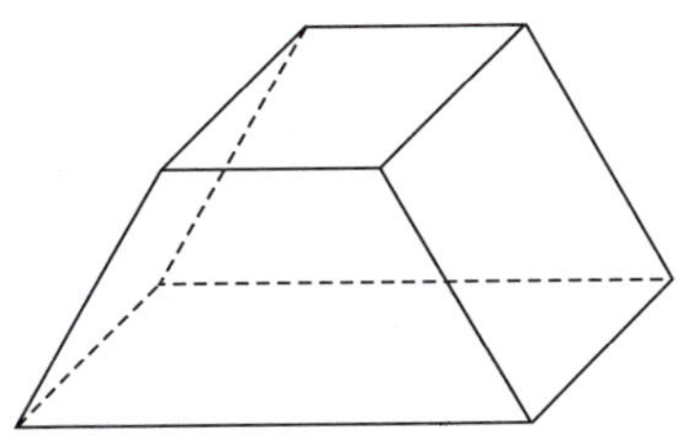

2 Lineare Funktionen

Ursprungsgeraden

Beim GP Triberg-Schwarzwald werden 6 Runden à 25 km gefahren. Der Sieger des Jahres 2009, Heinrich Haussler, legte die 150 km in 4 h 11 min 43 s zurück und erreichte eine Durchschnittsgeschwindigkeit von $37{,}75\ \frac{\text{km}}{\text{h}}$. Legt man diese Geschwindigkeit zugrunde, absolvierte er in einer Stunde ziemlich genau 1,5 Runden des Kurses. Die zugehörige Funktionsgleichung lautet $f(x) = 1{,}5x$. Das Schaubild von f zeigt eine **Gerade durch den Ursprung** des Koordinatensystems.

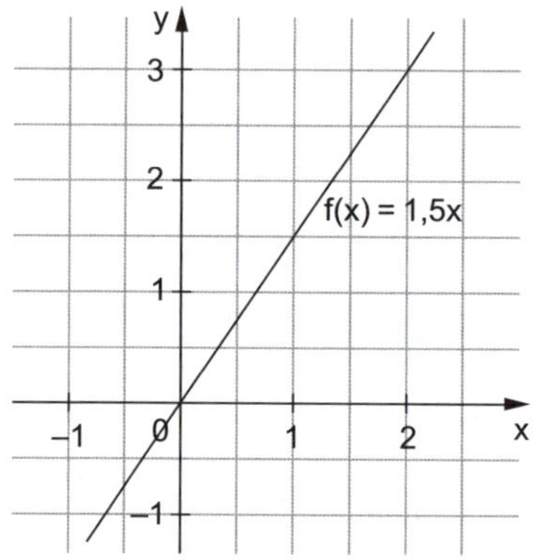

Eine Funktion f mit der Gleichung $f(x) = mx$ bzw. $y = mx$ ($m \in \mathbb{R}$) ist ein Sonderfall einer linearen Funktion. Der zugehörige Graph ist eine Gerade mit der **Steigung m**, die durch den **Ursprung O(0 | 0)** verläuft. Man nennt sie daher **Ursprungsgerade**.
Der Parameter m wird auch **Steigungsfaktor** genannt und bestimmt den Verlauf der Geraden:

- $m < 0$: Gerade fällt
- $m = 0$: Gerade ist gleich der x-Achse
- $m > 0$: Gerade steigt

Beispiel

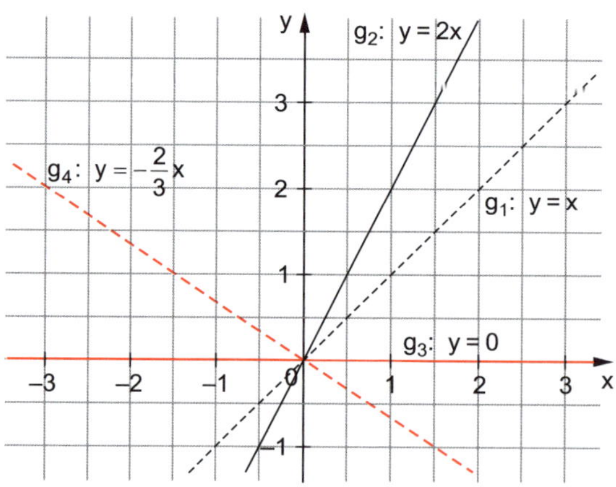

g_1: $y = x \Rightarrow m_1 = 1 > 0$
$\Rightarrow$ Gerade steigt

g_2: $y = 2x \Rightarrow m_2 = 2 > 0$
$\Rightarrow$ Gerade steigt

g_3: $y = 0 \Rightarrow m_3 = 0$
$\Rightarrow$ Gerade ist gleich der x-Achse

g_4: $y = -\frac{2}{3}x \Rightarrow m_4 = -\frac{2}{3} > 0$
$\Rightarrow$ Gerade fällt

Für alle Wertepaare $(x\,|\,f(x)) \neq (0\,|\,0)$, die die Gleichung $f(x) = mx$ erfüllen, gilt:

$$\frac{f(x)}{x} = m$$

Demnach stehen die Seiten x und f(x) in den **Steigungsdreiecken** dieser Wertepaare alle im selben Verhältnis mit dem Wert m. Daher genügt zum Zeichnen einer Ursprungsgeraden die Angabe der Steigung m.

Beispiel

Erweiterte Wertetabelle für $f(x) = 1{,}5x$:

x	–3	–2	–1	0	1	2	3
f(x)	–4,5	–3	–1,5	0	1,5	3	4,5
$\frac{f(x)}{x}$	$\frac{-4{,}5}{-3}$	$\frac{-3}{-2}$	$\frac{-1{,}5}{-1}$	nicht def.	$\frac{1{,}5}{1}$	$\frac{3}{2}$	$\frac{4{,}5}{3}$

Für alle Wertepaare $(x\,|\,f(x)) \neq (0\,|\,0)$ gilt:

$$\frac{f(x)}{x} = 1{,}5 = m$$

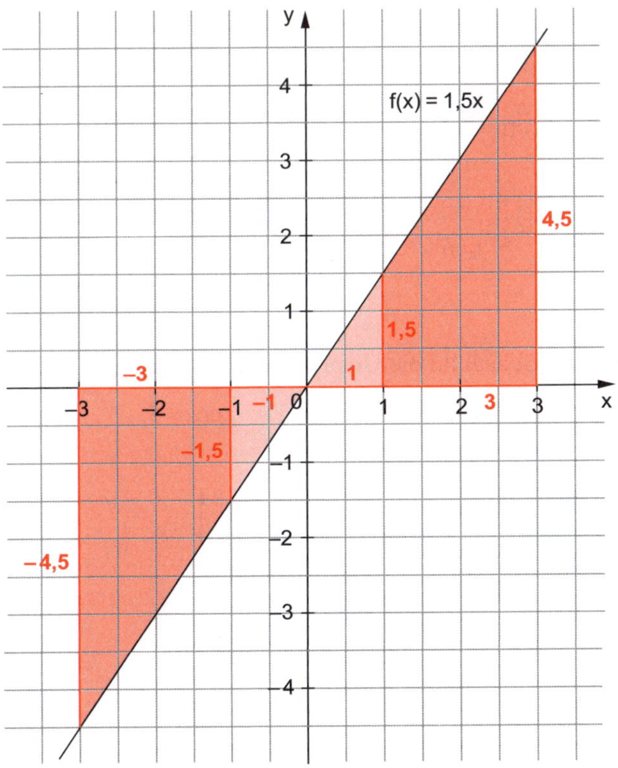

Zeichnen einer Ursprungsgeraden

Zum Zeichnen einer Ursprungsgeraden mit der Gleichung $f(x) = mx$ genügt neben dem Ursprung $O(0 \mid 0)$ ein weiterer Punkt auf dem Graphen. Dieser kann mithilfe eines Steigungsdreiecks auf zwei Arten gefunden werden:

- Der Graph geht auch durch den Punkt $(1 \mid m)$.
- Der Graph geht auch durch den Punkt $(x \mid mx)$.

Beispiel

Zeichne mithilfe eines Steigungsdreiecks die Ursprungsgeraden der folgenden Funktionsgleichungen:

$f_1(x) = 2{,}5x$ $\quad f_2(x) = -2x$ $\quad f_3(x) = \frac{1}{3}x$ $\quad f_4(x) = -\frac{4}{5}x$

Lösung:

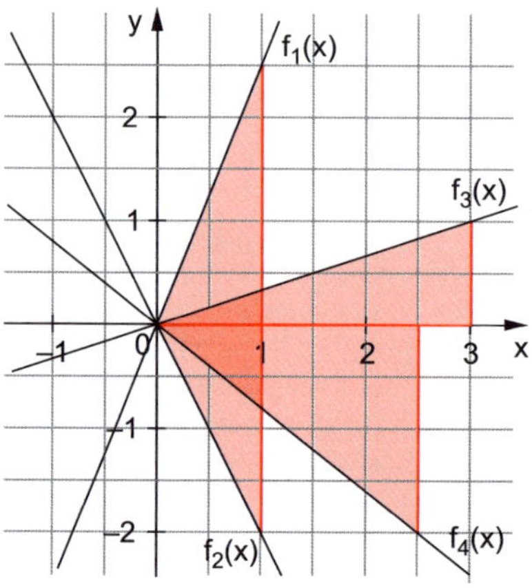

$f_1(x) = 2{,}5x$ mit $m = 2{,}5$:
Der Graph geht durch $(1 \mid 2{,}5)$.

$f_2(x) = -2x$ mit $m = -2$:
Der Graph geht durch $(1 \mid -2)$.

$f_3(x) = \frac{1}{3}x$ mit $m = \frac{1}{3}$:
Der Graph geht durch $(3 \mid 1)$.

$f_4(x) = -\frac{4}{5}x$ mit $m = -\frac{4}{5}$:
Der Graph geht durch $(2{,}5 \mid -2)$.

80 Zeichne in ein gemeinsames Schaubild die Ursprungsgeraden mit:

$m_1 = -1$ $\quad m_2 = \frac{2}{3}$ $\quad m_3 = -0{,}5$ $\quad m_4 = 0$ $\quad m_5 = 5$ $\quad m_6 = \frac{1}{4}$

81 Ordne die Ursprungsgeraden I bis V den Funktionsgleichungen zu.

a) $y = x$

b) $y = -x$

c) $y = 2x$

d) $y = -2x$

e) $y = -\frac{3}{4}x$

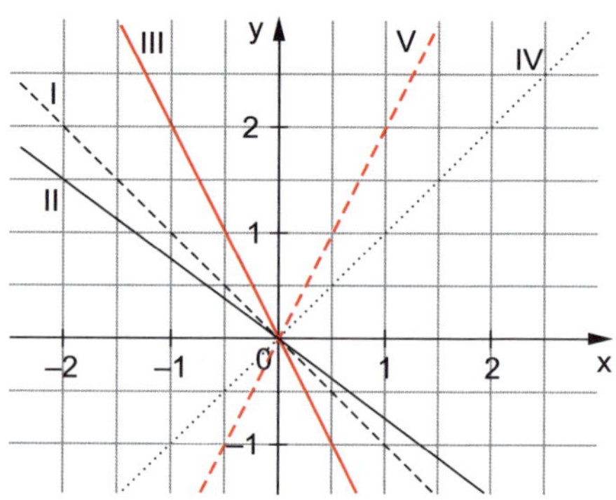

Geraden in beliebiger Lage

Eine Funktion mit der Gleichung $f(x) = mx + b$ bzw. $y = mx + b$ ($m, b \in \mathbb{R}$) heißt **lineare Funktion**. Der zugehörige Graph ist eine **Gerade** mit **Steigung m**, die durch den Punkt $P(0 | b)$ auf der y-Achse verläuft. Der Parameter b heißt deshalb **y-Achsenabschnitt**. Die Gleichung $f(x) = mx + b$ heißt **Normalform** der Geradengleichung.

Der Graph von $f(x) = mx + b$ entsteht durch Verschieben der Ursprungsgeraden $g(x) = mx$ um b Einheiten in Richtung der y-Achse.

Beispiel

Vergleiche mithilfe einer Wertetabelle die Schaubilder der Funktionen $f(x) = 1{,}5x$ und $f(x) = 1{,}5x + 2$.

Lösung:

x	−0,5	0	0,5	1	1,5	2
$f(x) = 1{,}5x$	−0,75	0	0,75	1,5	2,25	3
$f(x) = 1{,}5x + 2$	1,25	2	2,75	3,5	4,25	5

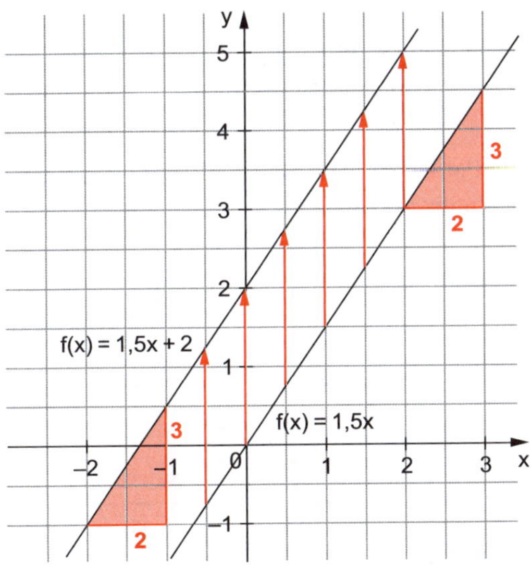

Der Graph mit der Funktionsgleichung $f(x) = 1{,}5x + 2$ entsteht durch Verschieben der Ursprungsgeraden $f(x) = 1{,}5x$ um 2 Einheiten in positive Richtung der y-Achse. Der Graph wird also um 2 Einheiten nach oben verschoben.

Beide Geraden haben dieselbe Steigung, verlaufen somit parallel.

82 Entscheide durch Rechnung, welche der folgenden Punkte auf der Geraden g mit der Funktionsgleichung $g(x) = 2x - 3$ liegen.

a) $P_1(1 | -1)$
b) $P_2(-2 | -7)$
c) $P_3(6 | 9)$
d) $P_4(9 | 4)$
e) $P_5(-1 | -5)$
f) $P_6(0{,}5 | -2)$

83 Bestimme die Gleichung der Geraden $f(x)=mx+b$ mithilfe der Steigung m und dem Punkt $P(x|y)$.

a) $m=1;\ P(2|2)$
b) $m=-1;\ P(2|2)$
c) $m=-5;\ P(4|4)$
d) $m=-2{,}5;\ P(1|2)$
e) $m=\frac{1}{2};\ P(1|0)$
f) $m=-\frac{2}{5};\ P(2|-1)$

84 Bestimme den Steigungsfaktor m mithilfe des Geradenpunkts P.

a) $y=mx+1;\ P(2|1)$
b) $y=mx-1;\ P(-2|1)$
c) $y=mx-3;\ P(3|0)$
d) $y=mx-2{,}5;\ P(1|5)$
e) $y=mx+2;\ P(4|2)$
f) $y=mx-\frac{1}{5};\ P(2|-1)$

Gerade durch 2 Punkte

Eine Gerade ist durch 2 Punkte eindeutig festgelegt. Sind $A(x_A|y_A)$ und $B(x_B|y_B)$ Punkte auf einer Geraden g, dann gilt:

- Die Steigung m berechnet man mithilfe von $\mathbf{m=\frac{y_B-y_A}{x_B-x_A}}$.
- Den y-Achsenabschnitt b berechnet man durch Einsetzen von Punkt A oder B.

Beispiele

1. Die Gerade g geht durch die Punkte $A(-1|0{,}5)$ und $B(2|2)$.
Bestimme die Funktionsgleichung der Geraden g.

Lösung:

Funktionsgleichung der Geraden:
$y=mx+b$

Berechnung der Steigung m:

$$m=\frac{y_B-y_A}{x_B-x_A}=\frac{2-0{,}5}{2-(-1)}=\frac{1{,}5}{3}=\frac{1}{2}$$

$$\Rightarrow\quad y=\frac{1}{2}x+b$$

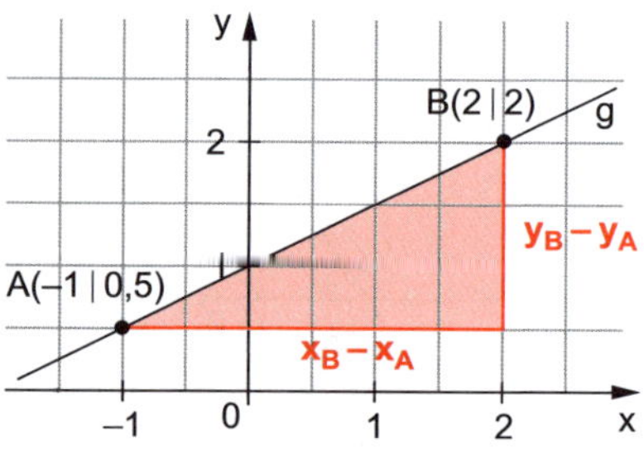

Berechnung des Achsenabschnitts b durch Einsetzen von $A(-1|0{,}5)$:

$$0{,}5=\frac{1}{2}\cdot(-1)+b$$

$$0{,}5=-\frac{1}{2}+b\qquad |+0{,}5$$

$$1=b$$

Die Gleichung der Geraden g lautet also $y=\frac{1}{2}x+1$.

2. Lies aus dem nebenstehenden Schaubild die Steigung m und den y-Achsenabschnitt b der Geraden g ab und bestimme ihre Funktionsgleichung.

Lösung:

$P(0|2) \in g \Rightarrow b = 2$

$$m = \frac{y_Q - y_P}{x_Q - x_P} = \frac{4-2}{3-0} = \frac{2}{3}$$

$$g(x) = \frac{2}{3}x + 2$$

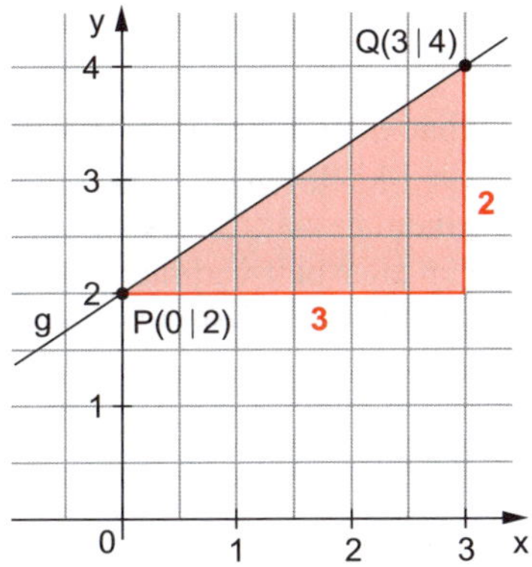

85 Bestimme die Gleichung der Geraden g, die durch folgende Punkte verläuft:

a) A(4 | 3), B(3 | 1)
b) C(0,5 | 0), D(0 | –2)
c) E(1 | 3), F(–2 | –6)
d) G(0 | 1), H(1 | 0)
e) K(7 | –3), L(0 | 1)
f) M(1 | –1), N(4 | 0,5)

86 Welche Gerade gehört zu welcher Funktionsgleichung?

g_1: $f(x) = -2x + 2$

g_2: $f(x) = 2x - 2$

g_3: $f(x) = 2,5x + 3$

g_4: $f(x) = \frac{2}{3}x$

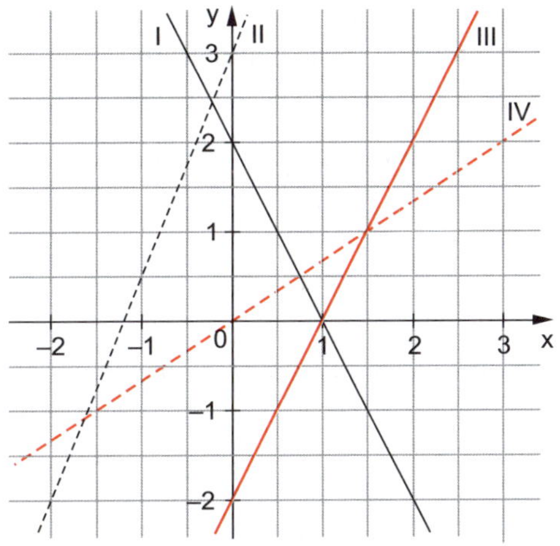

87 Olivias Schachtel ist bereits bis zu einer Höhe von 3 cm mit Dekosand gefüllt. Nun kippt sie gleichmäßig weiter Dekosand hinein, sodass die Schachtel nach 3 Minuten zu 7,5 cm gefüllt ist.
Stelle für den Vorgang eine Funktionsgleichung auf.

88 a) Wie lautet die Gleichung der Geraden, die durch die Punkte $A(0|-4)$ und $B(1|-1)$ geht?

b) Eine Stadt berechnet im Tarif I bei einem monatlichen Grundpreis von 12 € für 1 kWh Strom 15 ct. Im Tarif II verlangt sie für 1 kWh Strom 12 ct bei einem monatlichen Grundpreis von 20 €.
Ein Haushalt verbraucht durchschnittlich monatlich 200 kWh.
Welcher Tarif ist günstiger?
Stelle für beide Tarife eine Funktionsgleichung auf.

> Die **allgemeine Form** der Funktionsgleichung einer Geraden lautet:
> $ax + by + c = 0$ $(a, b, c \in \mathbb{R})$

Beispiel

Wie lautet die Normalform der Funktionsgleichung der Geraden, deren allgemeine Form die Parameter $a = 2$, $b = 3$ und $c = 1$ hat?

Lösung:

Einsetzen der Parameter in die allgemeine Form $ax + by + c = 0$:

$2x + 3y + 1 = 0$

Umformen in die Normalform:

$$2x + 3y + 1 = 0 \quad | -2x - 1$$

Löse durch Äquivalenzumformungen nach y auf.

$$3y = -2x - 1 \quad | : 3$$

$$y = -\frac{2}{3}x - \frac{1}{3}$$

89 Gib die Gleichungen der Geraden in der allgemeinen Form an.

a) $y = \frac{1}{2}x + 2$

b) $y - 2x = -2$

c) $y = -4 + 5x$

d) $2y - 5 = -x$

90 Bestimme die Steigung und den y-Achsenabschnitt der folgenden Geraden.

a) $2x + 4y + 1 = 0$

b) $-x + 2y - 2 = 0$

c) $-2x + y - 4{,}5 = 0$

d) $\frac{x}{2} + 2y + 4 = 0$

Schnittpunkte mit den Koordinatenachsen

Schnittpunkt mit der x-Achse

- Die x-Koordinate des Schnittpunkts der Geraden mit der x-Achse heißt **Nullstelle** der linearen Funktion.
- Um die Nullstelle zu berechnen, setzt man den Funktionsterm gleich null: **f(x) = 0**
- Der zugehörige Punkt **N(x | 0)** auf der Geraden liegt auf der x-Achse.

Beispiel

Berechne den Schnittpunkt der Geraden g: $y = 0{,}5x - 1$ mit der x-Achse.

Lösung:

Nullsetzen des Funktionsterms:

$0 = 0{,}5x - 1 \quad |+1$

$1 = 0{,}5x \quad |:0{,}5$

$x = 2$

Also: $N(2|0)$

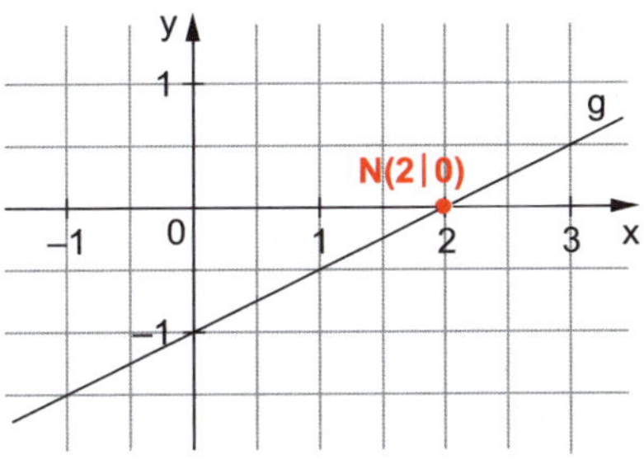

Schnittpunkt mit der y-Achse

- Jede lineare Funktion besitzt genau einen Schnittpunkt mit der y-Achse.
- Ist die lineare Funktion in Normalform gegeben, lässt er sich mithilfe des y-Achsenabschnitts b direkt als **(0 | b)** ablesen.
- Ansonsten setzt man **x = 0** in den Funktionsterm ein und berechnet b.

Beispiel

Berechne den Schnittpunkt der Geraden g: $\frac{1}{2}x - y - 1 = 0$ mit der y-Achse.

Lösung:

Einsetzen von $x = 0$:

$0{,}5 \cdot 0 - b - 1 = 0$

$-b - 1 = 0 \quad |+b$

$b = -1$

Also: $(0|-1)$

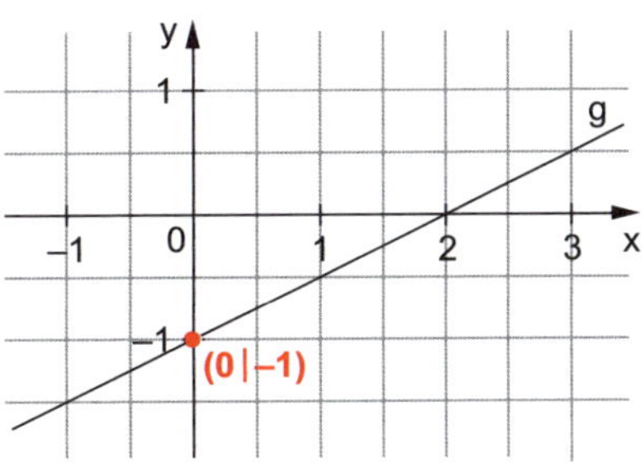

91 Bestimme die Schnittpunkte mit den Koordinatenachsen.

a) $y = 3x - 5$ b) $3x - 4y - 9 = 0$

92 Bestimme die Funktionsgleichung der Geraden g: $y = mx + b$ mithilfe des Schnittpunkts N mit der x-Achse und des Schnittpunkts S mit der y-Achse.

a) $N(4|0)$; $S(0|5)$ b) $N(1{,}5|0)$; $S(0|-3)$

93 Die Gerade g: $y = \frac{1}{2}x + 2$ wird entlang der x-Achse um zwei Einheiten nach links verschoben.
Gib die Funktionsgleichung der entstandenen Geraden g' an. Überlege dabei, was beim Verschieben mit der Nullstelle der Funktion g geschieht.

94 a) Warum gibt es keine lineare Funktion, die genau zwei Nullstellen besitzt?

b) Stelle eine lineare Funktion auf, die unendlich viele Nullstellen besitzt.

Zeichnen einer Geraden

Eine Gerade mit der Gleichung $f(x) = mx + b$ kann auf verschiedene Arten gezeichnet werden, z. B. mithilfe einer der drei Möglichkeiten:

- y-Achsenabschnitt b und Steigungsdreieck
- Schnittpunkte mit den Koordinatenachsen: $(0|b)$ und $(x|0)$
- Koordinaten zweier beliebiger Punkte auf der Geraden

Beispiel

Zeichne folgende Geraden mithilfe der naheliegendsten Möglichkeit.

a) $y = -\frac{1}{2}x + 3$ b) $y = -\frac{6}{7}x + 3$ c) $0{,}4x + 1{,}2y - 1{,}6 = 0$

Lösung:

a) $y = -\frac{1}{2}x + 3$

- y-Achsenabschnitt: $(0|3)$
- Steigung: $m = -\frac{1}{2}$

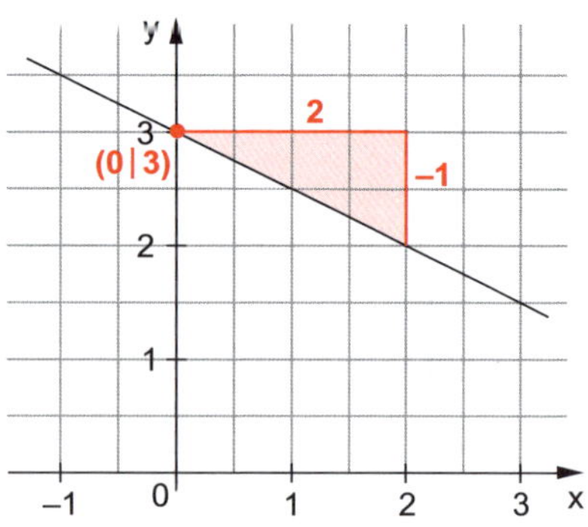

b) $y = -\frac{6}{7}x + 3$

- Schnittpunkt mit y-Achse: $(0\,|\,3)$
- Schnittpunkt mit x-Achse:

$$0 = -\frac{6}{7} \cdot x + 3$$
$$\frac{6}{7} \cdot x = 3$$
$$x = 3{,}5 \quad \Rightarrow \quad (3{,}5\,|\,0)$$

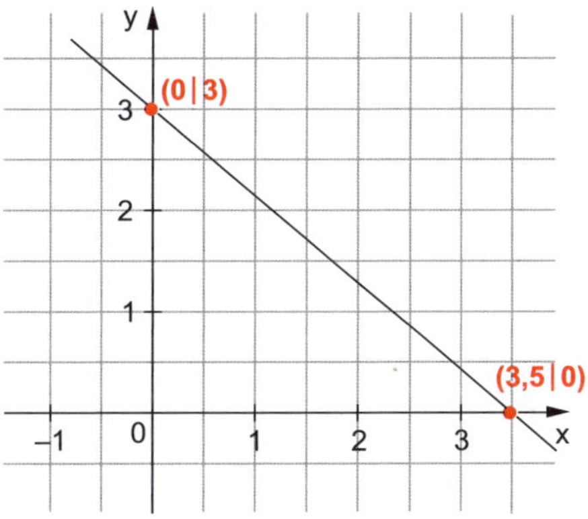

c) $0{,}4x + 1{,}2y - 1{,}6 = 0$

- Einsetzen von $P(1\,|\,y_P)$:

$$0{,}4 \cdot \mathbf{1} + 1{,}2 \cdot \mathbf{y_P} - 1{,}6 = 0$$
$$1{,}2 \cdot y_P - 1{,}2 = 0$$
$$y_P = 1$$

- Einsetzen von $Q(x_Q\,|\,0)$:

$$0{,}4 \cdot \mathbf{x_Q} + 1{,}2 \cdot \mathbf{0} - 1{,}6 = 0$$
$$0{,}4 \cdot x_Q - 1{,}6 = 0$$
$$x_Q = 4$$

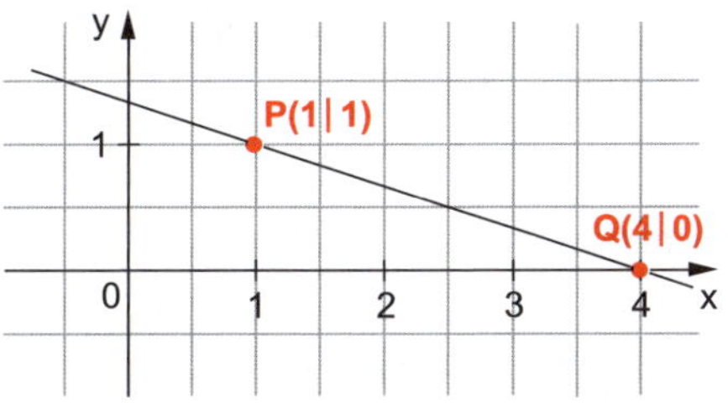

Wenn du die Koordinaten zweier beliebiger Punkte bestimmst, dann wähle dabei jeweils eine Koordinate möglichst geschickt!

95 Zeichne folgende Geraden mithilfe

a) des Parameters b und des Steigungsdreiecks in ein gemeinsames Schaubild.

g_1: $f(x) = -2x + 2$ $\quad$ g_2: $f(x) = 2x - 2$

g_3: $f(x) = -\frac{1}{3}x + 2$ $\quad$ g_4: $f(x) = -x - 2$

b) der Schnittpunkte mit den Koordinatenachsen in ein gemeinsames Schaubild.

g_1: $y = 3x - 3$ $\quad$ g_2: $y = -\frac{1}{3}x + 1$

g_3: $y = 0{,}5x - 2{,}5$ $\quad$ g_4: $y = -3x - 3$

c) zweier Geradenpunkte in ein gemeinsames Schaubild.

g_1: $A(4\,|\,0)$, $B(0\,|\,3)$ $\quad$ g_2: $C(-3\,|\,1)$, $D(1\,|\,4)$

g_3: $E(-2\,|\,-2)$, $F(1\,|\,1)$ $\quad$ g_4: $G(2{,}5\,|\,2)$, $H(-1\,|\,-2)$

96 Bestimme jeweils die Nullstelle und prüfe durch eine Zeichnung nach. Zeichne alle vier Geraden in dasselbe Koordinatensystem.

a) $y = 3x + 3$ b) $y = 5x - 2{,}5$

c) $1 = \frac{1}{4}x - y$ d) $3y - 6x = 6$

3 Eigenschaften linearer Funktionen

Die Art und Weise, wie Graphen linearer Funktionen zueinander liegen, äußert sich zum einen in der **Anzahl und Lage** ihrer **Schnittpunkte**, zum anderen in der **Steigung** der Geraden.

Geraden in besonderer Lagebeziehung

Geraden sind genau dann **parallel**, wenn sie dieselbe Steigung m haben.

Besitzen zwei Geraden dieselbe Funktionsgleichung, so nennt man sie **identisch**.

Beispiel

Bestimme die Funktionsgleichungen der Parallelen p_1, p_2 und p_3 durch $A(0|2)$, $B(0|3)$ bzw. $C(0|-1)$ zur Geraden mit der Gleichung g: $y = \frac{1}{3}x + 1$.

Lösung:

Die Funktionsgleichung lautet allgemein: $y = mx + b$

Die Parallelen zu g haben dieselbe Steigung $m = \frac{1}{3}$.

Der Parameter b ergibt sich hier jeweils aus der y-Koordinate der Punkte A, B und C:

$A(0|2) \in g \Rightarrow p_1: y = \frac{1}{3}x + 2$

$B(0|3) \in g \Rightarrow p_2: y = \frac{1}{3}x + 3$

$C(0|-1) \in g \Rightarrow p_3: y = \frac{1}{3}x - 1$

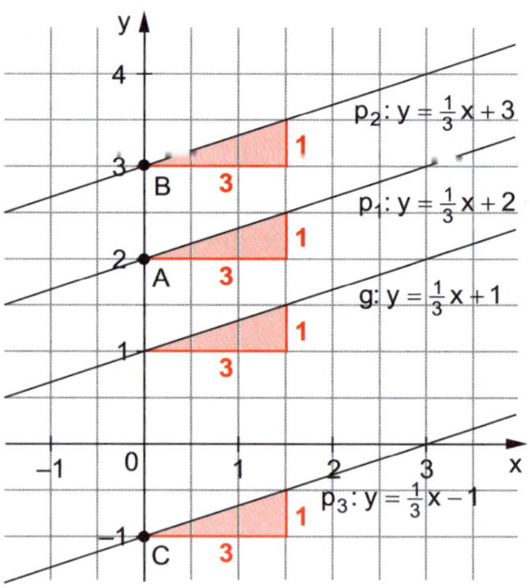

- Parallelen zur x-Achse haben die Steigung $m = 0$ und daher die Gleichung $y = c$ ($c \in \mathbb{R}$).
  Die Gleichung der x-Achse lautet: $y = 0$
- Parallelen zur y-Achse haben die Gleichung $x = t$ ($t \in \mathbb{R}$) und sind **keine** Funktionen.
  Die Gleichung der y-Achse lautet: $x = 0$

Beispiele

1.

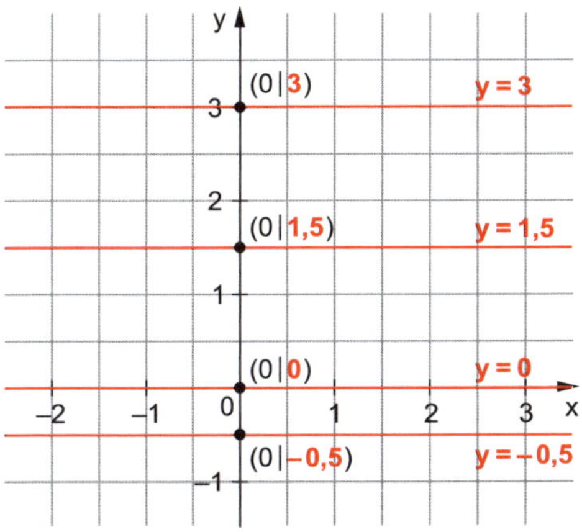

Parallelen zur x-Achse haben Funktionsgleichungen, die unabhängig vom Argument, also unabhängig von x, immer den gleichen Funktionswert besitzen. Dieser entspricht dem y-Achsenabschnitt b. Man nennt diese Parallelen daher auch konstante Funktionen.

2.

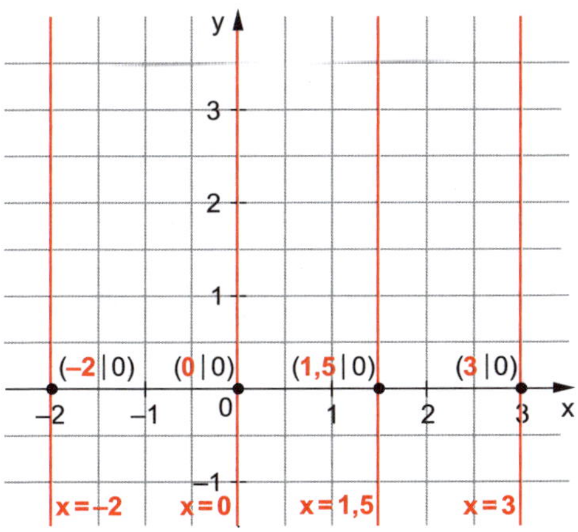

Parallelen zur y-Achse sind keine Funktionen, da einem Argument, also ein und demselben x, verschiedene Werte zugeordnet werden. Alle Wertepaare auf der Parallelen haben den gleichen x-Wert, der dem x-Achsenabschnitt t entspricht. Daher können diese Parallelen durch die Gleichung $x = t$ beschrieben werden.

97 Gegeben sind die Punkte $A(-0{,}5 \mid 2{,}5)$, $B(1{,}5 \mid -0{,}5)$ und $C(-2 \mid 1{,}5)$.
Bestimme die y-Koordinate des Punktes $D(-1 \mid y)$ so, dass die Geraden AB und CD parallel zueinander sind.

Die Geraden g und h stehen genau dann **senkrecht** (orthogonal) aufeinander, wenn für das Produkt ihrer Steigungen gilt: $\mathbf{m_g \cdot m_h = -1}$

Beispiel

Bestimme die Funktionsgleichung der zur Geraden g: $y = \frac{1}{2}x + \frac{1}{2}$ senkrechten Geraden h durch den Punkt $P(1{,}5\,|\,0)$.

Lösung:

Da h senkrecht auf g steht, gilt:

$m_g \cdot m_h = -1 \quad |:m_g$

$m_h = \frac{-1}{m_g}$

$m_h = \frac{-1}{\frac{1}{2}} \quad |\cdot\frac{1}{2}$

$m_h = -2$

$\Rightarrow \quad h: y = -2x + b$

Einsetzen von $P(1{,}5\,|\,0)$:

$0 = -2 \cdot 1{,}5 + b$

$0 = -3 + b \quad |+3$

$b = 3$

$\Rightarrow \quad h: y = -2x + 3$

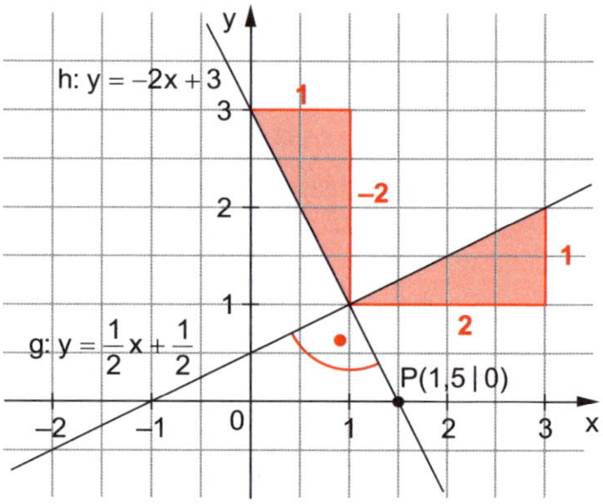

Das Steigungsdreieck der Geraden h ist gegenüber dem Steigungsdreieck der Geraden g um 90° gedreht. Dadurch kehrt sich der Quotient der Dreiecksseiten um und ändert sein Vorzeichen.

- Die Ursprungsgerade mit der Steigung $m = 1$ und der Funktionsgleichung $\mathbf{y = x}$ heißt **1. Winkelhalbierende** und halbiert den I. und III. Quadranten des Koordinatensystems.
- Die dazu senkrechte Ursprungsgerade mit der Steigung $m = -1$ und der Funktionsgleichung $\mathbf{y = -x}$ heißt **2. Winkelhalbierende** und halbiert den II. und IV. Quadranten des Koordinatensystems.

Beispiel

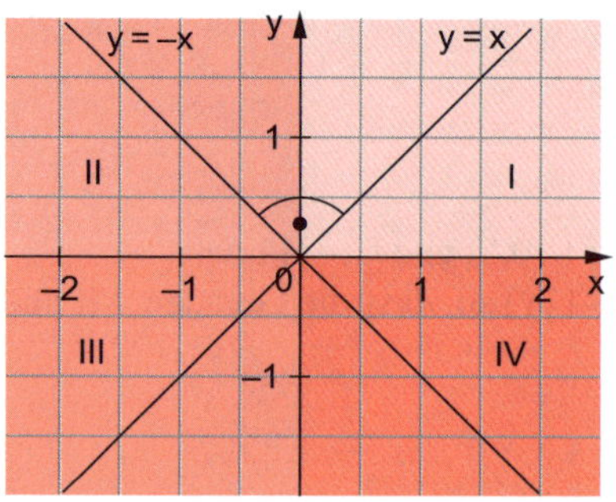

Die 1. und die 2. Winkelhalbierende sind orthogonal und schneiden sich im Ursprung.

98 Gegeben sind die Punkte A(0,5 | 2,5), B(2,5 | –0,5) und C(2 | 2).
Bestimme die y-Koordinate des Punktes D(–1 | y) so, dass die Geraden AB und CD orthogonal zueinander sind.

99 Finde zur Geraden g: $y = -2x - 2$

a) die Senkrechte h auf g, die durch den Punkt P(0 | –2) verläuft.

b) die Parallele k zu g, die durch den Punkt Q(0 | 3) verläuft.

c) die Senkrechte n auf g, die durch den Punkt Q(0 | 3) verläuft.

100 Bestimme die Gleichung der Geraden h mit der Nullstelle $x = 3$, die senkrecht zur Geraden g mit der Gleichung $y = \frac{2}{3}x - 2$ verläuft.

101 Ermittle die Gerade g, die durch den Punkt A(5 | 0) verläuft und senkrecht auf der 1. Winkelhalbierenden steht.

102 Zeichne die Graphen der Funktionsgleichungen mithilfe des Funktionsplotters aus www.mathe-fa.de.

a) g: $f(x) = 2x + 1$

b) h: die Senkrechte h auf g, die durch den Punkt P(0 | 1) verläuft.

c) k: die Parallele k zu g, die durch den Punkt Q(0 | 4) verläuft.

d) n: die Senkrechte n auf k, die durch den Punkt Q(0 | 4) verläuft.

Schnittpunkte von Graphen linearer Funktionen

Geraden, die parallel verlaufen, sind entweder identisch und haben alle Punkte gemeinsam oder sie schneiden sich in keinem Punkt und haben damit gar keine Punkte gemeinsam. Geraden, die nicht parallel verlaufen, haben dagegen immer genau einen Punkt gemeinsam, den **Schnittpunkt** der Geraden.
Bei der Suche nach dem Schnittpunkt bzw. den Schnittpunkten von zwei Geraden sind alle Punkte gesucht, die auf beiden Geraden liegen und somit beide linearen Funktionsgleichungen zugleich erfüllen. Mit anderen Worten heißt das, dass die Suche nach dem/n Schnittpunkt/en dem Lösen eines linearen Gleichungssystems entspricht.

- Geraden, die nicht parallel verlaufen, schneiden sich in genau einem **Schnittpunkt $S(x_S \mid y_S)$**.
- Der Schnittpunkt S kann durch Anwendung des **Gleichsetzungsverfahrens** auf die beiden Funktionsgleichungen berechnet werden.

Beispiel

Bestimme durch Zeichnung und Rechnung den Schnittpunkt S der Geraden g_1: $y = x - 1$ und g_2: $y = -3x + 3$.

Lösung:

- Zeichnung:

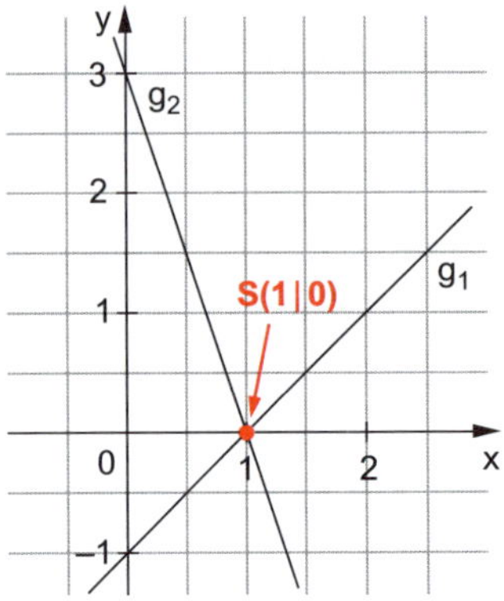

- Rechnung:
  Im Schnittpunkt $S(x_S \mid y_S)$ haben die beiden Funktionsgleichungen denselben x- und y-Wert. Nach dem Gleichsetzungsverfahren gilt:

$$x - 1 = -3x + 3 \quad | + 3x + 1$$
$$4x = 4 \quad | : 4$$
$$x = 1$$

Einsetzen von $x = 1$ in g_1:
$y = 1 - 1 = 0$

Der Schnittpunkt hat die Koordinaten $S(1 \mid 0)$.

103 Bestimme den Schnittpunkt der Geraden durch Zeichnung und Rechnung.

a) g: $y = 2x + 2$; h: $y = -2x + 1$ b) g: $y = 0{,}5x - 5$; h: $y = 2x - 2$

104 Die Geraden g: $y = \frac{1}{2}x + 1$; h: $y = -x + 7$ und k: $y = 5x + 1$ bilden ein Dreieck ABC. Berechne die Eckpunkte des Dreiecks.

105 Monatliche Handytarife werden verglichen:

	Tarif 1	**Tarif 2**	**Flatrate**
Grundgebühr	9,50 €	18,50 €	30,00 €
Preis/min	11 ct	5 ct	

a) Bei wie vielen Gesprächsminuten sind die Tarife 1 und 2 gleich teuer?

b) Ab wie vielen Gesprächsminuten lohnt sich die Flatrate im Vergleich zu Tarif 2?

106 Die Rechnung für eine Solaranlage zur Stromgewinnung beträgt einmalig 24 000 €. Es wird mit einer Einspeisung ins öffentliche Netz von monatlich 400 kWh gerechnet.
Nach den gesetzlichen Grundlagen (Energie-Einspeisungs-Gesetz EEG) werden monatlich 42,9 ct/kWh vergütet.
Nach wie vielen Jahren werden die Kosten eingeholt?

107 Die Autovermietung „Citycar“ bietet ein Kfz für 0,40 € pro gefahrenen km und einer Tagespauschale von 50 €, ohne Kosten für Benzin, an.
Ein Kfz-Händler vermietet ein gleichwertiges Kfz für einen Festpreis von 150 € pro Tag, ohne Kosten für Benzin.
Frau Müller muss am gleichen Tag eine Strecke von 95 km hin- und zurückfahren. Welches Angebot wählt sie?
Ab wie vielen Kilometern pro Tag ist das Angebot des Kfz-Händlers günstiger als das von „Citycar“?

108 Bei einer Heizungsanlage wird der jährliche Kundendienst fällig.

Angebot Firma A	Angebot Firma B
Kundendienst zum Komplettpreis inkl. MwSt. 200 €	• Kundendienst mit je 1 Arbeitsstunde zu 55 € • Fahrtkosten 12 € • MwSt. 19 %

Stelle für die Rechnungsstellung der Firma B eine Funktionsgleichung für x Arbeitsstunden auf.
Welche Firma ist bei 3 Arbeitsstunden günstiger?

109 Gemeinden und Kirchen sind Träger von Kindergärten.
Man beobachtet einen Trend hin zu speziellen Waldkindergärten.
Ein Waldkindergarten mit momentan 60 Kindern nimmt jährlich um 8 Kinder zu.
Ein Kindergarten einer Gemeinde mit 150 Kindern nimmt jährlich um 12 Kinder ab.
Nach wie vielen Jahren wird der Waldkindergarten mehr Kinder haben als der Kindergarten der Gemeinde?

4 Quadratische Funktionen

Tina kickt einen Fußball und überlegt, welche Flugbahn er beschreibt: „Zuerst fliegt er nach oben und dann nach unten. Sieht wie eine Kurve aus, die in der Mitte ihren höchsten Punkt hat."

Tina liegt mit ihrer Vermutung richtig. Bei der Flugbahn ihres Balls handelt es sich um eine Parabel, den Graphen einer quadratischen Funktion. Lineare Funktionen heißen „linear", weil die Variable x in der Potenz 1 auftritt. Quadratische Funktionen heißen „quadratisch", da die Variable x auch in der Potenz 2 auftritt.

Normalparabel

- Die **einfachste quadratische Funktion** hat die Funktionsgleichung $f(x) = x^2$ bzw. $y = x^2$. Sie ist nach oben geöffnet und hat den tiefsten Punkt im Scheitelpunkt $S(0|0)$.
- Die quadratische Funktion $y = -x^2$ ist die Spiegelung von $y = x^2$ an der x-Achse. Sie ist nach unten geöffnet und hat den höchsten Punkt im Scheitel $S(0|0)$.
- Die Graphen solcher quadratischer Funktionen nennt man **Normalparabel**.
- Die Punkte $P(x|y)$ und $Q(-x|y)$ liegen symmetrisch zur y-Achse.

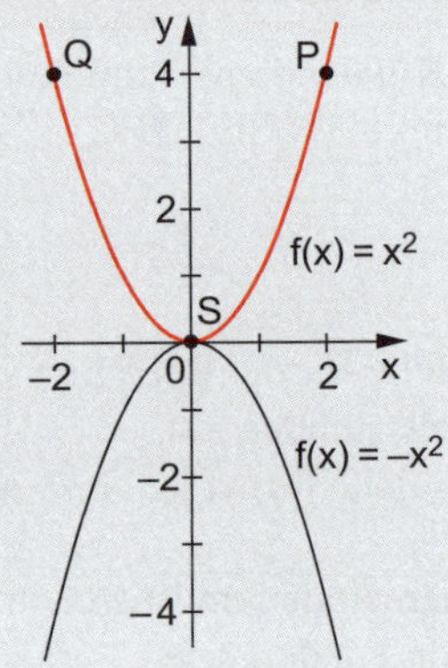

Oft ist der Gebrauch einer **Schablone** für die Zeichnung einer Normalparabel erleichternd.

Die Flugbahn von Tinas Fußball hat ihren höchsten Punkt und damit ihren Scheitel nicht im Ursprung. Dieser liegt um einiges höher und auch weiter rechts.

Verschiebung der Normalparabel in y-Richtung

In der quadratischen Funktion $y = x^2 + \mathbf{c}$ bestimmt der Parameter c die Lage auf der y-Achse.

- $c > 0$: Verschiebung der Normalparabel nach **oben**
- $c < 0$: Verschiebung der Normalparabel nach **unten**

Entsprechend hat der Scheitel die Koordinaten $S(0|c)$.

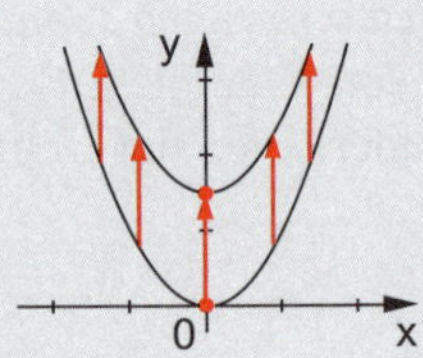

Verschiebung der Normalparabel in x-Richtung

In der quadratischen Funktion $y = (x - \mathbf{d})^2$ bestimmt der Parameter d die Lage auf der x-Achse.

- $d > 0$: Verschiebung der Normalparabel nach **rechts**
- $d < 0$: Verschiebung der Normalparabel nach **links**

Entsprechend hat der Scheitel die Koordinaten $S(d\,|\,0)$.

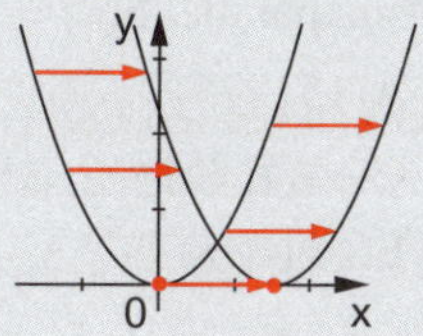

Beispiele

1. Zeichne die Graphen und bestimme die Scheitel der Funktionen:
p_1: $y = x^2 + 2$ p_2: $y = (x - 1)^2 - 2$ p_3: $y = -x^2 + 1$

Lösung:

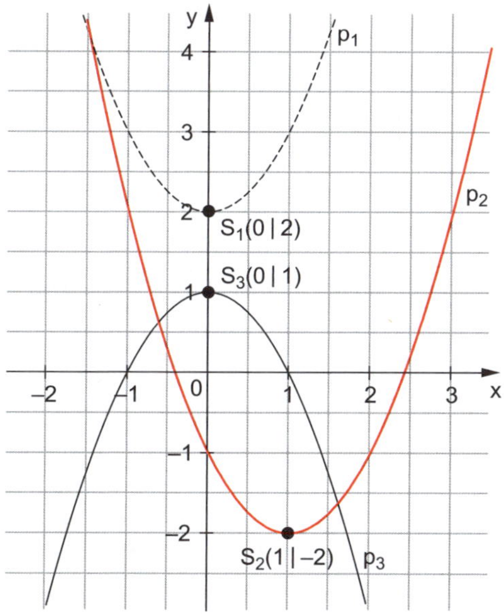

Die Parabel p_1 ist eine Normalparabel, die um 2 LE nach oben verschoben ist.

Die Parabel p_2 ist eine Normalparabel, die **sowohl um 1 LE nach rechts verschoben als auch um 2 LE nach unten verschoben** ist. Den Scheitel liest man als **$S(d\,|\,c)$** ab.

Die Parabel p_3 ist eine an der x-Achse gespiegelte Normalparabel, die um 1 LE nach oben verschoben ist.

2. Stelle bei gegebenem Scheitel die Funktionsgleichung der Form $f(x) = (x - d)^2 + c$ auf.

a) $S(0\,|\,25)$ b) $S(-2\,|\,0)$

c) $S(4\,|\,-5)$ d) $S(-6\,|\,-13)$

Lösung:

a) $f(x) = (x - \mathbf{0})^2 + \mathbf{25} = x^2 + 25$ — 25 LE in y-Richtung verschoben

b) $f(x) = (x - \mathbf{(-2)})^2 + \mathbf{0} = (x + 2)^2$ — –2 LE in x-Richtung verschoben

c) $f(x) = (x - \mathbf{4})^2 + \mathbf{(-5)} = (x - 4)^2 - 5$ — 4 LE in x-Richtung und –5 LE in y-Richtung verschoben

d) $f(x) = (x - \mathbf{(-6)})^2 + \mathbf{(-13)} = (x + 6)^2 - 13$ — –6 LE in x-Richtung und –13 LE in y-Richtung verschoben

110 Stelle fest, ob die Punkte auf der Normalparabel $f(x) = x^2$ oder der gespiegelten Normalparabel $h(x) = -x^2$ oder auf keiner von beiden liegen.

a) A(15 | 225) b) B(–4 | –16)

c) C(–1,5 | 25) d) D(0,9 | –0,45)

e) E(–5 | –25) f) F(30 | 900)

111 Zeichne die Funktionen $f(x) = x^2 + 2{,}5$ und $g(x) = (x + 3)^2$ mithilfe des Scheitels und einer Normalparabelschablone.

112 Ordne die Scheitel den Funktionsgleichungen zu.

a) $y = x^2 + 2$

b) $y = -x^2 + 3{,}5$

c) $y = (x - 2)^2$

d) $y = -(x + 1)^2 - 2$

e) $y = -(x - 2)^2 + 2$

f) $y = x^2 - 3{,}5$

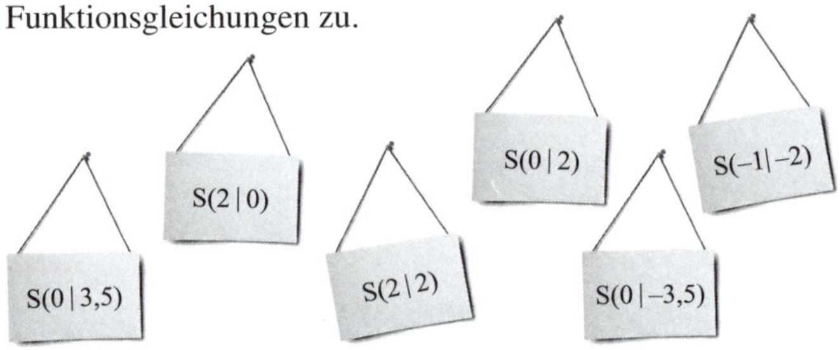

113 Gib Funktionsgleichung und Scheitel der verschobenenen Normalparabel an.

a) um 4,5 LE nach rechts und 3 LE nach oben verschoben

b) um 12 LE nach links und 8,2 LE nach oben verschoben

c) um 20 LE nach rechts und 3,5 LE nach unten verschoben

Henrike überlegt, ob ihr Boot unter der Brücke durchpasst. „Es handelt sich zwar um keine Normalparabel, aber der Scheitel ist dennoch die höchste Stelle. Lenke ich das Boot direkt unter diesem hindurch, müsste es gehen“, überlegt sie.

Formveränderung der Normalparabel

Der Parameter a der quadratischen Funktion $y = \mathbf{a}x^2$ gibt die Öffnung der Parabel an und verändert die Normalparabel in der Form.

- $a > 0$: Öffnung nach **oben**
- $a < 0$: Öffnung nach **unten**
- $a > 1$ oder $a < -1$: Parabel ist **schlanker** als die Normalparabel
- $0 < a < 1$ oder $-1 < a < 0$: Parabel ist **breiter** als die Normalparabel

Beispiel

Erstelle eine Wertetabelle (Schrittweite 0,5) für die quadratische Funktion $y = ax^2$ und zeichne den jeweiligen Graphen, wenn gilt:

a) $a = 2$; $x \in [-2; 2]$ b) $a = 0{,}5$; $x \in [-4; 4]$

c) $a = 0{,}2$; $x \in [-4; 4]$ d) $a = 1{,}5$; $x \in [-2; 2]$

Lösung:

a) $f_1(x) = 2x^2$

x	−2	−1,5	−1	−0,5	0	0,5	1	1,5	2
$f_1(x)$	8	4,5	2	0,5	0	0,5	2	4,5	8

b) $f_2(x) = 0{,}5x^2$

x	−4	−3,5	−3	−2,5	−2	−1,5	−1	−0,5	0
$f_2(x)$	8	6,125	4,5	3,125	2	1,125	0,5	0,125	0

x	0,5	1	1,5	2	2,5	3	3,5	4
$f_2(x)$	0,125	0,5	1,125	2	3,125	4,5	6,125	8

c) $f_3(x) = 0{,}2x^2$

x	−4	−3,5	−3	−2,5	−2	−1,5	−1	−0,5	0
$f_3(x)$	3,2	2,45	1,8	1,25	0,8	0,45	0,2	0,05	0

x	0,5	1	1,5	2	2,5	3	3,5	4
$f_3(x)$	0,05	0,2	0,45	0,8	1,25	1,8	2,45	3,2

d) $f_4(x) = 1{,}5x^2$

x	−2	−1,5	−1	−0,5	0	0,5	1	1,5	2
$f_4(x)$	6	3,375	1,5	0,375	0	0,375	1,5	3,375	6

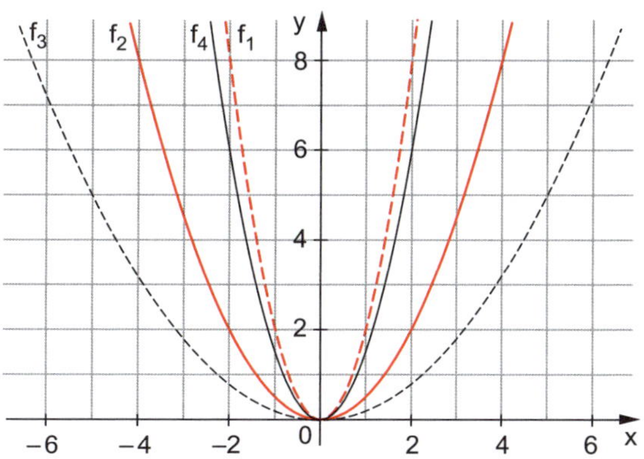

Alle Parabeln sind nach oben geöffnet.

Die Eigenschaft der Formveränderung (breitere und schlankere Parabeln) gilt natürlich auch für negatives a. Dazu musst du dir die links abgebildeten Parabeln an der x-Achse gespiegelt vorstellen. Die entstehenden Parabeln sind alle nach unten geöffnet.

Scheitelform

Man kann auch alle Veränderungen der Normalparabel miteinander vereinen. Dies führt auf die quadratische Funktion $\mathbf{y = a(x - d)^2 + c}$. Der Parameter a verändert die Form, der Parameter d gibt die Verschiebung in x-Richtung und der Parameter c die Verschiebung in y-Richtung an.
Diese Form der quadratischen Funktion nennt man auch **Scheitelform**, da der Scheitel als S(d | c) direkt abgelesen werden kann.

Beispiele

1. Lies aus der Funktionsgleichung den Scheitel, die Öffnung und die Form sowie die Lage gegenüber der Normalparabel ab.

a) p_1: $y = 3(x-5)^2 - 2{,}4$ b) p_2: $y = -2(x+2)^2 + 1$

c) p_3: $y = -1{,}5 - 0{,}3(x-2{,}2)^2$ d) p_4: $y = 8(3{,}5 + x)^2 + 7$

Lösung:

a) Scheitel: $S(5 \mid -2{,}4)$ $(d = 5;\ c = -2{,}4)$
Öffnung: nach oben geöffnet $(a = 3 > 0)$
Form: schlanker als die Normalparabel $(a = 3 > 1)$
Lage: um 5 LE nach rechts und 2,4 LE nach unten verschoben

b) Scheitel: $S(-2 \mid 1)$ $(d = -2;\ c = 1)$
Öffnung: nach unten geöffnet $(a = -2 < 0)$
Form: schlanker als die Normalparabel $(a = -2 < -1)$
Lage: um 2 LE nach links und 1 LE nach oben verschoben

c) Scheitel: $S(2{,}2 \mid -1{,}5)$ $(d = 2{,}2;\ c = -1{,}5)$
Öffnung: nach unten geöffnet $(a = -0{,}3 < 0)$
Form: breiter als die Normalparabel $(-1 < a = -0{,}3 < 0)$
Lage: um 2,2 LE nach rechts und 1,5 LE nach unten verschoben

c) Scheitel: $S(-3{,}5 \mid 7)$ $(d = -3{,}5;\ c = 7)$
Öffnung: nach oben geöffnet $(a = 8 > 0)$
Form: schlanker als die Normalparabel $(a = 8 > 1)$
Lage: um 3,5 LE nach links und 7 LE nach oben verschoben

2. Die Parabel ist gegenüber der Normalparabel um 3 LE nach rechts und 4,5 LE nach unten verschoben und auf ihr liegt der Punkt $P(4 \mid -2{,}5)$. Stelle die zugehörige Scheitelform auf.

Lösung:

$y = \mathbf{a}(x-3)^2 - 4{,}5$

Bestimmung von a durch Einsetzen von P:

$-2{,}5 = a(4-3)^2 - 4{,}5$

$-2{,}5 = a - 4{,}5$

$a = 2$

Daraus ergibt sich: $y = \mathbf{2}(x-3)^2 - 4{,}5$

114 Lies aus dem Graphen den Scheitel, die Öffnung und die Lage gegenüber der Normalparabel ab.

a)
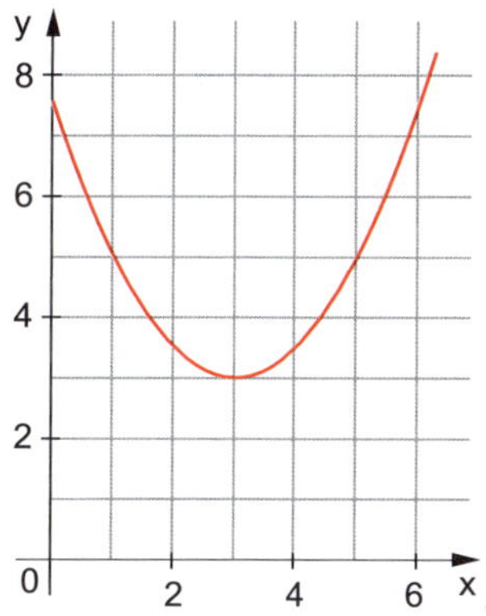

b)
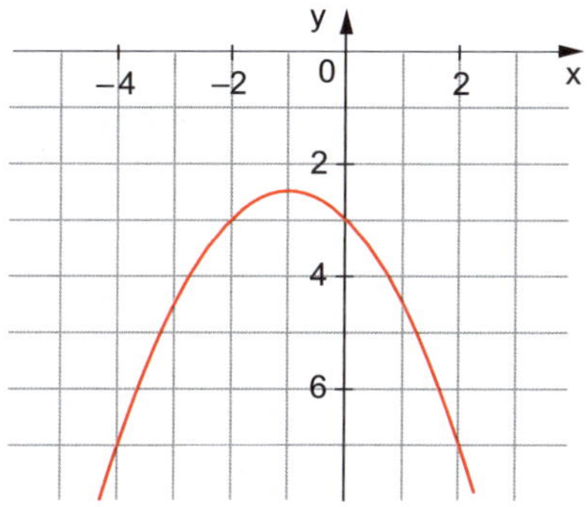

115 Lies aus der Funktionsgleichung den Scheitel, die Öffnung und die Form sowie die Lage gegenüber der Normalparabel ab.

a) $y = x^2 + 2$
b) $y = -2x^2 - 2$
c) $y = -(x-1)^2 - 5$
d) $y = (5+x)^2 - 8{,}2$
e) $y = 14 + 0{,}2(x-3)^2$
f) $y = 2{,}5(3+x)^2 + 2$

116 Wie heißt jeweils die neue Kurvengleichung?
Verschiebe die Normalparabel $f(x) = x^2$ …

a) um 2 LE nach oben und 2,5 LE nach rechts.
b) um 4 LE nach unten und führe eine Formveränderung mit $a = 2$ durch.
c) um 4 LE nach rechts und um 1 LE nach oben und bestimme a so, dass der Punkt $P(6\,|\,3)$ auf dem Graphen liegt.

117 Erstelle eine geeignete Wertetabelle und zeichne den Graphen der Funktion.

a) $f_1(x) = \frac{1}{3}x^2 + 2$
b) $f_2(x) = 0{,}5x^2 - 1$
c) $f_3(x) = 2(x-1)^2$
d) $f_4(x) = -2(x+1)^2 - 1$

118 Bestimme die zugehörige Funktionsgleichung in Scheitelform $(a = 1)$.

a) Eine quadratische Funktion ist gegenüber der Normalparabel um 2 LE nach rechts verschoben und auf ihr liegt der Punkt $P(2\,|\,4)$.
b) Auf der quadratischen Funktion liegt der Punkt $P(1\,|\,2)$, sie ist gegenüber der Normalparabel um 2 LE nach oben verschoben.

Parabeln sind nicht immer in Scheitelform gegeben, können aber immer auf diese Form gebracht werden.

Allgemeine quadratische Funktion und quadratische Ergänzung

Jede **allgemeine quadratische Funktion** der Form $\mathbf{y = ax^2 + bx + c}$ kann durch **quadratische Ergänzung** auf Scheitelform gebracht werden.
Vorgehen:

- Ausklammern von a: $f(x) = a\left(x^2 + \frac{b}{a}x\right) + c$
- Quadratisch ergänzen: $f(x) = a\left(x^2 + \frac{b}{a}x + \left(\frac{b}{2a}\right)^2 - \left(\frac{b}{2a}\right)^2\right) + c$
- Binomische Formel: $f(x) = a\left(\left(x + \frac{b}{2a}\right)^2 - \frac{b^2}{4a^2}\right) + c$
- Ausmultiplizieren: $f(x) = a\left(x + \frac{b}{2a}\right)^2 + c - \frac{b^2}{4a}$

Der Scheitel ist dann ablesbar als $S\left(-\frac{b}{2a} \middle| c - \frac{b^2}{4a}\right)$.

Beispiel

Bringe die Funktion $y = 2x^2 - 4x + 5$ auf Scheitelform.

Lösung:

$f(x) = 2x^2 - 6x + 5$

$f(x) = 2(x^2 - 3x) + 5$

Klammere den Faktor vor x^2 aus. Die 5 soll aber außerhalb der Klammer stehen bleiben.

$$f(x) = 2\left(x^2 - 3x + \left(\frac{3}{2}\right)^2 - \left(\frac{3}{2}\right)^2\right) + 5$$

Ergänze quadratisch. Teile dazu den Faktor vor x durch 2. Das, was du addierst, musst du auch wieder subtrahieren, um die Funktion nicht zu verändern.

$$f(x) = 2\left(\left(x - \frac{3}{2}\right)^2 - \left(\frac{3}{2}\right)^2\right) + 5$$

Bilde aus den ersten drei Summanden in der Klammer die binomische Formel.

$$f(x) = 2\left(x - \frac{3}{2}\right)^2 - 2\left(\frac{3}{2}\right)^2 + 5$$

Multipliziere aus. Vergiss den Faktor 2 vor dem zweiten Summanden nicht! Fasse den hinteren Teil zusammen.

$$f(x) = 2\left(x - \frac{3}{2}\right)^2 + 0{,}5$$

Nun hast du die gewünschte Scheitelform.

119 Stelle die Scheitelform auf und lies den Scheitelpunkt S ab.

a) $y = x^2 - 4x + 4$
b) $y = x^2 + 6x - 1$
c) $y = 2x^2 + 4x - 1$
d) $y = -3x^2 + 4x$
e) $y = -0{,}5x^2 + 2x + 3$
f) $y = -2x^2 + 16x - 35$

120 Ordne Gleichung und Scheitel richtig zu.

$y = -x^2 - 6x - 13$	$y = 0{,}25x^2 - x + 3{,}25$	S(2|2,25)	S(−3|−4)
$x^2 - 9y - 36 = 0$	$y = -1{,}5x^2 + 6x - 7$	S(0|−4)	S(2|−1)

5 Nullstellen von quadratischen Funktionen

Tinas Fußball berührt zweimal das Spielfeld, einmal vor dem Abstoß und einmal, wenn er zum ersten Mal auf dem Boden aufprallt.

Legt man die x-Achse in die Spielfeldebene, so können die Punkte, in denen der Ball den Boden berührt, als Nullstellen der zugehörigen parabelförmigen Flugbahn des Balls aufgefasst werden.

Nullstellen quadratischer Funktionen

- Um die Nullstellen zu berechnen, setzt man den Funktionsterm der quadratischen Funktion gleich null: $f(x) = 0$ (bzw. $y = 0$)
- Zu lösen ist also eine quadratische Gleichung.
- Die **Nullstellen** sind die **x-Koordinaten** der Schnittpunkte von x-Achse und Parabel.
- Eine quadratische Funktion hat entweder **0, 1 oder 2 Nullstellen**.
- Besitzt die Parabel 2 Nullstellen, so liegt die x-Koordinate des Scheitels genau in ihrer Mitte.

Beispiel

Bestimme die Nullstellen der quadratischen Funktion erst mithilfe einer Zeichnung und dann mit einer Rechnung.

a) $f(x) = 2x^2 - 2x$

b) $f(x) = 2x^2 + 2x + 2$

c) $f(x) = -0{,}7x^2 - 1{,}4x - 0{,}7$

Lösung:

a) Wertetabelle:

x	–1	–0,5	0	0,5	1	1,5	2
y	4	1,5	0	–0,5	0	1,5	4

Zeichnerische Lösung:

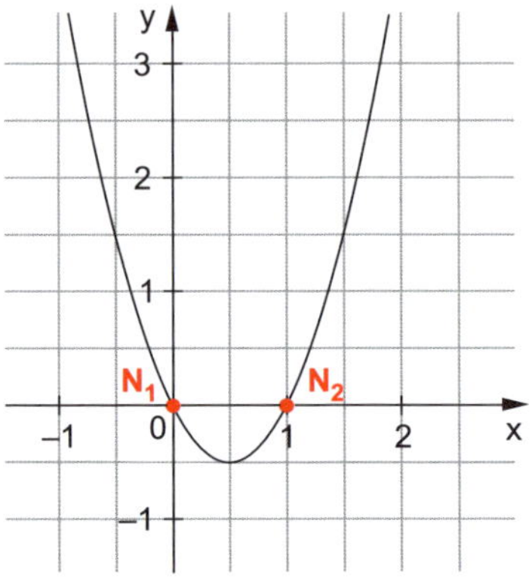

Die Zeichnung zeigt, dass es **zwei** Nullstellen gibt. Sie können als $x_1 = 0$ und $x_2 = 1$ abgelesen werden.

Die x-Koordinate des Scheitels liegt genau in der Mitte der beiden Nullstellen, also $x_S = 0{,}5$.

Berechnung der Nullstellen:

$2x^2 - 2x = 0$

$2x(x - 1) = 0$

$x_1 = 0$ und $x_2 = 1$

Zur Bestimmung der Lösungsmenge der Gleichung kann **faktorisiert** werden.

Auch rechnerisch erhält man die Nullstellen $x_1 = 0$ und $x_2 = 1$.

b) Wertetabelle:

x	–2	–1,5	–1	–0,5	0	0,5	1
y	6	3,5	2	1,5	2	3,5	6

Zeichnerische Lösung:

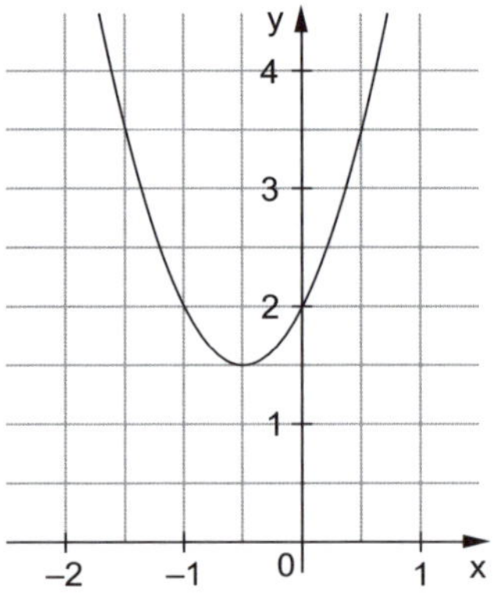

Die Zeichnung zeigt, dass es **keine** Nullstellen gibt.

Berechnung der Nullstellen:

$2x^2 + 2x + 2 = 0 \quad |:2$

$x^2 + x + 1 = 0$ — Anwenden der p-q-Formel (p = 1, q = 1)

$x_{1/2} = -\frac{1}{2} \pm \sqrt{\left(\frac{1}{2}\right)^2 - 1}$

$x_{1/2} = -\frac{1}{2} \pm \sqrt{-0,75}$ — Die Diskriminante ist negativ. Daher gibt es keine Lösungen.

Die Rechnung bestätigt, dass es keine Nullstellen gibt.

c) Wertetabelle:

x	–2,5	–2	–1,5	–1	–0,5	0	0,5
y	–1,575	–0,7	–0,175	0	–0,175	–0,7	–1,575

Zeichnerische Lösung:

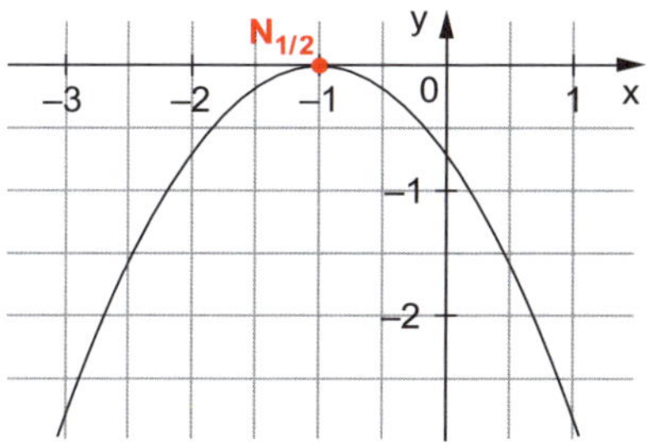

Die Zeichnung zeigt, dass es **eine** (doppelte) Nullstelle gibt. Sie ist der **Scheitel** der Parabel.

Berechnung der Nullstellen:

$-0,7x^2 - 1,4x - 0,7 = 0 \quad |:(-0,7)$

$x^2 + 2x + 1 = 0$ — Anwenden der p-q-Formel (p = 2, q = 1)

$x_{1/2} = -\frac{2}{2} \pm \sqrt{\left(\frac{2}{2}\right)^2 - 1}$

$x_{1/2} = -1 \pm \sqrt{0}$ — Die Diskriminante ist 0. Daher gibt es genau eine Lösung.

$x_{1/2} = -1$

Die Rechnung zeigt ebenfalls, dass die Parabel genau eine Nullstelle hat.

121 Lies die Schnittpunkte mit der x-Achse aus dem zugehörigen Schaubild ab.

a) f_1: $y = x^2 - 2,25$

b) f_2: $y = (x+2)^2$

c) f_3: $y = -x^2 - 2x + 3$

d) f_4: $y = (x-0,5)^2 + 2$

122 Berechne die Nullstellen. Wie viele Nullstellen gibt es jeweils? Begründe.

a) $y = x^2 + 2x - 2$

b) $y = x^2 + x - 0{,}75$

c) $y = 2x^2 - 8x + 8$

d) $y = 9x^2 - 9x + 18$

123 Lies aus der Abbildung die Schnittpunkte mit der x-Achse und den Scheitel der verschobenen Normalparabel ab. Stelle die Funktionsgleichung auf.

a)

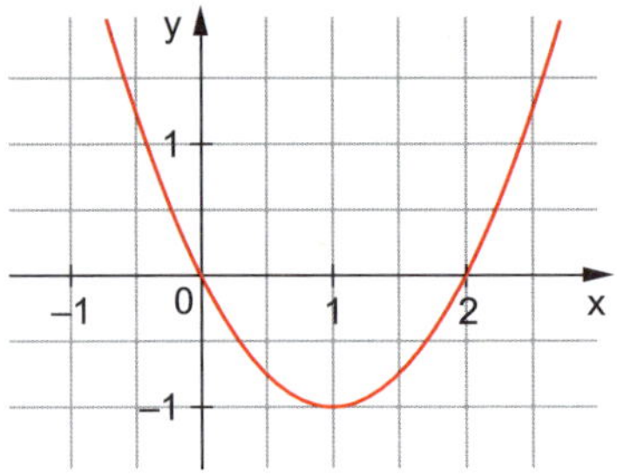

b)

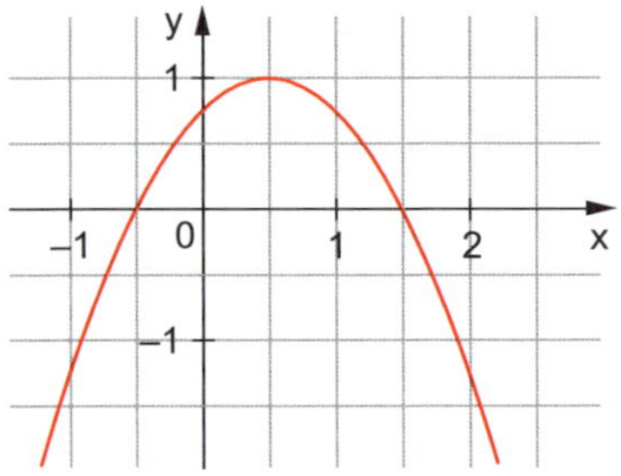

124 Tinas Fußball fliegt (horizontal) 60 m weit und erreicht dabei eine Höhe von 15 m.

a) Skizziere die Flugbahn des Balls in einem Koordinatensystem.

b) Wähle den Ursprung des Koordinatensystems als Tinas Standort.
Ermittle den Scheitel und stelle die zugehörige Funktionsgleichung auf.

6 Schnittpunkte von Funktionsgraphen

Die Flugbahnen von Tinas und Tristans Fußbällen kreuzen sich.

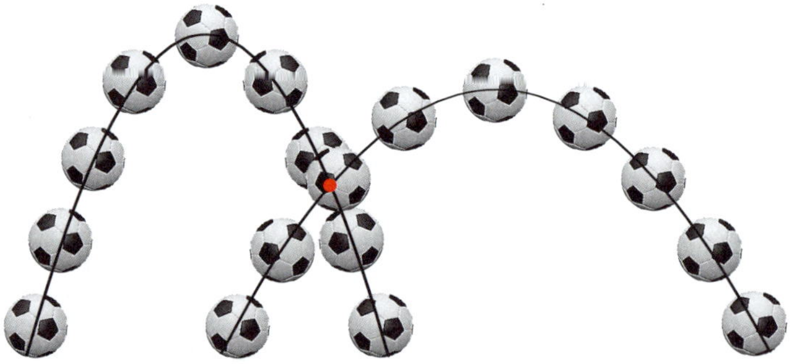

Entsprechend der Schnittpunkte linearer Funktionsgraphen werden die Schnittpunkte der Graphen einer quadratischen und einer linearen Funktion, zweier quadratischer Funktionen und aller anderen Funktionen, die du am beruflichen Gymnasium bzw. Berufskolleg kennenlernen wirst, berechnet.

Schnittpunkte von Funktionsgraphen

- Die x-Koordinaten der Schnittpunkte zweier Graphen werden durch Gleichsetzen der Funktionsgleichungen f(x) und g(x) bestimmt: **f(x) = g(x)**
- Der y-Wert ergibt sich durch Einsetzen des x-Werts in eine der beiden Funktionsgleichungen.

- Schnittpunkte von Graphen einer linearen und einer quadratischen Funktion:

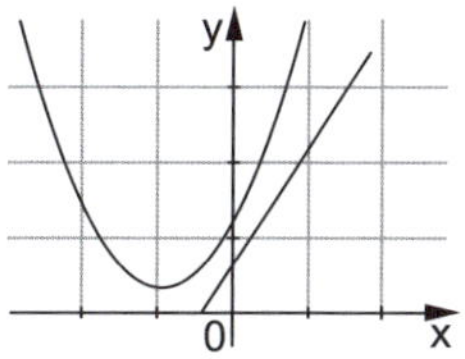

0 Schnittpunkte

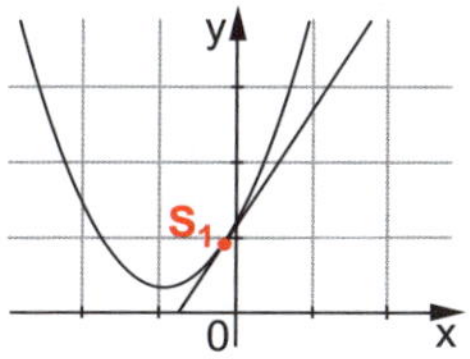

1 Schnittpunkt

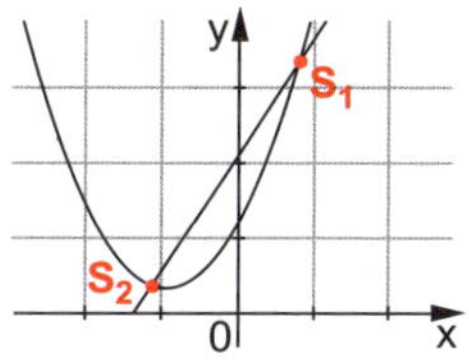

2 Schnittpunkte

- Schnittpunkte von Graphen zweier quadratischer Funktionen:

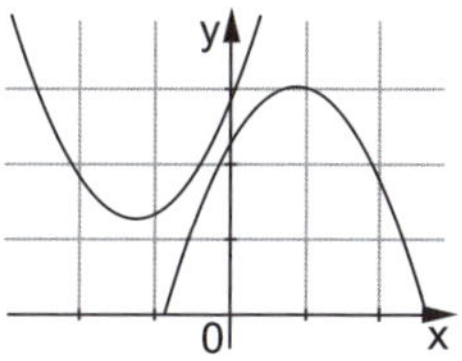

0 Schnittpunkte

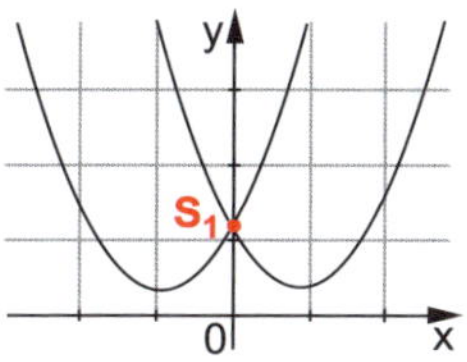

1 Schnittpunkt

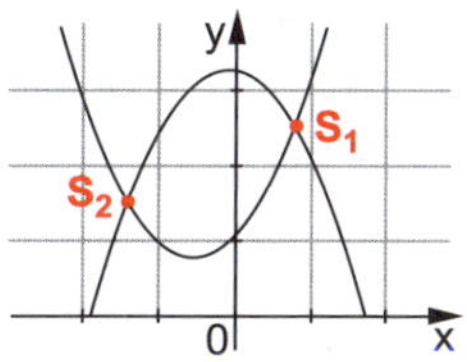

2 Schnittpunkte

eispiele

1. Bestimme die Schnittpunkte der Graphen von $f(x) = x^2$ und $g(x) = x + 2$ durch Rechnung und zeichne die beiden Graphen.

Lösung:

$f(x) = g(x)$ — Gleichsetzen

$x^2 = x + 2$ — Umformung auf allgemeine Form

$x^2 - x - 2 = 0$ — p-q-Formel mit $p = -1$ und $q = -2$

$x_{1,2} = \frac{1}{2} \pm \sqrt{\frac{1}{4} + 2} = \frac{1}{2} \pm \frac{3}{2}$ — $D > 0$, also 2 Lösungen

$\Rightarrow \quad x_1 = \frac{1}{2} + \frac{3}{2} = 2$

$x_2 = \frac{1}{2} - \frac{3}{2} = -1$

x_1 eingesetzt in g(x): $y_1 = 2 + 2 = 4 \quad \Rightarrow \quad S_1(2\,|\,4)$

x_2 eingesetzt in g(x): $y_2 = -1 + 2 = 1 \quad \Rightarrow \quad S_2(-1\,|\,1)$

Graph:

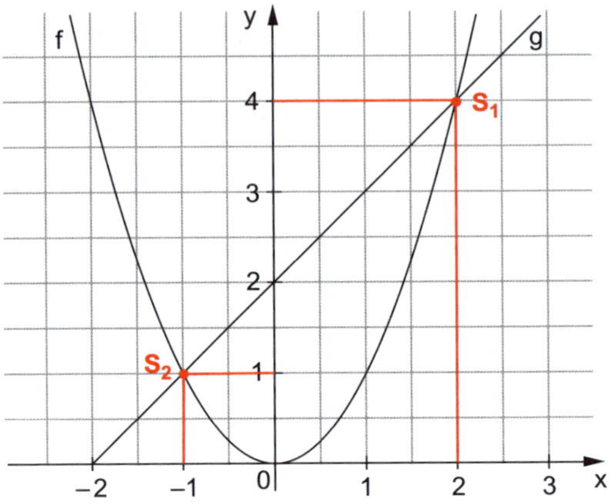

2. Bestimme die Graphenschnittpunkte von $f(x) = x^2 + 1$ und $g(x) = -3x^2 + 5$.

Lösung:

$f(x) = g(x)$ Gleichsetzen

$x^2 + 1 = -3x^2 + 5 \quad | +3x^2 - 1$ Umformung

$4x^2 = 4 \quad | :4$

$x^2 = 1$ Zur Lösungsbestimmung: Ziehen der Wurzel

$x_{1,2} = \pm\sqrt{1}$

$\Rightarrow \quad x_1 = 1$ und $x_2 = -1$

x_1 eingesetzt in f(x):

$y_1 = 1^2 + 1 = 2 \quad \Rightarrow \quad S_1(1|2)$

x_2 eingesetzt in f(x):

$y_2 = (-1)^2 + 1 = 2 \quad \Rightarrow \quad S_2(-1|2)$

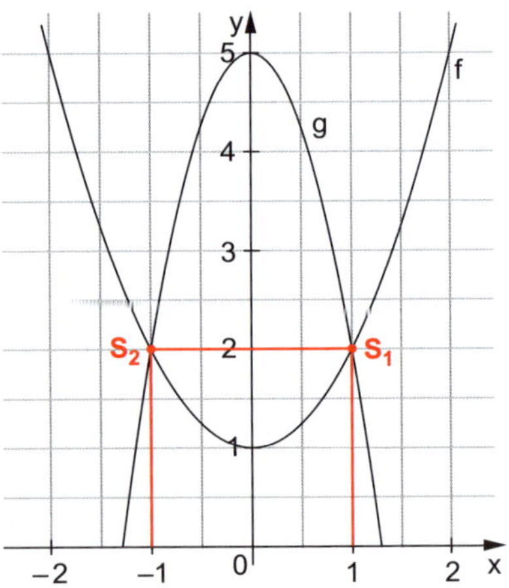

125 Bestimme die Schnittpunkte von Parabel und Gerade.

a) f: $y = x^2 + 4x + 1$, g: $y = x + 1$

b) f: $y = -x^2 + 6x - 1$, g: $y = 3x - 5$

c) f: $y = -x^2 - 6x - 13$, g: $x + 2y + 3 = 0$

d) f: $y = -2x^2 + 16x - 35$, g: $y = -x$

126 Ermittle die Schnittpunkte der beiden Parabeln.

a) $y=-3x^2+5,\ y=x^2+1$

b) $y=\frac{10}{7}x^2+4,\ y=2x^2-3$

c) $y=-5x^2-20x-23,\ y=\frac{3}{4}x^2+3x$

d) $y=-\frac{7}{2}x^2-14x-9,\ y=3+2x+\frac{1}{2}x^2$

127 Für welchen Wert von t haben die Graphen der linearen und der quadratischen Funktion genau einen Schnittpunkt?

a) $f(x)=x^2-2x+3,\ g(x)=-x+t$

b) $f(x)=\frac{1}{4}x^2,\ g(x)=x-t$

128 Spiegelt man die nach oben geöffnete und verschobene Normalparabel p_1 mit dem Scheitelpunkt $S_1(-5\,|\,-3)$ an der y-Achse, erhält man eine Parabel p_2.
Wie lautet der Scheitel S_2?
Die Gerade g verläuft durch den Punkt $P(-1\,|\,13)$ und besitzt die Steigung $m=-1{,}5$.
Berechne die Schnittpunkte der Graphen von g und p_2.

Vermischte Aufgaben

129 Folgende Punkte liegen alle auf dem Graphen der Funktion f mit $y=0{,}5x-3$.
Wie lauten die fehlenden Koordinaten?
A(7 | □); B(□ | –3); C(□ | 8); D(□ | –6); E(–0,2 | □)

130 Ordne die Geraden I bis IV den Funktionsgleichungen zu.

a) $y=2x+0{,}5$
b) $y=-x-1$
c) $y=0{,}5x+2$
d) $y=-2x+0{,}5$
e) $y=0{,}25x+2$
f) $y=0{,}5x-1$
g) $y=2x+0{,}25$
h) $y=-0{,}5x+2$

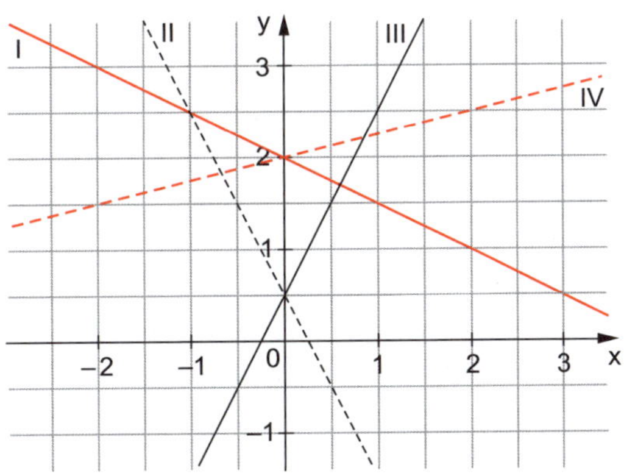

131 Bestimme die Gleichung der Geraden g mit der Nullstelle $x=-2$, die senkrecht zur Geraden h mit der Gleichung $y=0{,}75x+1$ verläuft.

132 Berechne die Nullstellen der Funktionen.

a) $y = -\frac{2}{3}x - \frac{4}{7}$

b) $5x - 6y - 10 = 0$

c) $y = x^2 - 3x$

d) $y = 4x^2 + 2x - 6$

133 Auf einem Marktplatz werden in den Sommermonaten aus dem Boden heraus Wasserfontänen gespritzt. Eine von ihnen kann mit der Funktionsgleichung $y = -\frac{5}{9}x^2 + \frac{10}{3}x$ (x und y in m) beschrieben werden.

a) Wie viele Meter befindet sich das Wasser nach einem Meter – horizontal gerechnet – über dem Boden?

b) Nach wie vielen Metern – horizontal gerechnet – trifft das Wasser wieder auf dem Boden auf?

c) Bei welchem x-Wert erreicht die Fontäne ihren höchsten Punkt? Wie hoch ist das Wasser dort über dem Boden?

134 Bei Marks Brunnenmodell treffen die Fontänen oben in der Auffangschale auf. Würden sie nicht aufgefangen werden, so würden sie im Nullpunkt auf den Boden treffen.

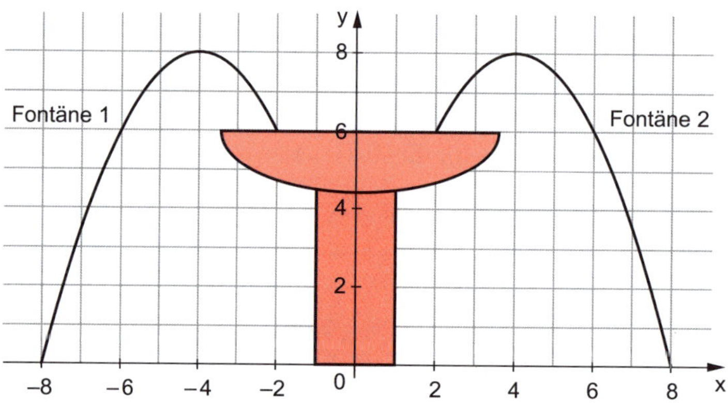

a) Stelle zu beiden Fontänen die Funktionsgleichung auf.

b) Lies aus dem Schaubild ab, bei welchem x-Wert Fontäne 1 am oberen Rand der Auffangschale auftrifft. Weise dies durch eine Rechnung nach.

c) Berechne, bei welchem x-Wert die Fontäne 2 in der Auffangschale auftrifft.

Daten und Zufall

1 Grundbegriffe

Bei einer **statistischen Erhebung** werden Daten gesammelt und ausgewertet. Die Daten können dabei in einer **Urliste** zusammengefasst und zu einer **Rangliste** geordnet werden.

Beispiel

11 Jugendliche im Alter von 16 Jahren wurden befragt, wie hoch ihre durchschnittlichen Ausgaben pro Monat für ihr Handy seien (Angabe in €). Ihre Antworten wurden in einer Urliste zusammengestellt und anschließend der Größe nach zu einer Rangliste geordnet.

Urliste:

5 12 25 35 20 45 35 25 35 20 5

Rangliste:

5 5 12 20 20 25 25 35 35 35 45

2 von den 11 Jugendlichen geben durchschnittlich 5 € pro Monat für ihr Handy aus. 2 nennt man auch **absolute Häufigkeit** dieses Merkmals. Die absolute Häufigkeit von „durchschnittliche Handykosten pro Monat in Höhe von 12 €" hingegen ist 1, da dieser Wert nur einmal genannt worden ist.

Häufigkeiten werden oft in Tabellen erfasst, da sie meist eine bessere Übersicht über die Daten geben. Diese Tabellen werden **Häufigkeitstabellen** genannt.

Beispiel

Stelle die Daten aus der Urliste in einer Häufigkeitstabelle dar.

5 12 25 35 20 45 35 25 35 20 5

Lösung:

Kosten	5	12	20	25	35	45
absolute Häufigkeit	2	1	2	2	3	1

Statistische Erhebungen dienen auch dazu, die Häufigkeit des Auftretens eines Merkmals bei zwei (oder mehr) verschiedenen Erhebungen vergleichen zu können. Da absolute Häufigkeiten die Gesamtanzahl der jeweils Befragten nicht berücksichtigen, sind sie für solche Vergleiche nur zu einem gewissen Grad geeignet. Deshalb wird eine Häufigkeit benötigt, die den jeweiligen Anteil an der Gesamtheit angibt: die **relative Häufigkeit**.

Absolute und relative Häufigkeiten

- Unter der **absoluten Häufigkeit** eines Merkmals versteht man die Anzahl, wie oft dieses Merkmal bei einer statistischen Erhebung auftritt.
- Die **relative Häufigkeit** ist der Quotient aus der absoluten Häufigkeit des Merkmals und der Gesamtanzahl aller Antworten der Erhebung:

$$\text{relative Häufigkeit} = \frac{\text{absolute Häufigkeit}}{\text{Gesamtanzahl}}$$

- Relative Häufigkeiten können als Bruch, Dezimalzahl oder in Prozent angegeben werden.
- Die Summe der relativen Häufigkeiten aller untersuchten Merkmale ergibt 1 bzw. 100 %.

Beispiel

Berechne zu allen Merkmalen (hier: Handymarke) die relativen Häufigkeiten und vergleiche die Beliebtheit der Marke Apple in den jeweiligen Klassen.

Klasse 10a:

Handymarke	Nokia	LG	Samsung	Apple	Sonstige
Anzahl Schüler	6	5	8	7	3

Klasse 10b:

Handymarke	Nokia	LG	Samsung	Apple	Sonstige
Anzahl Schüler	1	5	4	6	8

Lösung:

Klasse 10a (29 Schüler):

Handymarke	Nokia	LG	Samsung	Apple	Sonstige
rel. Häufigkeit	$\frac{6}{29}$	$\frac{5}{29}$	$\frac{8}{29}$	$\frac{7}{29}$	$\frac{3}{29}$

Klasse 10b (24 Schüler):

Handymarke	Nokia	LG	Samsung	Apple	Sonstige
rel. Häufigkeit	$\frac{1}{24}$	$\frac{5}{24}$	$\frac{4}{24}$	$\frac{6}{24}$	$\frac{8}{24}$

Wegen $\frac{7}{29} \approx 0,2414 < \frac{6}{24} = 0,25$ ist die Handymarke Apple in Klasse 10b etwas beliebter.

Relative Häufigkeiten lassen sich in verschiedenen Diagrammtypen veranschaulichen.

Darstellen von relativen Häufigkeiten in Diagrammen

- **Kreisdiagramm:** Der volle Mittelpunktswinkel von 360° wird auf die relativen Häufigkeiten aufgeteilt. Dazu kann der jeweils zugehörige Mittelpunktswinkel mithilfe eines Dreisatzes berechnet werden (100 % ≙ 360°).
- **Säulendiagramm:** Über der x-Achse (Merkmalsachse) trägt man in y-Richtung die relativen Häufigkeiten als Säulen ab.
- **Streifendiagramm:** In einem Streifen werden die relativen Häufigkeiten als Teilflächen dargestellt. Die Größe der Teilflächen entspricht den Anteilen.

Beispiel

Stelle die Daten der Klasse 10b jeweils in einem Kreis-, einem Säulen- und einem Streifendiagramm dar.

Handymarke	Nokia	LG	Samsung	Apple	Sonstige
rel. Häufigkeit	$\frac{1}{24}$	$\frac{5}{24}$	$\frac{4}{24}$	$\frac{6}{24}$	$\frac{8}{24}$

Lösung:

Kreisdiagramm:

$\frac{1}{24} \cdot 360° = 15°$ $\quad \frac{5}{24} \cdot 360° = 75°$

$\frac{4}{24} \cdot 360° = 60°$ $\quad \frac{6}{24} \cdot 360° = 90°$

$\frac{8}{24} \cdot 360° = 120°$

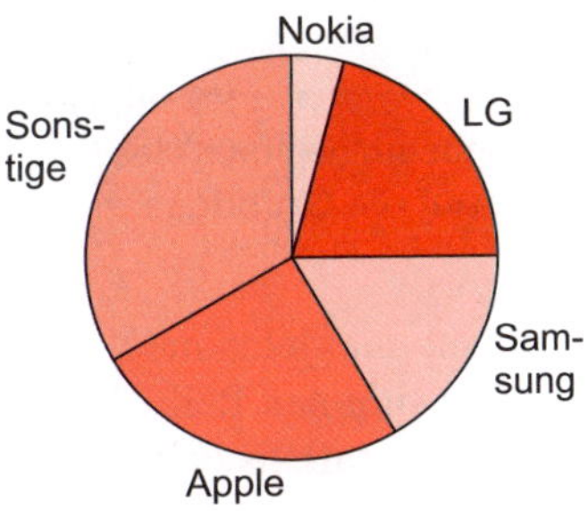

Säulendiagramm:

$\frac{1}{24} \approx 0,042$ $\quad \frac{5}{24} \approx 0,208$

$\frac{4}{24} \approx 0,167$ $\quad \frac{6}{24} = 0,25$

$\frac{8}{24} \approx 0,33$

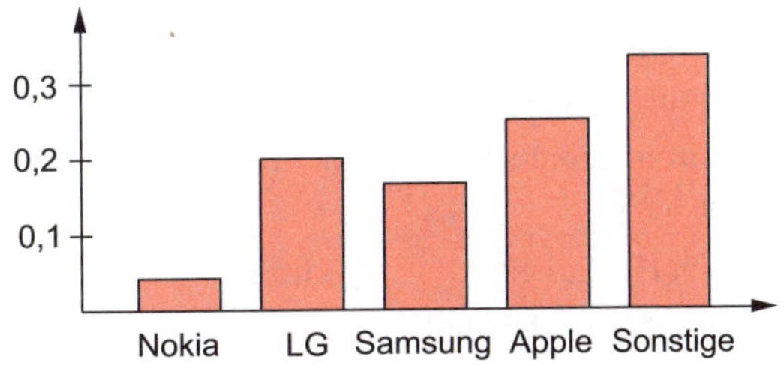

Streifendiagramm:

Eine Streifenlänge von z. B. 10 cm wird gemäß den relativen Häufigkeiten aufgeteilt.

Jährlich wird vom Statistischen Bundesamt der sogenannte Zensus durchgeführt. Ziel dabei ist es, eine möglichst genaue Momentaufnahme an Basisdaten zur Bevölkerung, zur Erwerbstätigkeit und zur Wohnsituation zu erhalten. Während im Rahmen der Gebäude- und Wohnungszählung alle Eigentümer von Häusern und Wohnungen zur Auskunft aufgerufen werden (Vollerhebung), wird im Gegensatz dazu nur eine **repräsentative Stichprobe** – etwa zehn Prozent der Haushalte – bezüglich Bildung, Erwerbstätigkeit und Migrationshintergrund befragt. Die Stichprobe besteht dabei aus zufällig ermittelten Haushalten, die vorher allerdings in Altersgruppen, Bildungsschichten usw. untergliedert wurden, um die Gesamtheit der Bevölkerung möglichst gut widerzuspiegeln.

Stichprobe

Können bei einer statistischen Erhebung nicht alle Merkmalsträger untersucht bzw. befragt werden, greift man auf eine **repräsentative Stichprobe** zurück, die die Grundgesamtheit möglichst gut widerspiegelt. Anschließend werden **Rückschlüsse auf die Grundgesamtheit** gezogen.

Bei Stichproben mit vielen möglichen Ergebnissen fasst man mehrere Ergebnisse, die in einem bestimmten Bereich liegen, zusammen. Dieses Verfahren nennt man **Klassieren einer statistischen Erhebung**.

Beispiel

In einer Stadt wurden 1 000 Haushalte nach ihrem monatlichen Stromverbrauch befragt. Die Daten wurden klassiert und tabellarisiert.

Stromverbrauch in kWh	0 bis 160	161 bis 260	261 bis 360	361 und mehr
rel. Häufigkeit	35 %	42 %	20 %	3 %

Wie viele Haushalte verbrauchen monatlich maximal 160 kWh, wenn es in der Stadt 120 000 Haushalte gibt?

Lösung:

Die Stichprobe wird als repräsentativ vorausgesetzt. Da die relative Häufigkeit der Stichprobe etwa der relativen Häufigkeit der Grundgesamtheit entspricht, erhält man:

$35\,\% \cdot 120\,000 = 42\,000$

Etwa 42 000 Haushalte verbrauchen maximal 160 kWh Strom pro Monat.

135 280 Jugendliche wurden befragt, womit sie ihre Freizeit am meisten verbringen.

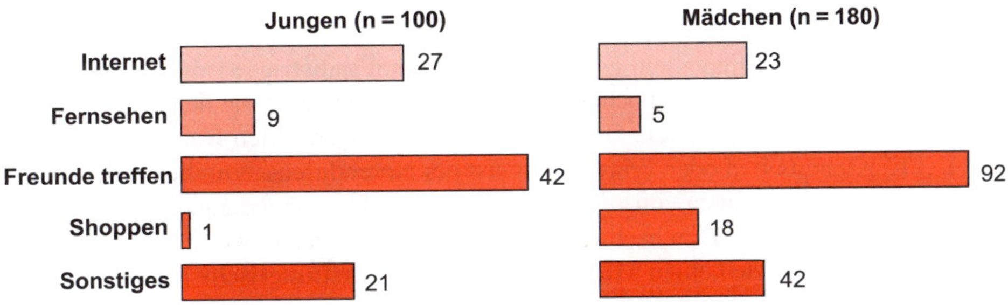

a) Stelle die Daten für die Jungen als relative Häufigkeiten in einem Säulendiagramm dar.

b) Stelle die Daten der Mädchen in einem Kreisdiagramm dar.

136 Bei der TÜV-Untersuchung werden Mängel festgestellt.
Am letzten Samstag wurden an den untersuchten Fahrzeugen insgesamt 4 verschiedene Mängel festgestellt.

Mangel	Bremsen	Licht
Anzahl Kfz	32	15

Mangel	Lenkerachse	Stoßdämpfer
Anzahl Kfz	12	6

Kannst du allein mithilfe der Tabelle sagen, wie viele Fahrzeuge untersucht worden sind? Begründe deine Entscheidung.

137 Julia und Torsten haben 120 Schüler ihrer Schule befragt, mit welchem Verkehrsmittel sie zur Schule kommen. Mithilfe ihrer Ergebnisse wollen sie Rückschlüsse auf alle 650 Schüler der Schule ziehen. Die Stichprobe wird als repräsentativ vorausgesetzt.

Verkehrsmittel	Bus	Auto	Rad	keines
Schüler	62	23	16	19

a) Wie viele Schüler der Schule fahren mit dem Bus, wie viele werden mit dem Auto gebracht?

b) Stelle die Daten der Tabelle in einem Streifendiagramm dar.

2 Kennwerte und Boxplot

Relative Häufigkeiten allein genügen oft nicht, um statistische Erhebungen miteinander vergleichbar zu machen. Für eine bessere Auswertung der einzelnen Erhebungen werden weitere Größen benötigt, die sogenannten **Kennwerte**.
Bei Klassenarbeiten oder Tests wird meist der Notendurchschnitt bekannt gegeben. Für Auswertungen von zentral gestellten Arbeiten wird auch oft ermittelt, wie viele Punkte im Durchschnitt bei einer Aufgabe erreicht worden sind. Diese Durchschnittswerte heißen **Mittelwerte** oder auch **arithmetische Mittel**.

Mittelwert

Der **Mittelwert** ist der Quotient aus der Summe aller Zahlen oder Größen der Erhebung und der Gesamtanzahl der gegebenen Werte.

Beispiel

15 Katzen haben Babys bekommen. Die Anzahl der geborenen Kätzchen ist in folgender Urliste aufgeführt:

9 1 6 5 6 1 3 4 3 5 6 8 5 8 3

Wie viele Katzenbabys wurden im Mittel geboren?

Lösung:

$$\frac{9+1+6+5+6+1+3+4+3+5+6+8+5+8+3}{15} = \frac{73}{15} \approx 4{,}87$$

Im Mittel wurden um die 5 Katzenbabys geboren.

Allein aus dem Mittelwert lässt sich nicht viel über die Verteilung der Daten aussagen. Zudem wird er von Ausreißern stark beeinflusst. Möchte man mehr über die Daten wissen, so betrachtet man den zugehörigen **Boxplot**.

Kennwerte

Hat man eine Urliste zu einer Rangliste sortiert, so gilt:

- **Minimum:** kleinster Wert der Rangliste
- **Maximum:** größter Wert der Rangliste
- **Spannweite w:** Differenz aus Maximum und Minimum
- **Zentralwert z:** in der Mitte stehender Wert der Rangliste
- **unteres Quartil q_u:** Zentralwert der unteren Ranglistenhälfte
- **oberes Quartil q_o:** Zentralwert der oberen Ranglistenhälfte
- **Quartilsabstand q:** Differenz aus q_o und q_u

Bei einer geraden Anzahl von Ranglistenelementen bzw. -hälften werden der Zentralwert bzw. das untere Quartil und das obere Quartil als Mittelwerte der beiden in der Mitte stehenden Listenwerte berechnet.

Boxplot

Ein Diagramm der Kennwerte nennt man **Boxplot**. Der Bereich zwischen dem unteren und dem oberen Quartil wird als **Box** bezeichnet. Die Bereiche außerhalb der beiden Quartile heißen **Antennen**.

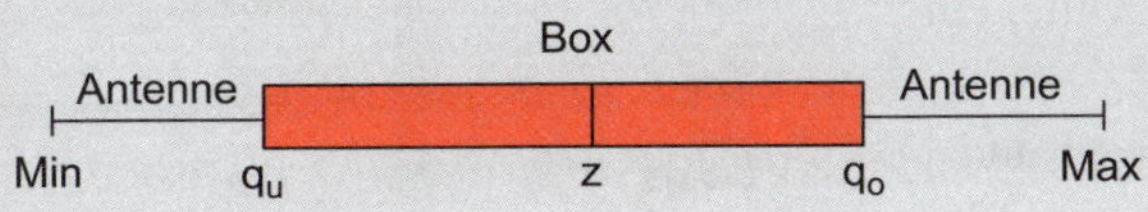

Beispiel

Sortiert man die Urliste der Katzenkinderanzahlen der 15 Katzendamen, so erhält man folgende Rangliste:

1 1 3 3 3 4 5 5 5 6 6 6 8 8 9

Bestimme alle Kennwerte und zeichne den zugehörigen Boxplot.

Lösung:

Kennwerte:

← w: 9 – 1 = 8 →

1 1 3 3 3 4 5 [5] 5 6 6 6 8 8 9

↑ Min ↑ q_u: 3 ↑ z ↑ q_o: 6 ↑ Max

← q: 6 – 3 = 3 →

Bei überschaubaren Datenmengen bietet es sich an, die Kennwerte direkt in der Rangliste zu bestimmen.

Boxplot:

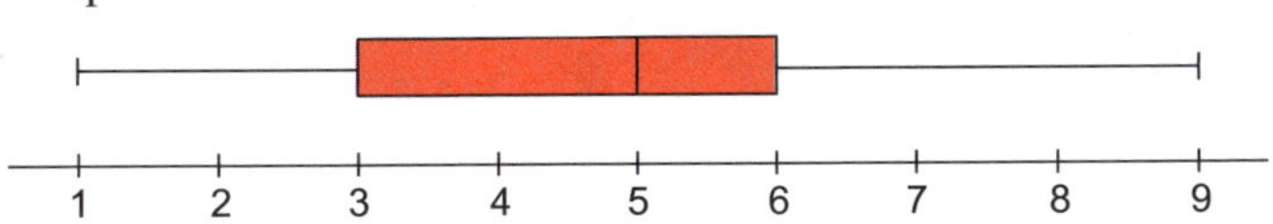

138 Jeweils 11 Jugendliche zweier Altersklassen wurden nach ihren durchschnittlichen monatlichen Handykosten befragt.

Antworten in der Altersklasse 14–16-Jährige:

5 16 8 10 8 15 5 9 22 12 18

Antworten in der Altersklasse 17–18-Jährige:

11 25 26 7 12 11 6 6 19 16 4

a) Vergleiche die durchschnittlichen Kosten der beiden Altersklassen.

b) Bestimme für beide Altersklassen jeweils den Zentralwert, den Quartilsabstand und stelle die Daten jeweils in einem Boxplot dar.

139 In der Bäckerei von Familie Zack werden die Fehltage pro Jahr für jeden Mitarbeiter notiert. Rechts findest du die Daten für vergangenes Jahr.

a) Wie viele Tage hat im Mittel ein Mitarbeiter gefehlt?

b) Bestimme den Zentralwert und die Spannweite.

c) Was hat Felix bei der Darstellung der Daten als Boxplot falsch gemacht?

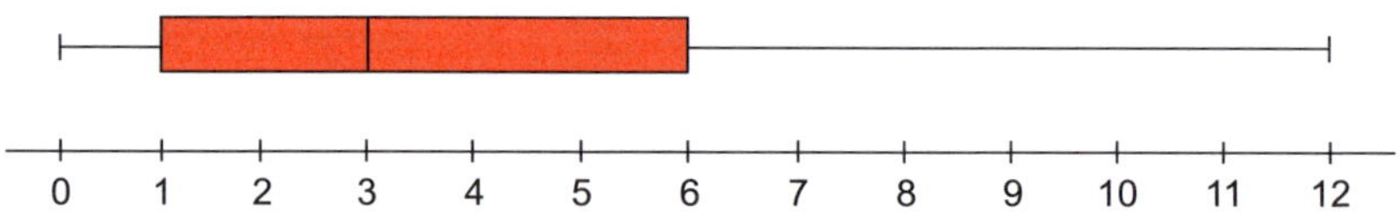

3 Einstufige Zufallsversuche und Laplace

Der Schiedsrichter eines Fußballspiels entscheidet nicht selbst über Anstoß und Seitenwahl. Stattdessen wirft er eine Münze und lässt vorher die Mannschaftskapitäne über *Wappen* und *Zahl* entscheiden. Der Gewinner darf dann die Spielhälfte wählen, der Verlierer hat Anstoß. Der Mannschaftskapitän, der die Seitenwahl trifft, wird also zufällig ermittelt. Der Ablauf vor Beginn eines Fußballspiels ist ein **Zufallsversuch**.

Zufallsversuch

Ein Experiment, bei dem der Ausgang nicht vorhersagbar ist, heißt **Zufallsversuch**. Jeder mögliche Ausgang des Zufallsversuchs heißt **Ergebnis**. Ein **Ereignis** setzt sich aus verschiedenen Ergebnissen zusammen.

- Ein Ereignis, das sich aus allen möglichen Ergebnissen zusammensetzt, heißt **sicheres Ereignis**.
- Ein Ereignis, das kein Ergebnis enthält, heißt **unmögliches Ereignis**.

Beispiele

1. Entscheide, ob folgende Spiele Zufallsversuche sind oder nicht.

a) Ein Würfel wird zweimal geworfen.

b) Die Mathe-Stunde wird auf Dienstag gelegt.

c) Bestimmung der Blutgruppe einer zufällig ausgewählten Person

d) Berechnung der Summe zweier vorgegebener Zahlen

Lösung:

a) Zufallsversuch — Der einmalige Würfelwurf ist ein Zufallsversuch mit den möglichen Ergebnissen 1, 2, 3, 4, 5, 6. Auch der zweimalige Wurf ist ein Zufallsversuch.

b) kein Zufallsversuch — Der Tag ist festgelegt und nicht dem Zufall überlassen.

c) Zufallsversuch — Die Wahl der Person erfolgt zufällig; es ist vorher nicht klar, wen es trifft und welche Blutgruppe bestimmt wird.

d) kein Zufallsversuch — Die Zahlen sind gegeben, die Summe ist somit vorhersagbar.

2. Nenne drei mögliche Ereignisse für den Zufallsversuch „zweimaliges Ziehen mit Zurücklegen aus einer Schale mit zwei weißen und zwei roten Kugeln“ und gib jeweils die zugehörigen Ergebnisse an.

Lösung:

Ereignis 1: „Ziehen von zwei roten Kugeln“
zugehöriges Ergebnis: rot/rot

Ereignis 2: „Ziehen von mindestens einer roten Kugel“
zugehörige Ergebnisse: rot/rot, rot/weiß, weiß/rot

Ereignis 3: „Ziehen von keiner roten Kugel“
zugehöriges Ergebnis: weiß/weiß

Sowohl beim Münzwurf als auch beim Würfelwurf tritt jedes Ergebnis mit derselben Wahrscheinlichkeit ein. Wappen bzw. Zahl wird jeweils mit der Wahrscheinlichkeit 0,5 geworfen, die Augen 1, 2, 3, 4, 5 bzw. 6 fallen jeweils mit der Wahrscheinlichkeit $\frac{1}{6}$.

Ist man beim Würfelwurf z. B. am Ereignis „eine Zahl kleiner als 4 würfeln“ interessiert, so fragt man danach, eine 1, 2 oder 3 zu würfeln. Um die zugehörige Wahrscheinlichkeit zu berechnen, summiert man die Wahrscheinlichkeiten der drei **günstigen Ergebnisse** auf:

$$\frac{1}{6}+\frac{1}{6}+\frac{1}{6}=\frac{3}{6}=\frac{1}{2}$$

Laplace-Wahrscheinlichkeit

Alle Ergebnisse, die zu einem Ereignis E gehören, sind **günstige** Ergebnisse. Treten alle Ergebnisse mit der gleichen Wahrscheinlichkeit auf, dann gilt:

$$P(E) = \frac{\text{Anzahl der günstigen Ergebnisse}}{\text{Anzahl der möglichen Ergebnisse}}$$

Ist m die Anzahl der günstigen und n die Anzahl der **möglichen** Ergebnisse, so schreibt man kurz:

$$P(E) = \frac{m}{n}$$

Beispiel

Ein Glücksrad mit sechs gleich großen Sektoren wird gedreht.
Mit welcher Wahrscheinlichkeit wird die 1 gedreht?

Lösung:

3 Sektoren zeigen die 1, also sind **3** Ergebnisse günstig. 6 Sektoren gibt es, also gibt es **6** mögliche Ergebnisse.

$$P(\text{1 wird gedreht}) = \frac{3}{6} = \frac{1}{2}$$

„Lose, kaufen Sie Lose!“ Wer kennt diesen Ausruf nicht, der wohl einfach zu jedem Jahrmarkt hinzugehört? Losverkäufer Werner hat noch 1 000 Lose, von denen 52 Hauptgewinne, 17 mittlere Gewinne und 45 Kleingewinne sind. Wie groß ist die Wahrscheinlichkeit, einen Gewinn zu ziehen? Die gesuchte Wahrscheinlichkeit kann entweder mithilfe der Summenregel oder mithilfe des Gegenereignisses berechnet werden.

Summenregel und Gegenereignis

- **Summenregel:** Haben zwei (oder mehr) Ereignisse E_1 und E_2 (und E_3 usw.) kein Ergebnis gemeinsam, so können sie zu einem Ereignis E zusammengefasst und ihre Wahrscheinlichkeiten zudem addiert werden.

  $P(E) = P(E_1) + P(E_2)\ [+ P(E_3) + \ldots]$

- Alle für ein Ereignis E ungünstigen Ergebnisse nennt man **Gegenereignis $\overline{E}$**. Für seine Wahrscheinlichkeit gilt:

  $P(\overline{E}) = 1 - P(E)$

Beispiel

Im Lostopf sind 500 Lose, von denen 16 Hauptgewinne, 37 mittlere Gewinne und 112 Kleingewinne sind. Lisa zieht ein Los.
Berechne die Wahrscheinlichkeit, dass Lisa einen Gewinn zieht.

Lösung:
1. Lösungsweg: Summenregel
P(Gewinn) = P(Hauptgewinn) + P(mittlerer Gewinn) + P(Kleingewinn)

$$P(\text{Gewinn}) = \frac{16}{500} + \frac{37}{500} + \frac{112}{500} = \frac{165}{500} = 0{,}33$$

2. Lösungsweg: Gegenereignis
Das Gegenereignis zum Ereignis „Gewinn ziehen“ ist „keinen Gewinn ziehen“.
P(Gewinn) = 1 − P(kein Gewinn)

$$P(\text{Gewinn}) = 1 - \frac{500 - 16 - 37 - 112}{500} = 1 - \frac{335}{500} = \frac{165}{500} = 0{,}33$$

140 Im Kino gibt es gerade eine Aktion: Beim Kauf von Kinokarten darf der Käufer ein Glücksrad mit drei verschieden großen Feldern drehen. Zeigt der Pfeil nach dem Drehen auf Feld 1, werden zwei Freikarten gewonnen. Zeigt der Pfeil auf Feld 2, wird eine Freikarte gewonnen. Bei Feld 3 gewinnt man nichts. Wie hoch ist die Wahrscheinlichkeit, mindestens eine Freikarte zu gewinnen?

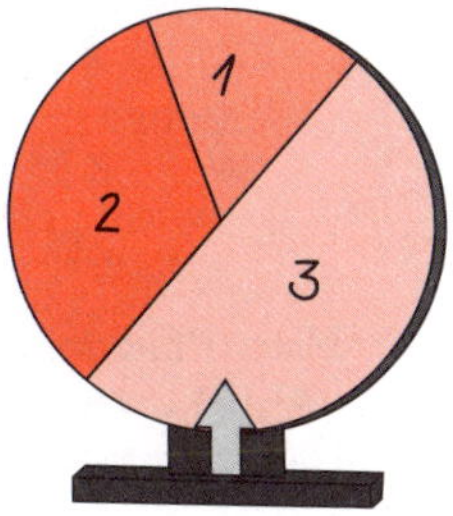

141 Im Lostopf sind 1 000 Lose, davon 20 Hauptgewinne, 50 mittlere Gewinne und 120 Kleingewinne, der Rest sind Nieten.
Berechne die Wahrscheinlichkeit, beim nächsten Zug von einem Los keinen Gewinn zu erhalten.

142 Ricardo, Heine und Oliver lassen ihre Hunde öfter ein Wettrennen machen. Erkläre, warum hier kein Zufallsexperiment vorliegen muss.

143 Bei „Mau-Mau“ mit Skatkarten (4 Farben mit je 8 Karten) ist die Karte mit der 7 besonders beliebt. Im Stapel mit 15 Karten sind noch drei mit der 7.

a) Wie groß ist die Wahrscheinlichkeit, beim nächsten Zug eine 7 zu ziehen?

b) Wie ändert sich die Wahrscheinlichkeit, wenn erst noch 2 Buben, 2 Damen und 1 König vom Stapel gezogen worden sind?

4 Mehrstufige Zufallsversuche

Zieht man nicht nur einmal aus einem Lostopf oder dreht man nicht nur einmal das Glücksrad, so besteht der Zufallsversuch aus **mehr als einer Stufe**.
Die einzelnen Stufen und die zugehörigen Wahrscheinlichkeiten können in einem **Baumdiagramm** veranschaulicht werden.

Beispiel

Julia würfelt zuerst einen Würfel und wirft dann eine Münze. Das Baumdiagramm zu diesem zweistufigen Zufallsversuch sieht wie folgt aus:

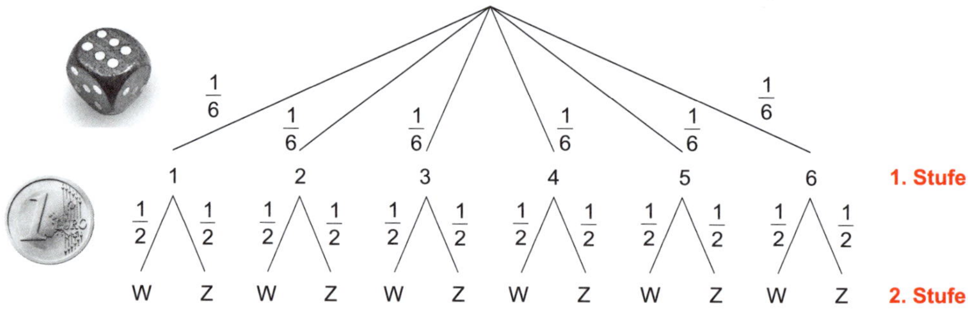

Jeder Pfad des Baumdiagramms führt auf ein mögliches Ergebnis des Zufallsversuchs. Die Wahrscheinlichkeit eines Pfades lässt sich als Produkt der Wahrscheinlichkeiten aller Äste des Pfades berechnen.

Produktregel

Die Wahrscheinlichkeit eines Ergebnisses entspricht dem Produkt der Wahrscheinlichkeiten längs des zugehörigen Pfades.

Beispiel

Betrachtet wird beim Würfel- und anschließenden Münzwurf zunächst nur der Pfad, der zum Ergebnis (1, W) führt. Seine Wahrscheinlichkeit lässt sich mithilfe der Produktregel berechnen:

$$\frac{1}{6} \cdot \frac{1}{2} = \frac{1}{12}$$

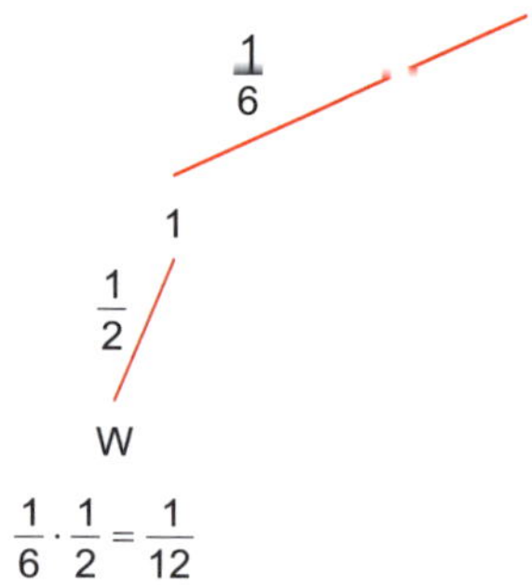

Die Wahrscheinlichkeiten aller anderen Pfade bzw. aller anderen Ergebnisse (1, Z), (2, W), (2, Z) usw. lassen sich auf die gleiche Weise berechnen. Sie besitzen alle ebenfalls die Wahrscheinlichkeit $\frac{1}{12}$.

- Die **Summe aller Wahrscheinlichkeiten**, die von einem Verzweigungspunkt ausgehen, ist stets **1**. Dies gilt auch für die Summe der Wahrscheinlichkeiten aller Pfade.
- Auch bei mehrstufigen Zufallsversuchen gilt die **Summenregel**. Die Wahrscheinlichkeit eines Ereignisses ist die Summe der Wahrscheinlichkeiten aller Pfade, die zu diesem Ereignis gehören.

ispiele

1. Aus Langeweile zieht Kai aus seinem Mäppchen immer blind einen Stift heraus, betrachtet seine Farbe und legt ihn wieder zurück. Im Mäppchen befinden sich 3 Stifte, ein roter, ein blauer und ein grüner.

a) Mit welcher Wahrscheinlichkeit zieht er zweimal hintereinander dieselbe Farbe?

b) Mit welcher Wahrscheinlichkeit zieht er in zwei Zügen einmal den roten und einmal den blauen Stift?

Lösung:

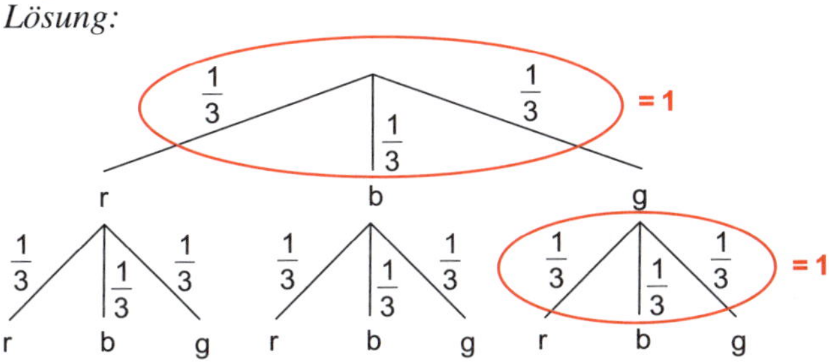

a) Entweder ist der Stift jeweils rot, jeweils blau oder jeweils grün.

$P(\text{dieselbe Farbe}) = P(r, r) + P(b, b) + P(g, g)$

$P(\text{dieselbe Farbe}) = \frac{1}{3} \cdot \frac{1}{3} + \frac{1}{3} \cdot \frac{1}{3} + \frac{1}{3} \cdot \frac{1}{3} = \frac{3}{9} = \frac{1}{3}$

b) Entweder ist der Stift beim ersten Zug rot und beim zweiten Zug blau oder umgekehrt. Die **Reihenfolge** der Farben ist also **nicht wichtig**. Zum Ereignis „ein Stift rot, ein Stift blau" gehören also die Ergebnisse (rot, blau) und (blau, rot).

$P(\text{einer rot, einer blau}) = P(r, b) + P(b, r) = \frac{1}{3} \cdot \frac{1}{3} + \frac{1}{3} \cdot \frac{1}{3} = \frac{1}{9} + \frac{1}{9} = \frac{2}{9}$

2. In einer Schale liegen noch drei rote und zwei grüne Gummibärchen, den Rest hat Luise schon gegessen. Sie isst ein Gummibärchen nach dem nächsten, nie mehrere auf einmal. Sie greift dabei stets ohne hinzusehen in die Schüssel. Mit welcher Wahrscheinlichkeit isst sie als übernächstes ein rotes Gummibärchen?

Lösung:
Da Luise das Gummibärchen isst, kann dieses nicht wieder in die Schüssel zurückgelegt werden. Somit ändert sich die Anzahl der Bärchen von Zug zu Zug in der Schüssel, was die Wahrscheinlichkeiten im Baumdiagramm natürlich widerspiegeln müssen.

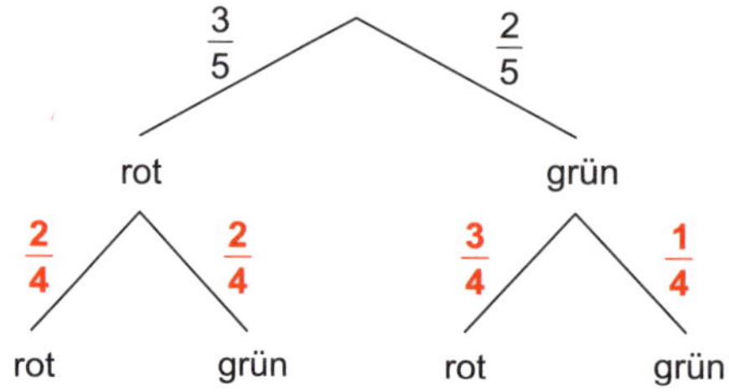

Im ersten Zug sind noch 5 Gummibärchen in der Schüssel, von denen 3 rot und 2 grün sind.
Im zweiten Zug sind nur noch 4 Gummibärchen in der Schüssel, von denen entweder 2 rot und 2 grün sind, wenn vorher 1 rotes gegessen wurde, oder von denen 3 rot und 1 grün sind, wenn vorher 1 grünes gegessen wurde.

Gesucht ist die Wahrscheinlichkeit, dass Luise als übernächstes Gummibärchen ein rotes isst. Die Farbe des nächsten Bärchens ist egal, es kann rot oder grün sein. Gesucht ist also:

$$P(\text{übernächstes rot}) = P(\text{rot, rot}) + P(\text{grün, rot}) = \frac{3}{5} \cdot \frac{2}{4} + \frac{2}{5} \cdot \frac{3}{4} = \frac{3}{5}$$

144 Ein Zufallsversuch kann beliebig viele Stufen haben. Betrachte nun den **drei**maligen Münzwurf, zeichne das zugehörige Baumdiagramm und berechne die Wahrscheinlichkeiten der einzelnen Ergebnisse.

145 Aus einem Eimer mit 100 Losen, wovon 8 Lose Hauptgewinne und 12 Lose Kleingewinne sind, werden 2 gezogen.
Bestimme die Wahrscheinlichkeit, 2 Gewinne zu erhalten.

146 Pia bietet ihrem Bruder Jonas folgendes Spiel an: „Ich werfe dreimal hintereinander einen Würfel. Fällt eine gerade Zahl, gebe ich dir 1 €, fällt eine ungerade, bekomme ich von dir 1 €."
Wie hoch ist die Wahrscheinlichkeit, dass Jonas genau 1 € gewinnt?

147 Aus jedem der beiden Gefäße wird eine Zahl gezogen.

a) Wie viele verschiedene Summenwerte sind bei diesem Versuch insgesamt möglich?
b) Berechne die Wahrscheinlichkeit, dass die Summe der beiden Zahlen 12 ist.

5 Erwartungswert

Holger bietet seiner Schwester Rike folgendes Spiel an: „Du gibst mir einen Euro, dann würfelst du einmal. Zeigt der Würfel eine 1, bekommst du deinen Euro zurück. Zeigt der Würfel eine 2 oder 3, erhältst du deinen Euro zurück und ich lege noch einen Euro drauf. Bei allen anderen Zahlen bekommst du nichts."
Rike überlegt, ob sich das Spiel für sie lohnt.

Bei Holgers Spiel liegt ein Zufallsversuch vor, bei dem den einzelnen Ergebnissen Gewinnen zugeordnet werden.

Augenzahl	1	2	3	4	5	6
Gewinn	0 €	1 €	1 €	–1 €	–1 €	–1 €
Wahrscheinlichkeit	$\frac{1}{6}$	$\frac{1}{6}$	$\frac{1}{6}$	$\frac{1}{6}$	$\frac{1}{6}$	$\frac{1}{6}$

Die Frage, ob sich das Spiel für Rike lohnt, kann mit dem Erwartungswert des Spiels beantwortet werden.

Erwartungswert

Der **Erwartungswert** ist das Produkt der Zahlen bzw. Größen, die den einzelnen Ergebnissen eines Zufallsversuchs zugeordnet werden, mit den zugehörigen Wahrscheinlichkeiten. Ist der Erwartungswert

- **größer 0**, so erhält man auf lange Sicht einen **Gewinn**.
- **kleiner 0**, so erhält man auf lange Sicht einen **Verlust**.
- **0**, so erhält man auf lange Sicht weder Gewinn noch Verlust. Das Spiel ist **fair**.

Beispiel

Finde heraus, ob sich das Spiel für Rike lohnt.

Lösung:

Berechnung des Erwartungswerts:

$$0\,€\cdot\frac{1}{6}+1\,€\cdot\frac{1}{6}+1\,€\cdot\frac{1}{6}-1\,€\cdot\frac{1}{6}-1\,€\cdot\frac{1}{6}-1\,€\cdot\frac{1}{6}=-\frac{1}{6}\,€\approx-17\text{ ct}$$

Da Rike auf lange Sicht pro Spiel 17 ct verliert, lohnt es sich für sie nicht.

148 Zahle 1,50 € und du darfst das Glücksrad einmal drehen. Zeigt der Pfeil auf das rote Feld, erhältst du 2 €, zeigt er auf das gleich große grüne Feld, erhältst du 3 €, zeigt er auf das gleich große blaue Feld, erhältst du 4 €. Ansonsten bekommst du nichts.

a) Würdest du das Glücksrad drehen?

b) Was wäre, wenn alle Felder des Rades gleich groß wären?

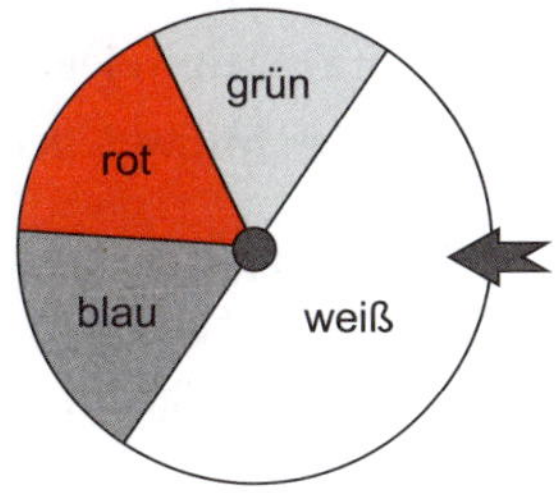

149 Tim hat einen Spielautomaten gebastelt, bei dem es folgende Auszahlungen gibt:

Auszahlung in €	0,2	0,5	1	5	10
Wahrscheinlichkeit in %	10	4	2	1	0,5

a) Mit welcher Wahrscheinlichkeit gewinnt ein Spieler bei einem Spiel nichts?

b) Tim bietet das Spiel seinen Mitschülern an, möchte dafür aber einen Einsatz verlangen.
Wie hoch müsste der Einsatz sein, damit das Spiel fair ist?

c) Tim verlangt als Einsatz 1 €. Ist das eine gute Wahl?

Vermischte Aufgaben

150 Bei einem Biathlon-Weltcuprennen wurden 135 Zuschauer gefragt, ob sie eine Fahne dabei hätten und wenn ja, welchen Landes. Mehrfachnennungen wurden nicht berücksichtigt, es wurde immer nur das erstgenannte Land erfasst.

Norwegen	Österreich	Schweden	Deutschland	andere / keines
12	27	36	39	21

a) Stelle die Daten in einem Kreisdiagramm dar.

b) Unter den 135 befragten Zuschauern wird ein Preis verlost. Dazu wird zufällig einer der Befragten ausgewählt.
Ermittle die Wahrscheinlichkeit, mit der ein Zuschauer mit einer Deutschlandfahne den Preis gewinnt.

151 Katharina möchte ihrer kleinen Schwester das Alphabet beibringen. Jeden Tag wählt sie zufällig zwei Buchstaben aus dem Alphabet aus und lässt sie sich von ihrer Schwester vorlesen.
Mit welcher Wahrscheinlichkeit wählt sie zwei Tage hintereinander die gleichen Buchstaben aus?

152 Aus einem Gefäß mit 12 Kugeln, davon 4 rot und 8 blau, werden hintereinander 3 Kugeln entnommen, ohne sie zurückzulegen.

a) Mit welcher Wahrscheinlichkeit wird keine rote Kugel gezogen?

b) Mit welcher Wahrscheinlichkeit werden genau zwei rote Kugeln gezogen?

153 Bei einem Spiel mit einem handelsüblichen Würfel werden pro Auge 50 ct ausgezahlt.
Bei welchem Einsatz ist das Spiel fair?

Grundlagen der Geometrie

Im Alltag begegnest du ständig geometrischen Objekten. Dominosteine z. B. sind Quader, deren Vorderseiten in zwei Quadrate unterteilt sind. Die Zahlen auf ihnen sind Kreise.
In diesem Kapitel findest du eine Übersicht über alle wesentlichen ebenen und räumlichen Figuren und deren Maße. Da dir bei vielen Berechnungen auch der Satz des Pythagoras sowie die Strahlensätze wieder begegnen können, werden auch sie hier noch einmal ausführlich beschrieben.

1 Geometrische Figuren in der Ebene

Hast du dich auch schon einmal um das vermeintlich größere Zimmer gestritten? Weißt du, wie lang eine Runde um den Sportplatz ist? Welche Toröffnung muss eine Garage haben, damit ein Auto hindurchpasst? Wie lang ist der Äquator?
Im Alltag spielen **Umfangs- und Flächenberechnungen** immer wieder eine wichtige Rolle. Der Umfang wird meist mit u und der Flächeninhalt mit A abgekürzt.

Quadrat und Rechteck

- Ein **Quadrat** besitzt 4 gleich lange Seiten und vier rechte Winkel.
  $u = 4a$
  $A = a^2$

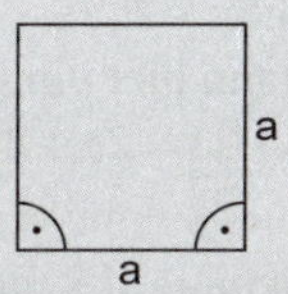

- In einem **Rechteck** sind die jeweils gegenüberliegenden Seiten gleich lang. Ein Rechteck besitzt vier rechte Winkel.
  $u = 2a + 2b$
  $A = a \cdot b$

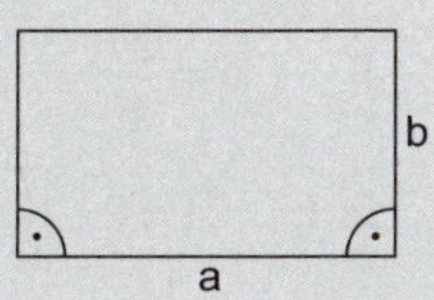

eispiele

1. Der Boden des Badezimmers von Familie Sattler ist 2,70 m breit und 3,15 m lang und soll mit quadratischen Kacheln neu gefliest werden. Die Kacheln haben eine Länge von 30 cm.
Reichen 92 Fliesen aus?

Lösung:

Größe des Badezimmers: $2{,}70\text{ m}\cdot 3{,}15\text{ m} = 8{,}505\text{ m}^2 = 85\,050\text{ cm}^2$

Größe einer Fliese: $30\text{ cm}\cdot 30\text{ cm} = 900\text{ cm}^2$

Benötigte Fliesenanzahl: $\dfrac{85\,050\text{ cm}^2}{900\text{ cm}^2} = 94{,}5$

92 Fliesen reichen nicht aus, um das Badezimmer zu fliesen.

Alternativer Rechenweg:

$270\text{ cm} : 30\text{ cm} = 9$

In der Breite von 2,70 m können exakt 9 Fliesen verlegt werden.

$315\text{ cm} : 30\text{ cm} = 10{,}5$

In der Länge von 3,15 m können 10,5 Fliesen verlegt werden.

Es werden also $9\cdot 10{,}5 = 94{,}5$ Fliesen benötigt. Somit reichen 92 Fliesen nicht aus, um das Bad vollständig zu fliesen.

2. Berechne die fehlenden Größen.

	a	b	u	A
Rechteck 1	2,5			10
Rechteck 2			21	27

Lösung:

Rechteck 1:

- Berechnung von b: $A = a\cdot b \;\Rightarrow\; \mathbf{b = \dfrac{A}{a}} = \dfrac{10}{2{,}5} = 4$
- Berechnung von u: $u = 2a + 2b = 2\cdot 2{,}5 + 2\cdot 4 = 5 + 8 = 13$

Rechteck 2:

Es kann hier ein Gleichungssystem aufgestellt werden.

I $\quad 21 = 2a + 2b \qquad$ Umfang

II $\quad 27 = a\cdot b \qquad$ Flächeninhalt

Gleichung II kann z. B. nach a aufgelöst und dann in I eingesetzt werden.

II $\quad a = \dfrac{27}{b}$

in I: $\quad 21 = 2\cdot\dfrac{27}{b} + 2b$

$$21 = \frac{54}{b} + 2b \qquad |\cdot b$$

$$21b = 54 + 2b^2 \qquad |-21b$$

$$0 = 2b^2 - 21b + 54 \qquad |:2$$

$$0 = b^2 - 10{,}5b + 27$$

Lösen der quadratischen Gleichung:

$$b_{1/2} = \frac{10,5}{2} \pm \sqrt{\left(-\frac{10,5}{2}\right)^2 - 27}$$ p-q-Formel mit $p = -10,5$ und $q = 27$

$$b_{1/2} = \frac{21}{4} \pm \sqrt{\frac{9}{16}}$$

$$b_{1/2} = \frac{21}{4} \pm \frac{3}{4}$$

$$\Rightarrow \quad b_1 = \frac{24}{4} = 6; \quad b_2 = \frac{18}{4} = 4,5$$

Das Rechteck ist entweder $b = 6$ m breit und $a = 4,5$ m lang oder $b = 4,5$ m breit und $a = 6$ m lang.

Parallelogramm, Raute und Drachenviereck

- Bei einem **Parallelogramm** verlaufen gegenüberliegende Seiten parallel und gegenüberliegende Winkel sind gleich groß.

  $u = 2a + 2b$

  $A = a \cdot h_a$

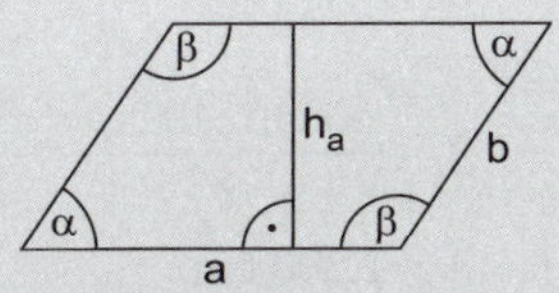

- Die **Raute** ist ein Parallelogramm, das vier gleich lange Seiten besitzt.

  $u = 4a$

  $A = a \cdot h_a$

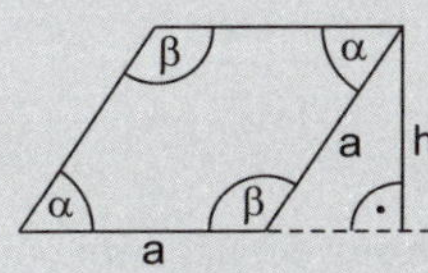

- Ein **Drachenviereck** besitzt zwei Paare gleich langer benachbarter Seiten.

  $u = 2a + 2b$

  $A = \frac{e \cdot f}{2}$

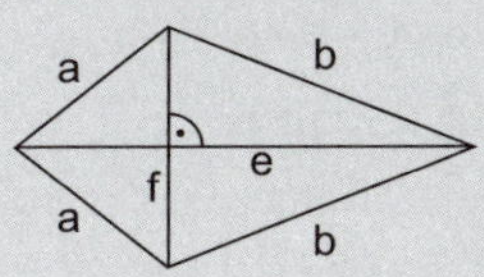

ispiele

1. Begründe, weshalb die Parallelogramme A und B den gleichen Flächeninhalt haben, der Flächeninhalt des Parallelogramms C aber größer ist.

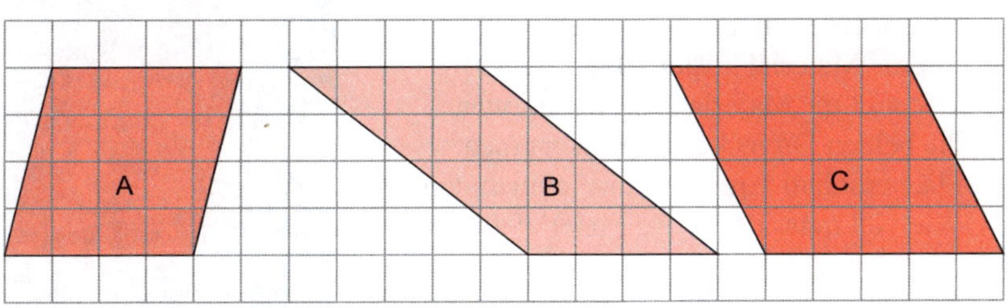

Lösung:
Die Parallelogramme A und B haben beide die Grundseitenlänge a = 4 Kästchen und die Höhe $h_a = 4$ Kästchen. Somit haben sie denselben Flächeninhalt. Das Parallelogramm C hat zwar auch die Höhe $h_a = 4$ Kästchen, aber die Grundseitenlänge a = 5 Kästchen. Da 5 größer als 4 ist, ist der Flächeninhalt von C somit größer als der von A bzw. B.

2. Luise bastelt aus einem 1 m langen Schilfrohr und einer bunten Folie einen Drachen. Dabei bricht sie das Rohr einmal durch und formt aus ihm die Diagonalen e und f. Gib zwei realistische Möglichkeiten hierfür an und berechne den jeweiligen Flächeninhalt des Drachen.

Lösung:

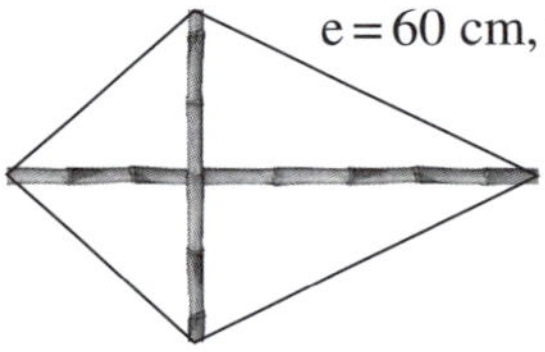

e = 60 cm, f = 40 cm

$$A = \frac{60\text{ cm} \cdot 40\text{ cm}}{2} = \frac{2\,400\text{ cm}^2}{2}$$

$$A = 1\,200\text{ cm}^2$$

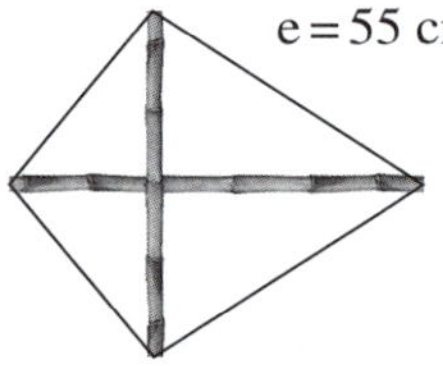

e = 55 cm, f = 45 cm

$$A = \frac{55\text{ cm} \cdot 45\text{ cm}}{2} = \frac{2\,475\text{ cm}^2}{2}$$

$$A = 1\,237{,}5\text{ cm}^2$$

Trapez

Ein **Trapez** besitzt zwei parallele Gegenseiten.

$u = a + b + c + d$

$A = \frac{1}{2} \cdot (a + c) \cdot h$

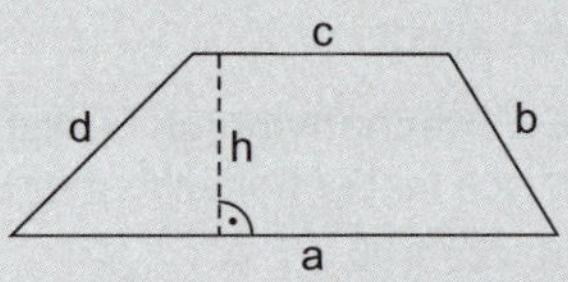

Beispiel

Das Segel von Oles Surfboard besteht näherungsweise aus 2 Trapezen und 2 Dreiecken. Die Maße in der Abbildung sind in Metern gegeben.
Ole möchte sein Segel neu bespannen. Ein m^2 Material kostet 10 €.
Wie viel m^2 Material benötigt er, wenn die beiden Dreiecke zusammen einen Flächeninhalt von etwa 2 m^2 einnehmen?
Wie viel muss er für das Material zahlen?

Lösung:

Fläche des oberen Trapezes: $\frac{1}{2} \cdot (1\text{ m} + 1{,}5\text{ m}) \cdot 2\text{ m} = 2{,}5\text{ m}^2$

Fläche des unteren Trapezes: $\frac{1}{2} \cdot (1{,}5\text{ m} + 1{,}7\text{ m}) \cdot 1{,}5\text{ m} = 2{,}4\text{ m}^2$

Gesamtfläche: $2{,}5\text{ m}^2 + 2{,}4\text{ m}^2 + 2\text{ m}^2 = 6{,}9\text{ m}^2$

Kosten: $6{,}9\text{ m}^2 \cdot 10\,\frac{€}{\text{m}^2} = 69\text{ €}$

Ole benötigt 6,9 m² Material und muss dafür 69 € zahlen.

Dreieck

- Ein **rechtwinkliges** Dreieck besitzt einen rechten Winkel (90°-Winkel). Die beiden an den rechten Winkel anschließenden Seiten nennt man **Katheten,** die Seite gegenüber **Hypotenuse**.

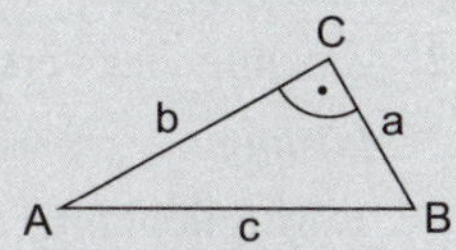

$u = a + b + c$

$A = \frac{1}{2} \cdot a \cdot b$

- Ein **gleichschenkliges** Dreieck besitzt zwei gleich große Winkel. Die gleich langen Seiten heißen **Schenkel**, die dritte Seite heißt **Basis**.

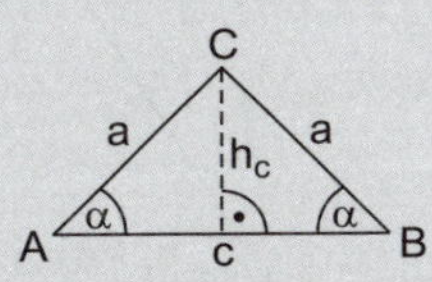

$u = 2a + c$

$A = \frac{1}{2} \cdot c \cdot h_c$

- Ein **gleichseitiges** Dreieck besitzt drei gleich große Winkel (60°) und alle Seiten sind gleich lang.

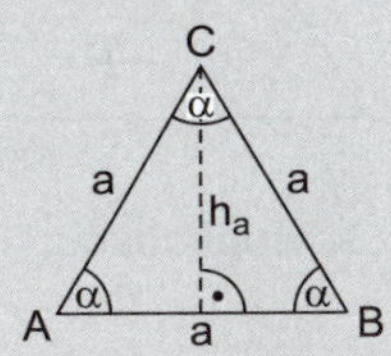

$u = 3a$

$A = \frac{a^2}{4} \cdot \sqrt{3}$ mit $h_a = \frac{a}{2} \cdot \sqrt{3}$

- Liegen keine speziellen Eigenschaften vor, spricht man von einem **allgemeinen Dreieck**.

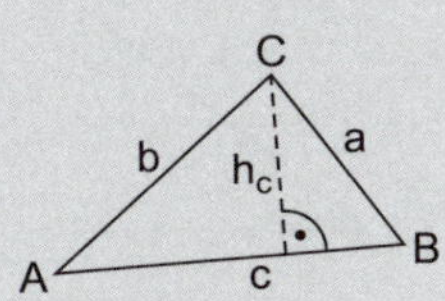

$u = a + b + c$

$A = \frac{1}{2} \cdot c \cdot h_c$ bzw. $A = \frac{1}{2} \cdot a \cdot h_a$ bzw. $A = \frac{1}{2} \cdot b \cdot h_b$

eispiele

1. Berechne die fehlenden Größen der beiden allgemeinen Dreiecke.

	a	h_a	c	h_c	A
Dreieck 1	4,0 cm		4,5 cm	3,0 cm	
Dreieck 2		3,2 m	5,0 m		20 m²

Lösung:
Dreieck 1:

$$A = \frac{1}{2} \cdot c \cdot h_c = \frac{1}{2} \cdot 4{,}5\ \text{cm} \cdot 3{,}0\ \text{cm} = 6{,}75\ \text{cm}^2$$

$$A = \frac{1}{2} \cdot a \cdot h_a \quad \Rightarrow \quad h_a = \frac{2A}{a} = \frac{2 \cdot 6{,}75\ \text{cm}^2}{4{,}0\ \text{cm}} = 3{,}375\ \text{cm}$$

Dreieck 2:

$$A = \frac{1}{2} \cdot a \cdot h_a \quad \Rightarrow \quad a = \frac{2A}{h_a} = \frac{2 \cdot 20\ \text{m}^2}{3{,}2\ \text{m}} = 12{,}5\ \text{m}$$

$$A = \frac{1}{2} \cdot c \cdot h_c \quad \Rightarrow \quad h_c = \frac{2A}{c} = \frac{2 \cdot 20\ \text{m}^2}{5{,}0\ \text{m}} = 8{,}0\ \text{m}$$

2. Zeichne vier verschiedene Dreiecke mit dem Flächeninhalt 10 cm^2.

Lösung:

1. Möglichkeit:

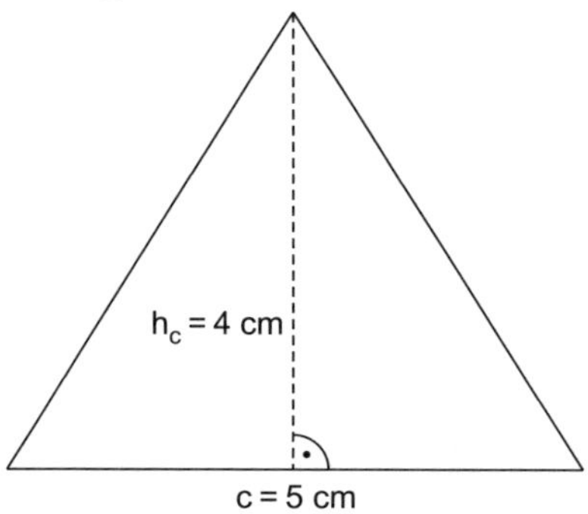

2. Möglichkeit:

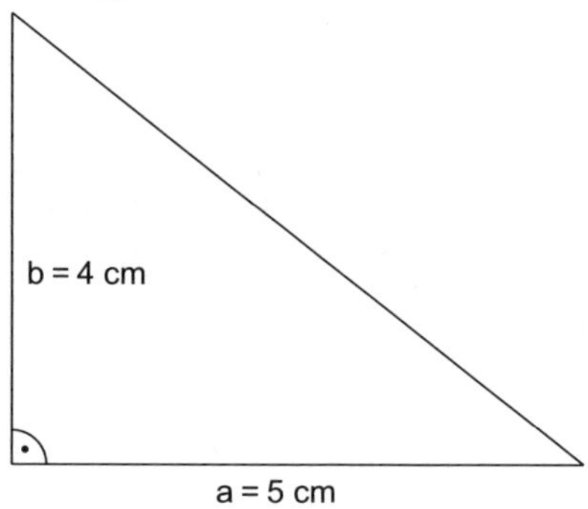

3. Möglichkeit:

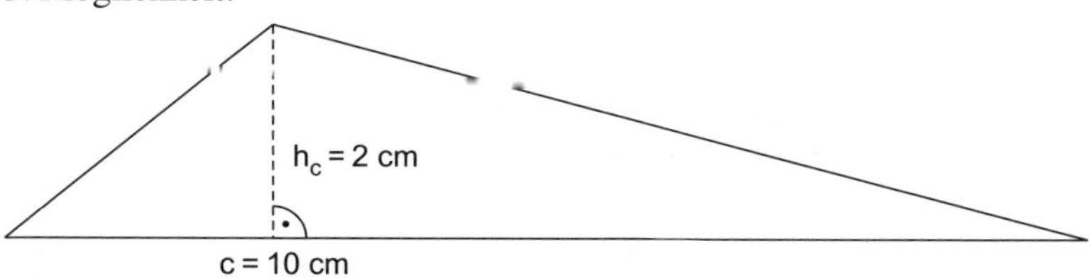

4. Möglichkeit:

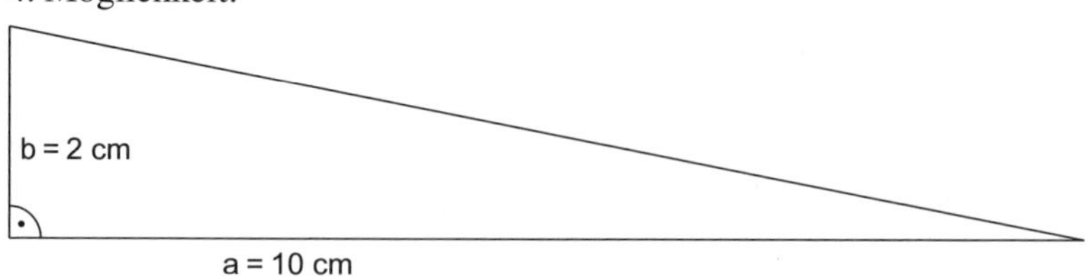

Kreis

Der Abstand vom Mittelpunkt M des Kreises zu allen Punkten auf der Kreislinie heißt **Radius**. Der doppelte Radius heißt **Durchmesser**.

$u = 2\pi \cdot r$

$A = \pi \cdot r^2$

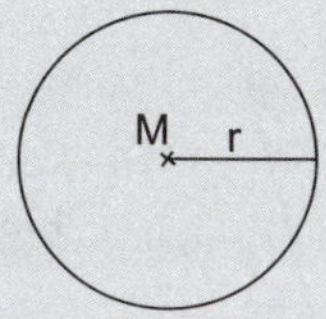

Beispiel

Berechne den Flächeninhalt eines Kreises mit Umfang 100 cm.
Wie groß wird der Umfang, wenn der Flächeninhalt verdoppelt wird?

Lösung:

Zuerst wird der Radius des Kreises berechnet:

$$u = 2\pi \cdot r \quad \Rightarrow \quad r = \frac{u}{2\pi} = \frac{100\text{ cm}}{2\pi} \approx 15{,}9\text{ cm}$$

Damit ergibt sich der folgende Flächeninhalt:

$$A = \pi \cdot r^2 = \pi \cdot (15{,}9\text{ cm})^2 \approx 794{,}2\text{ cm}^2$$

Verdoppelt man die Fläche auf 1 588,4 cm², so ergibt sich der neue Radius zu:

$$A = \pi \cdot r^2 \quad \Rightarrow \quad r^2 = \frac{A}{\pi} \quad \Rightarrow \quad r = \sqrt{\frac{A}{\pi}} = \sqrt{\frac{1\,588{,}4\text{ cm}^2}{\pi}} \approx 22{,}5\text{ cm}$$

Nun lässt sich der neue Umfang berechnen:
$u = 2\pi \cdot r = 2\pi \cdot 22{,}5\text{ cm} \approx 141{,}4\text{ cm}$

154 Zeichne das Vieleck ABCDEF mit den Ecken A(1 | 4), B(2 | 1), C(6 | 1), D(6 | 5), E(8 | 8) und F(4 | 8) in ein Koordinatensystem (1 LE ≙ 1 cm).
Berechne den Flächeninhalt des Vielecks, indem du es in verschiedene Figuren zerlegst.

155 Saskia möchte eine neue Wohnung beziehen.

a) Bestimme den Flächeninhalt der Grundfläche der Wohnung.

b) Welchen Anteil nehmen das Bad und die Küche zusammen an der Grundfläche ein?

Entnimm die notwendigen Maße der Zeichnung (1 cm ≙ 1 m).

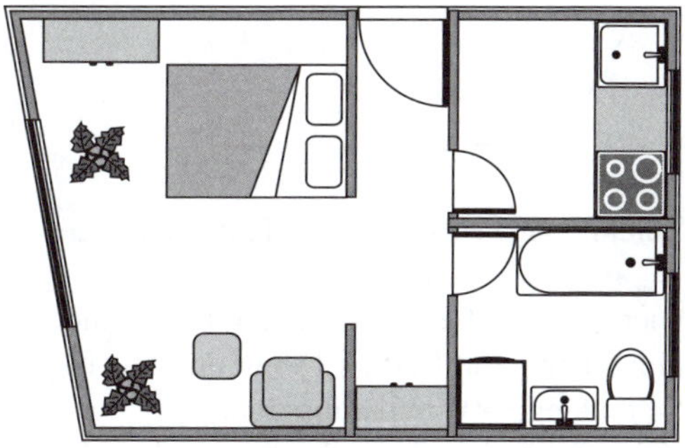

156 Wie hoch ist das Parallelogramm bzw. das Trapez?

a)

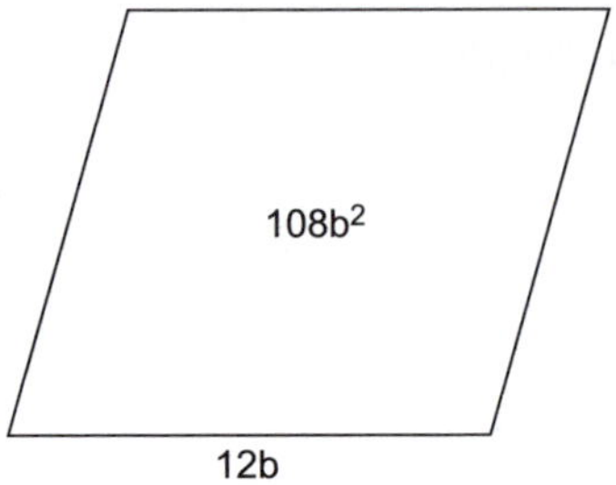

b)

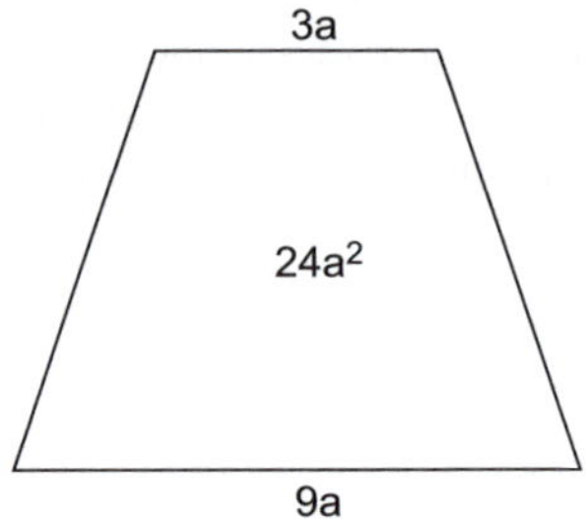

157 Berechne den Flächeninhalt der Figuren (alle Maße in cm).

a)

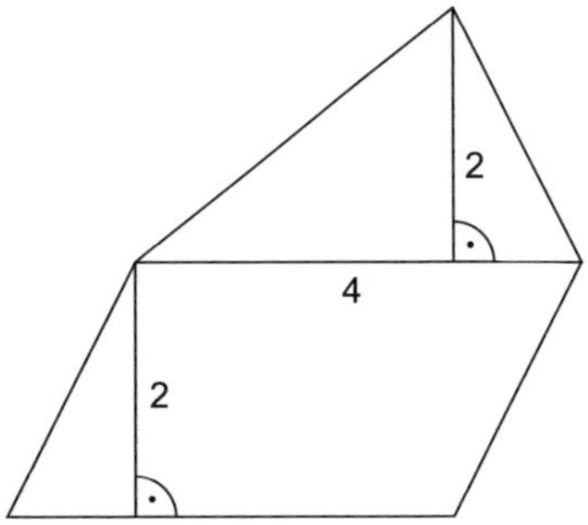

b)

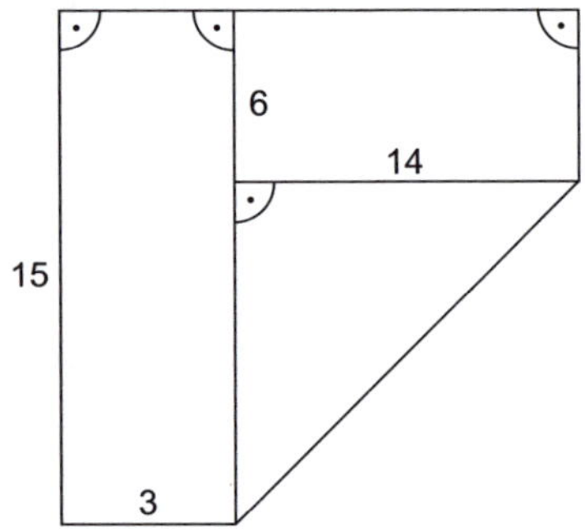

c)

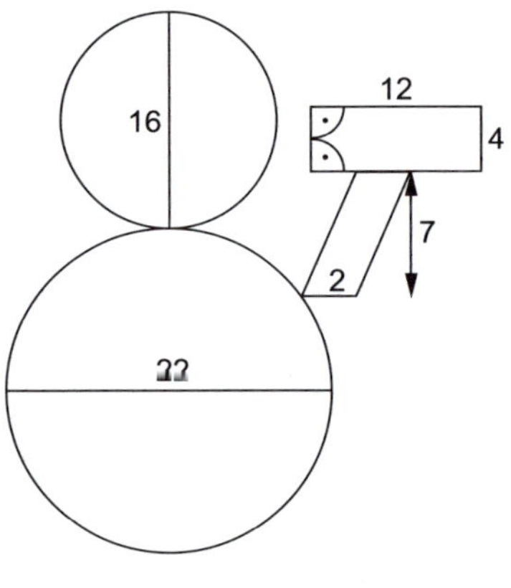

d)

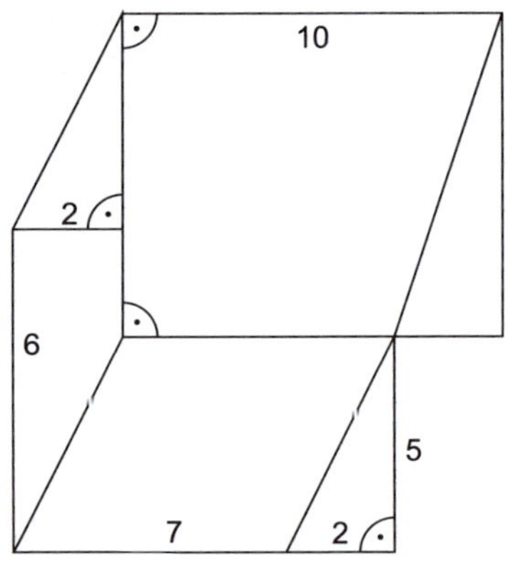

158 Zeichne vier verschiedene Trapeze mit dem Flächeninhalt 20 cm²

159 Rico hat ein 30 cm breites und 60 cm langes Holzbrett. Aus diesem möchte er einen Kreis mit Radius 15 cm und zwei gleich große gleichseitige Dreiecke mit Seitenlänge 20 cm heraussägen.
Zeige anhand einer maßstabsgerechten Zeichnung, dass dies wirklich möglich ist, und berechne, wie viel Holz übrig bleibt.

2 Satz des Pythagoras

Aufgrund jährlicher Überschwemmungen des Nils mussten die Felder in Ägypten neu vermessen werden. Die Arbeiter, die die Vermessung vornahmen, wurden Seilspanner genannt. Sie benutzten ein Seildreieck, das 12 Knoten in regelmäßigen Abständen aufwies. Indem sie die 12 gleich langen Teile des Seils durch Knoten im Verhältnis 5:3:4 unterteilten und aus dem Seil mithilfe von Pflöcken ein Dreieck bildeten, erzeugten sie einen rechten Winkel.
Ob die alten Ägypter den Satz des Pythagoras als solchen kannten, ist allerdings nicht bekannt.

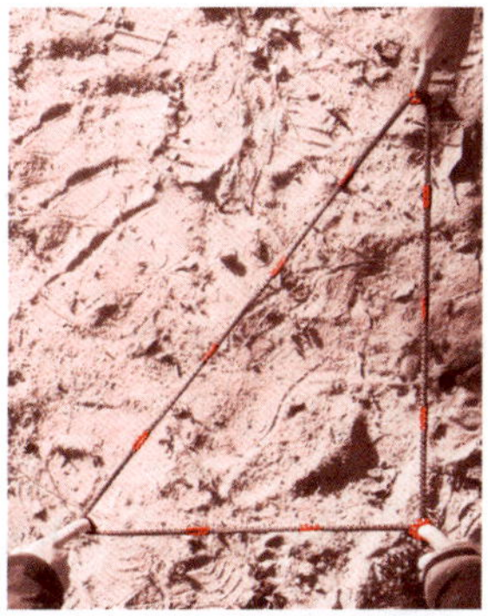

Satz des Pythagoras

Liegt ein rechtwinkliges Dreieck vor, so ist die Summe der Flächeninhalte der Quadrate über den Katheten genauso groß wie der Flächeninhalt des Quadrates über der Hypotenuse.

$a^2 + b^2 = c^2$

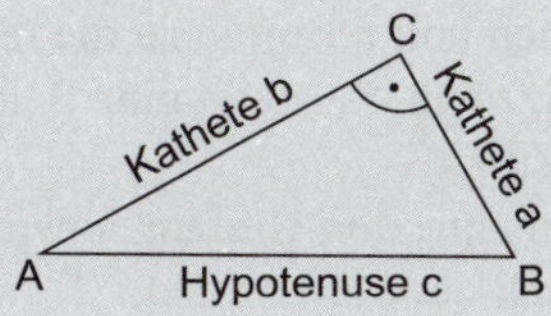

Beispiele

1. Überprüfe, ob ein rechtwinkliges Dreieck vorliegt. Falls ja, gib an, wo der rechte Winkel liegt.

a) a = 10 cm; b = 6 cm; c = 8 cm

b) a = 4 cm; b = 4 cm; c = 6 cm

c) a = 12 cm; b = 1,3 dm; c = 5 cm

Lösung:

a) $b^2 + c^2 = (6\text{ cm})^2 + (8\text{ cm})^2 = 100\text{ cm}^2$
$a^2 = (10\text{ cm})^2 = 100\text{ cm}^2$
Der rechte Winkel liegt bei A ($\alpha = 90°$).

b) $a^2 + b^2 = (4\text{ cm})^2 + (4\text{ cm})^2 = 32\text{ cm}^2$
$c^2 = (6\text{ cm})^2 = 36\text{ cm}^2$
Das Dreieck ist nicht rechtwinklig.

c) $a^2 + c^2 = (12\text{ cm})^2 + (5\text{ cm})^2 = 169\text{ cm}^2$
$b^2 = (13\text{ cm})^2 = 169\text{ cm}^2$
Der rechte Winkel liegt bei B ($\beta = 90°$).

Bei einem rechtwinkligen Dreieck entspricht die längste Seite der Hypotenuse. Es reicht also, wenn du jeweils die kürzeren Seiten quadrierst und zudem addierst und anschließend mit dem Quadrat der längsten Seite vergleichst.

1,3 dm = 13 cm

2. Zum Schleifen eines Spiralbohrers mit 20 mm Durchmesser soll eine Form (siehe Skizze) angefertigt werden. Berechne die Länge von h.

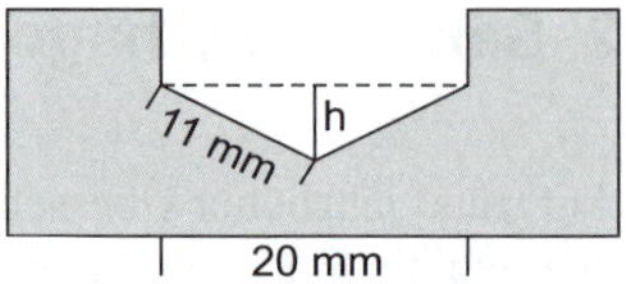

Lösung:

$$11^2 = 10^2 + h^2 \qquad |-10^2$$
$$11^2 - 10^2 = h^2 \qquad |\sqrt{\ }$$
$$h = \sqrt{11^2 - 10^2}$$
$$h = \sqrt{21}$$
$$h \approx 4{,}6$$

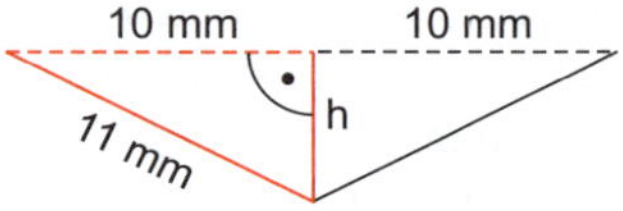

Die Länge von h beträgt etwa 4,6 mm.

160 Adrian möchte einen kleinen Vogelkasten bauen und fertigt dazu die rechts abgebildete Skizze an. Sie zeigt eine Seitenwand des Kastens.
Berechne den Umfang sowie den Flächeninhalt der Seitenwand.

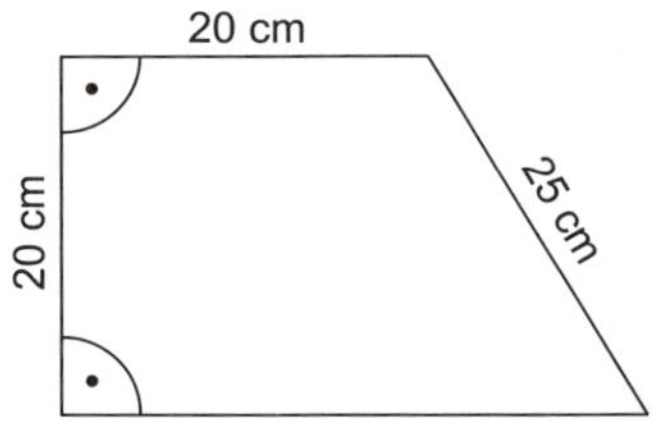

161 Berechne die fehlende Seite des Dreiecks.

a) $a = 84$ cm; $b = 91$ cm; $\beta = 90°$

b) $b = 8$ dm; $c = 17$ dm; $\gamma = 90°$

c) $a = 29$ cm; $c = 2$ dm; $\alpha = 90°$

162 Kim und Jenny laufen vom selben Startpunkt aus in zwei unterschiedliche Richtungen, die einen 90°-Winkel bilden. Kim geht langsam mit $4{,}8\ \frac{km}{h}$, während Jenny mit $8{,}2\ \frac{km}{h}$ davon eilt.
Berechne, wie weit die beiden nach einer halben Stunde voneinander entfernt sind.

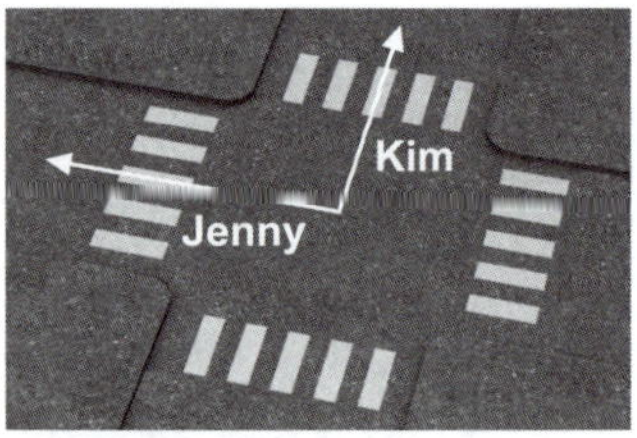

163 Herr Seibel wird schon wieder von seiner Frau ermahnt, dass er endlich seinen Werkzeugkeller aufräumen soll.
„Aber die Eisenstangen finden in meinen Kisten keinen Platz“, erwidert er zermürbt.
Prüfe seine Behauptung unter der Voraussetzung, dass seine Kisten 1 m lang, 60 cm breit und 60 cm hoch und die Eisenstangen 1,35 m lang sind.
Fertige dazu eine passende Zeichnung an und berechne dann.

3 Strahlensätze

Mia und Olli möchten über den Bach eine kleine Brücke bauen und wollen zunächst herausfinden, wie breit der Bachlauf ist. Dazu messen sie die Strecken zwischen den Punkten A und B, zwischen den Punkten B und C sowie zwischen den Punkten C und E. Danach berechnen sie mittels einer geeigneten Strahlensatzfigur die gesuchte Breite $\overline{CD}$ des Baches. Auf Mias Zettel ist folgender Ansatz zu lesen:

$$\frac{\overline{AB}}{\overline{CE}} = \frac{\overline{BC} + \overline{CD}}{\overline{CD}}$$

Strahlensätze

Werden zwei sich schneidende Geraden von 2 Parallelen in 4 Punkten geschnitten, so gilt:

- **1. Strahlensatz:** Die Längen zweier Strecken auf der einen Geraden verhalten sich wie die Längen der entsprechenden Strecken auf der anderen Geraden.

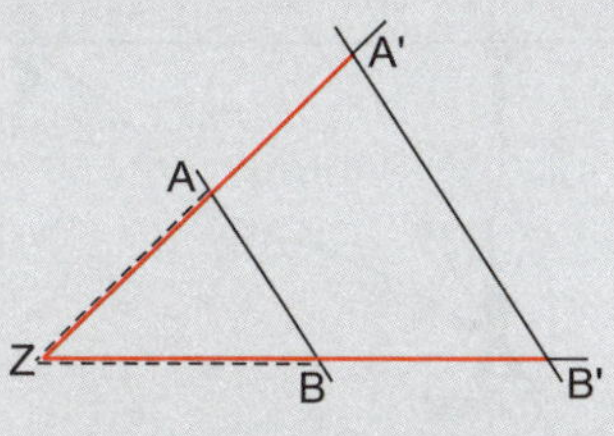

$$\frac{\overline{ZA'}}{\overline{ZA}} = \frac{\overline{ZB'}}{\overline{ZB}}$$

bzw.

$$\frac{\overline{AA'}}{\overline{ZA}} = \frac{\overline{BB'}}{\overline{ZB}}$$

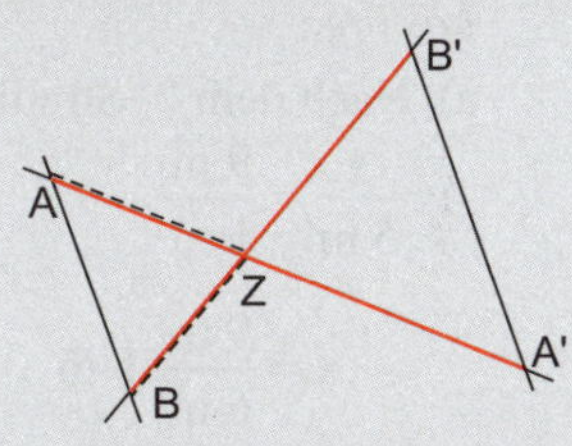

- **2. Strahlensatz:** Die Längen der Strecken auf den Parallelen verhalten sich wie die Längen der entsprechenden Strecken auf den sich schneidenden Geraden.

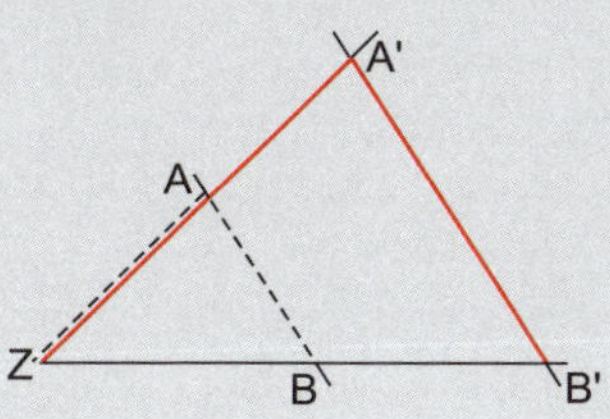

$$\frac{\overline{A'B'}}{\overline{AB}} = \frac{\overline{ZA'}}{\overline{ZA}}$$

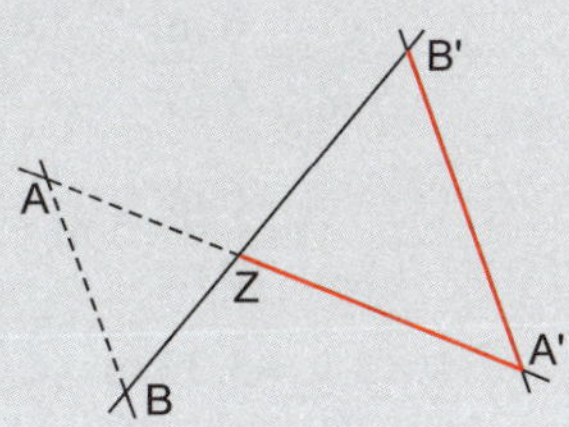

Beispiele

1. Der 1,80 m große Erik möchte die Spitze des Baumes fotografieren und überlegt, wie hoch der Baum ist. Dazu misst er den Schattenwurf und notiert sich für diesen 8 m. Dann geht er vom Ende des Schattenwurfs wieder 2 m auf den Baum zu.

Lösung:
Nach dem 2. Strahlensatz gilt:

$$\frac{\text{Baumhöhe}}{1{,}80\ \text{m}} = \frac{8\ \text{m}}{2\ \text{m}}$$

$$\text{Baumhöhe} = \frac{8\ \text{m}}{2\ \text{m}} \cdot 1{,}80\ \text{m}$$

$$\text{Baumhöhe} = 7{,}20\ \text{m}$$

Der Baum hat eine Höhe von 7,20 m.

2. Florian und sein Bruder Peter lassen ihre Drachen steigen.

a) Berechne, wie lang die Schnur von Florians Drachen ist.

b) Bestimme, wie weit Florian von Peters Drachen entfernt steht.

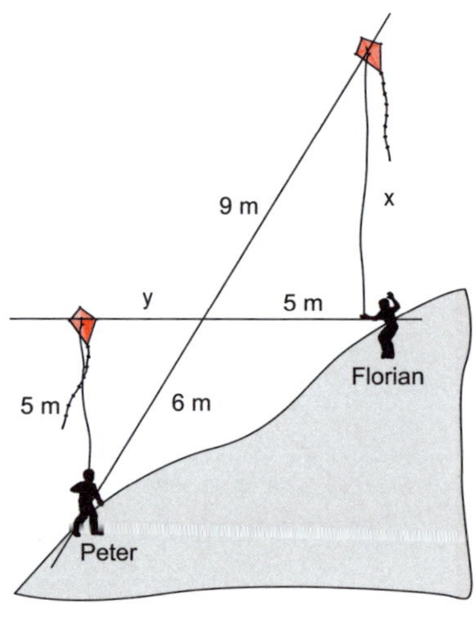

Lösung:

a) Nach dem 2. Strahlensatz gilt:

$$\frac{x}{5\ \text{m}} = \frac{9\ \text{m}}{6\ \text{m}}$$

$$x = \frac{9\ \text{m}}{6\ \text{m}} \cdot 5\ \text{m}$$

$$x = 7{,}5\ \text{m}$$

Die Schnur ist 7,5 m lang.

b) $$\frac{y}{5\ \text{m}} = \frac{6\ \text{m}}{9\ \text{m}}$$

$$y = \frac{6\ \text{m}}{9\ \text{m}} \cdot 5\ \text{m}$$

$$y \approx 3{,}33\ \text{m}$$

Florian steht 3,33 m + 5 m = 8,33 m von Peters Drachen entfernt.

164 Maike möchte wissen, welche Höhe der Heißluftballon insgesamt, also mitsamt Korb, einnimmt. Zur Berechnung der Höhe werden eine Parallele und Hilfslinien gemessen. Die Maße sind in der nebenstehenden Abbildung eingetragen.
Berechne die Höhe des Heißluftballons.

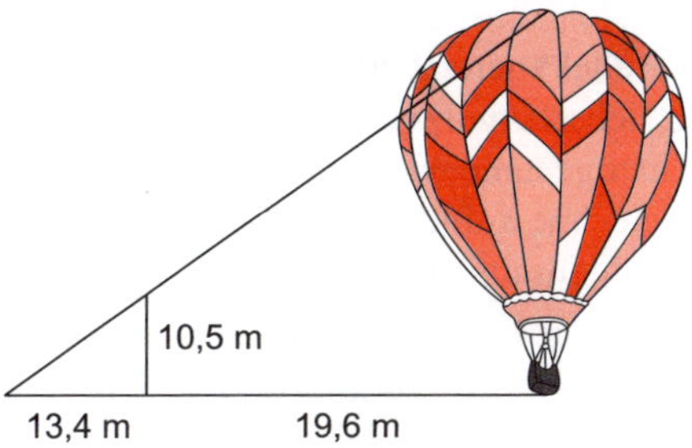

165 Zwei sich schneidende Geraden wurden von 2 Parallelen geschnitten.
Berechne die Entfernung x (alle Maße in cm).

a)

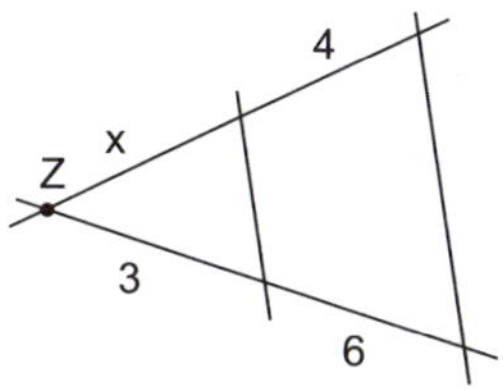

b)

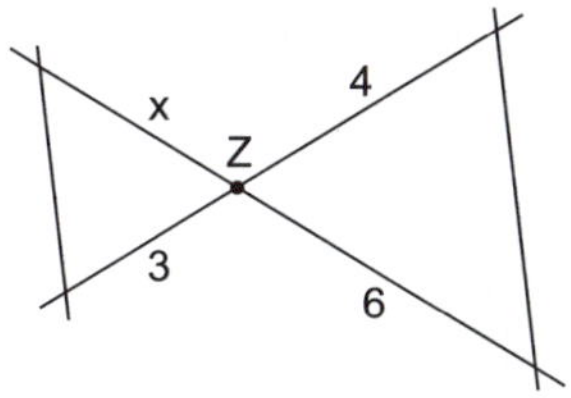

c)

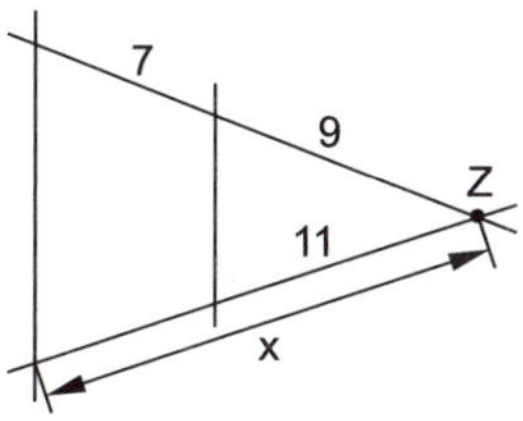

d)

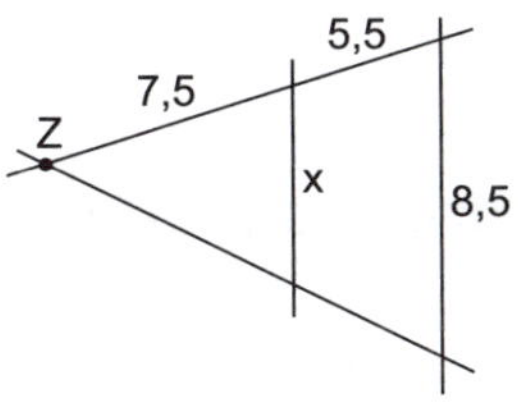

e)

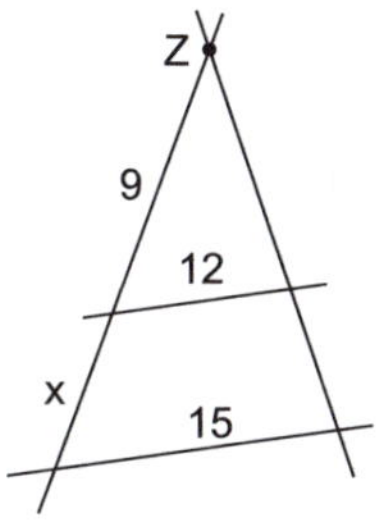

f)

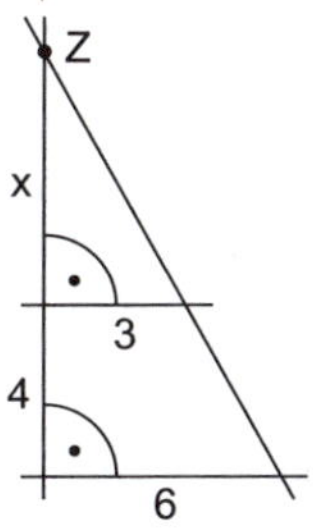

166 Monika sind Fehler unterlaufen. Finde und verbessere sie.

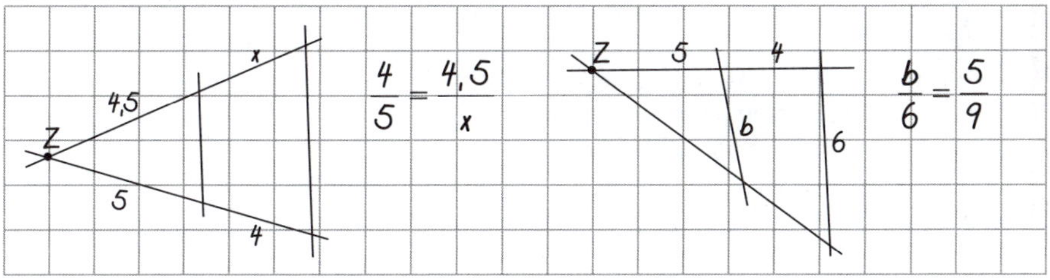

167 Parallel übereinander liegen zwei Goldbarren. Die vordere Front besteht aus zwei gleichschenkligen Trapezen. Ergänze die Zeichnung in den Rechenkästchen zu einer geeigneten Strahlensatzfigur.
Berechne x, indem du eine zusätzliche Unbekannte einführst und zweimal den Strahlensatz anwendest.

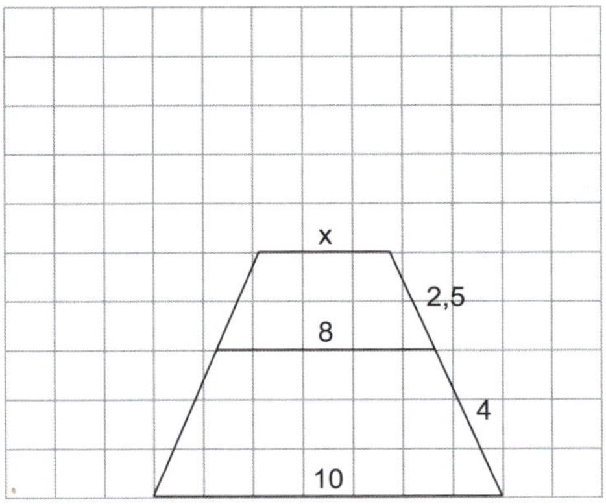

4 Geometrische Figuren im Raum

Wie groß muss ein Tetrapak sein, damit genau 1 Liter Milch hineinpasst? Wie viel Farbe benötigt man, um ein Haus neu zu streichen? Wie groß darf eine Glocke höchstens sein, damit sie in den Kirchturm passt? Wie viele Styroporkügelchen braucht man, um einen Karton zu füllen?
Mittels **Oberflächen- und Volumenberechnungen** können solche Fragestellungen problemlos beantwortet werden. O steht im Folgenden für Oberfläche, M für Mantelfläche und V für Volumen.

Würfel und Quader

- Ein **Würfel** ist genauso breit wie lang wie hoch und besitzt lauter rechte Winkel.
  $O = 6a^2$
  $V = a^3$

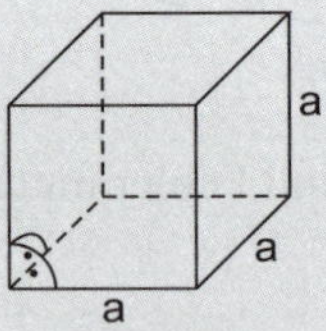

- Ein **Quader** besitzt lauter rechte Winkel und zudem zwölf Kanten, von denen jeweils vier gleich lang und zueinander parallel sind.
  $O = 2ab + 2ac + 2bc$
  $V = a \cdot b \cdot c$

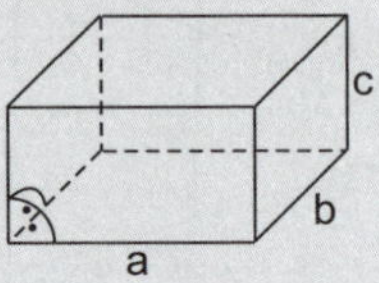

eispiele

1. Kathrin hat einen Würfel, der aus 8 kleineren Würfeln mit Seitenlänge 4 cm besteht.

a) Berechne das Volumen und den Oberflächeninhalt des großen Würfels.

b) Berechne das Volumen und den Oberflächeninhalt des Körpers, der entsteht, wenn Kathrin einen kleinen Würfel wegnimmt.

Lösung:

a) Der große Würfel hat die Seitenlänge 8 cm.
$V = (8\text{ cm})^3 = 512\text{ cm}^3$
$O = 6 \cdot (8\text{ cm})^2 = 6 \cdot 64\text{ cm}^2 = 384\text{ cm}^2$

b) Nimmt man einen kleinen Würfel weg, so bleiben sieben übrig. Das Volumen verringert sich zu:
$V = 7 \cdot (4\text{ cm})^3 = 7 \cdot 64\text{ cm}^3 = 448\text{ cm}^3$

Die Oberfläche bleibt gleich, da man so viele sichtbare Seiten wegnimmt wie hinzukommen.

2. Firma Klein möchte die Außenwände ihres Lagers, das sich aus zwei quaderförmigen Bauten zusammensetzt, neu streichen. Pro m^2 muss sie mit Kosten in Höhe von 15 € rechnen. Die Abbildung zeigt die notwendigen Maße in m. Wie teuer kommt der Anstrich?

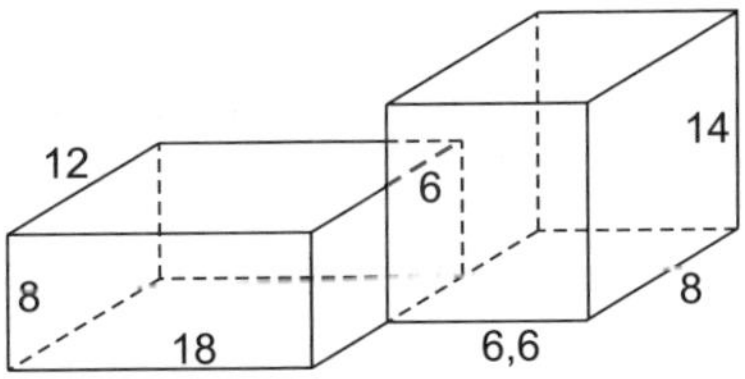

Lösung:
Beide Gebäude besitzen 3 komplett sichtbare Außenwände, nur die vierte Außenwand ist jeweils zum Teil durch das andere Gebäude verdeckt.

Zu streichende Außenfläche des linken Gebäudes:
$O_{links} = 18\text{ m} \cdot 8\text{ m} + 12\text{ m} \cdot 8\text{ m} + 18\text{ m} \cdot 8\text{ m} + (12\text{ m} - 6\text{ m}) \cdot 8\text{ m}$
$O_{links} = 144\text{ m}^2 + 96\text{ m}^2 + 144\text{ m}^2 + 48\text{ m}^2 = 432\text{ m}^2$

Zu streichende Außenfläche des rechten Gebäudes:
$O_{rechts} = 6{,}6\text{ m} \cdot 14\text{ m} + 8\text{ m} \cdot 14\text{ m} + 6{,}6\text{ m} \cdot 14\text{ m} + 2\text{ m} \cdot 14\text{ m} + 6\text{ m} \cdot 6\text{ m}$
$O_{rechts} = 92{,}4\text{ m}^2 + 112\text{ m}^2 + 92{,}4\text{ m}^2 + 28\text{ m}^2 + 36\text{ m}^2 = 360{,}8\text{ m}^2$

Insgesamt zu streichende Fläche:
$O_{gesamt} = O_{links} + O_{rechts} = 432\text{ m}^2 + 360{,}8\text{ m}^2 = 792{,}8\text{ m}^2$

Kosten für den Anstrich:
$792{,}8 \cdot 15\text{ €} = 11\,892\text{ €}$

Die Firma muss für den Anstrich 11 892 € zahlen.

Prisma

Ein **Prisma** besitzt kongruente n-Ecke als Grund- und Deckfläche, die zueinander parallel sind. Alle Seitenflächen, die den sogenannten Mantel bilden, sind Rechtecke. Alle Seitenkanten sind parallel und gleich lang.

$M = u \cdot h$

$O = 2G + M$

$V = G \cdot h$

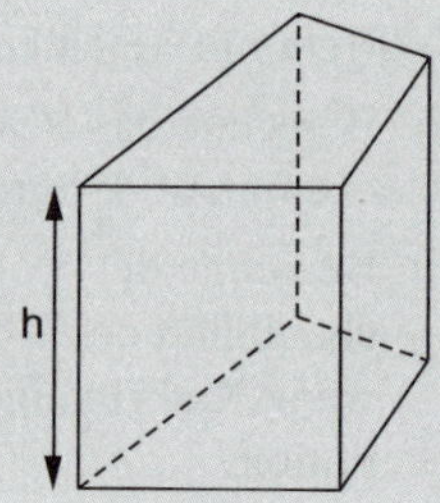

Beispiel

Christoph möchte das abgebildete Prisma in zwei gleich große Hälften sägen. Berechne, wie viel Volumen eine Prismenhälfte besitzt, und begründe, wo Christoph den Schnitt am besten ansetzen sollte.

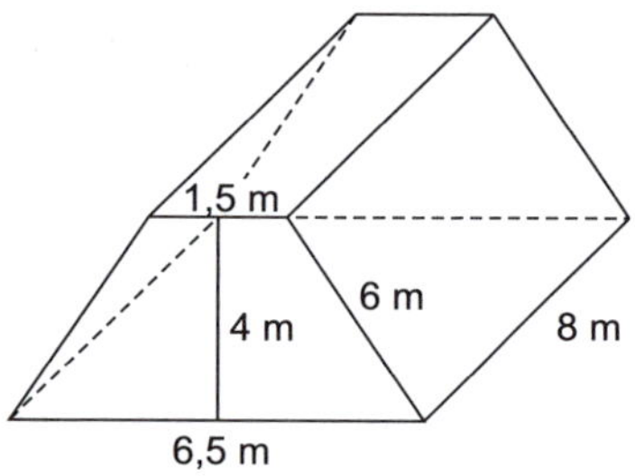

Lösung:

$$G = \frac{1}{2} \cdot (6{,}5\ \text{m} + 1{,}5\ \text{m}) \cdot 4\ \text{m} = 16\ \text{m}^2$$

$$V_{\text{Prismenhälfte}} = \frac{1}{2} \cdot G \cdot h$$

$$= \frac{1}{2} \cdot 16\ \text{m}^2 \cdot 8\ \text{m} = 64\ \text{m}^2$$

Die beiden Trapeze „vorne" und „hinten" bilden Grund- und Deckfläche des Prismas.
Die Höhe des Prismas ist mit 8 m gegeben. Gesucht ist aber nur die Hälfte des Volumens, weshalb der Faktor $\frac{1}{2}$ hinzukommt.

Am besten wäre es, wenn Christoph den Schnitt parallel zur Grund- bzw. Deckfläche ansetzt. So muss er nur die Höhe des Prismas halbieren und das Prisma in der Mitte auseinandersägen.

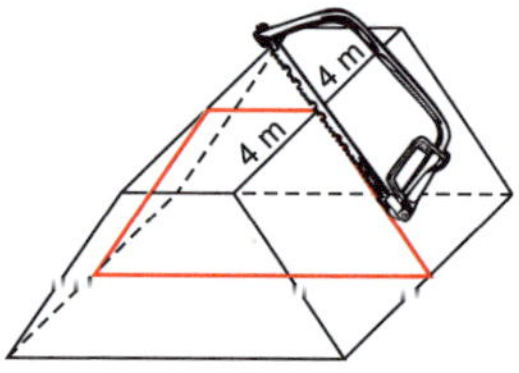

Zylinder

Ein **Zylinder** hat als Grund- und Deckfläche zwei zueinander parallele Kreise. Die Mantelfläche des Zylinders ist ein Rechteck.

$M = u \cdot h = 2\pi rh$

$O = 2G + M = 2\pi r^2 + 2\pi rh$

$V = G \cdot h = \pi r^2 h$

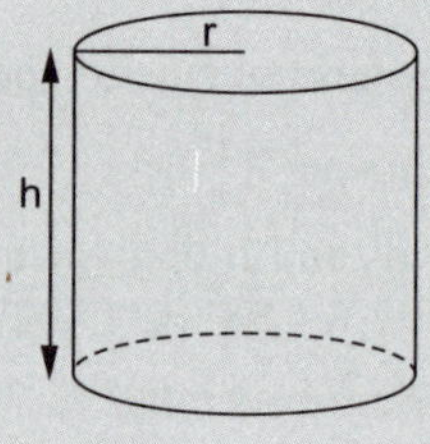

Beispiel

Die Steckklötze von Ulis kleinem Bruder sind allesamt Zylinder mit einem Durchmesser von 2 cm. Zu je 2 cm Höhe stecken sie in einem Holzbrett. Die Höhen der Zylinder stehen vorne auf dem Brett.

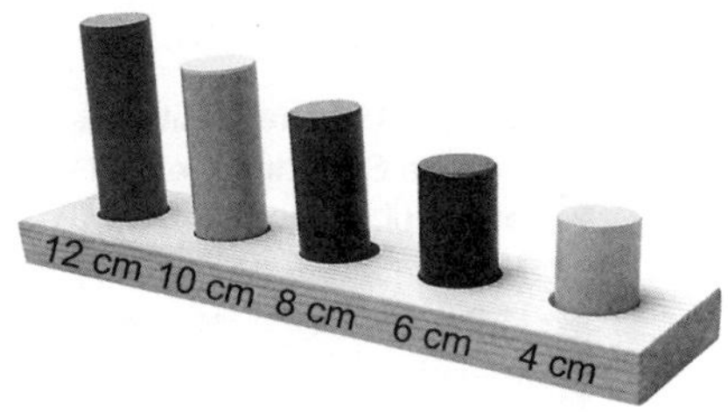

a) Zu wie viel Prozent stecken der größte und der kleinste Klotz jeweils im Brett?

b) Wie viele cm^2 Oberfläche des mittleren Klotzes sind durch das Holzbrett verdeckt?

Lösung:

a) Volumen des größten Klotzes (Höhe 12 cm):

$V_{\text{groß}} = \pi \cdot (1\text{ cm})^2 \cdot 12\text{ cm} = 12\pi\text{ cm}^3$

Volumen des größten Klotzes innerhalb des Holzbretts:

$V_{\text{groß in Brett}} = \pi \cdot (1\text{ cm})^2 \cdot 2\text{ cm} = 2\pi\text{ cm}^3$

Verhältnis großer Klotz im Brett zu großer Klotz:

$$\frac{V_{\text{groß in Brett}}}{V_{\text{groß}}} = \frac{2\pi\text{ cm}^3}{12\pi\text{ cm}^3} = \frac{2}{12} = \frac{1}{6} \approx 16,67\ \%$$

Volumen des kleinsten Klotzes (Höhe 4 cm):

$V_{\text{klein}} = \pi \cdot (1\text{ cm})^2 \cdot 4\text{ cm} = 4\pi\text{ cm}^3$

Volumen des kleinsten Klotzes innerhalb des Holzbretts:

$V_{\text{klein in Brett}} = \pi \cdot (1\text{ cm})^2 \cdot 2\text{ cm} = 2\pi\text{ cm}^3$

Verhältnis kleiner Klotz im Brett zu kleiner Klotz:

$$\frac{V_{\text{klein in Brett}}}{V_{\text{klein}}} = \frac{2\pi\text{ cm}^3}{4\pi\text{ cm}^3} = \frac{2}{4} = \frac{1}{2} \approx 50\ \%$$

Der große Klotz steckt zu 16,67 % und der kleine Klotz zu 50 % im Brett.

b) Verdeckt ist sowohl die Grundfläche als auch der Mantel in einer Höhe von 2 cm.

Grundfläche:

$G = \pi \cdot (1\text{ cm})^2 = \pi\text{ cm}^2$

Verdeckter Teil der Mantelfläche:

$M = 2\pi \cdot 1\text{ cm} \cdot 2\text{ cm} = 4\pi\text{ cm}^2$

Oberfläche, die insgesamt verdeckt ist:

$O_{\text{verdeckt}} = \pi\text{ cm}^2 + 4\pi\text{ cm}^2 = 5\pi\text{ cm}^2 \approx 15,7\text{ cm}^2$

Es sind 15,7 cm^2 des mittleren Klotzes verdeckt.

Pyramide

Eine **Pyramide** besitzt als Grundfläche ein n-Eck und als Seitenflächen n Dreiecksflächen und dazu eine Spitze S.

M = Summe der Seitenflächen

$O = G + M$

$V = \frac{1}{3} \cdot G \cdot h$

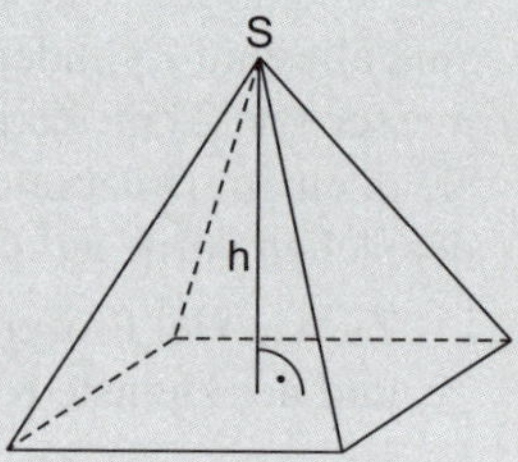

Beispiel

Ein Bleiwürfel mit Kantenlänge 6 cm soll in eine Pyramide, die eine quadratische Grundfläche besitzt und zudem 8 cm hoch ist, umgegossen werden.

a) Wie lang ist die Seitenkante der Grundfläche der Pyramide?

b) Berechne den Oberflächeninhalt der Pyramide.

Lösung:

a) Die Pyramide hat dasselbe Volumen wie der Bleiwürfel.

$V_{Würfel} = (6\text{ cm})^3 = 216\text{ cm}^3 = V_{Pyramide}$

Benennt man die Seitenkante der Grundfläche allgemein mit a, so folgt:

$V_{Pyramide} = \frac{1}{3} \cdot a^2 \cdot 8\text{ cm} \overset{!}{=} 216\text{ cm}^3$

Die Gleichung wird nach a aufgelöst:

$$a^2 \cdot \frac{8}{3}\text{ cm} = 216\text{ cm}^3 \quad \left| : \frac{8}{3}\text{ cm} \right.$$

$$a^2 = 81\text{ cm}^2 \quad |\sqrt{\ }$$

$$a = 9\text{ cm}$$

Die Seitenkante der Grundfläche der Pyramide ist 9 cm lang.

b) Berechnung der Grundfläche der Pyramide:

$G = (9\text{ cm})^2 = 81\text{ cm}^2$

Um die Mantelfläche der Pyramide berechnen zu können, wird die Höhe h_s der Seitendreiecke benötigt. Die Berechnung erfolgt mithilfe des Satzes des Pythagoras:

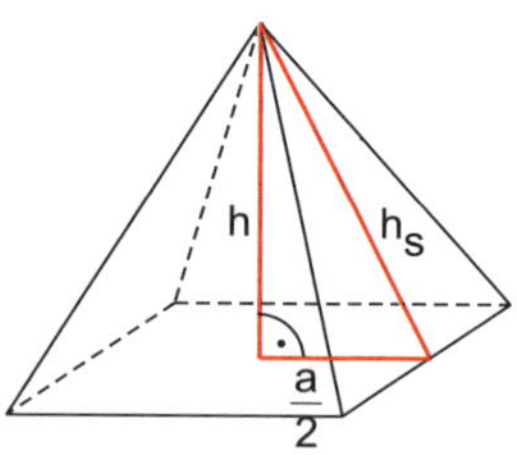

$h_s = \sqrt{(8\text{ cm})^2 + (4{,}5\text{ cm})^2} \approx 9{,}2\text{ cm}$

Berechnung der Mantelfläche:

$M = 4 \cdot \frac{1}{2} \cdot 9\text{ cm} \cdot 9{,}2\text{ cm} = 165{,}6\text{ cm}^2$

Als Oberfläche ergibt sich:

$O = G + M = 81\text{ cm}^2 + 165{,}6\text{ cm}^2 = 246{,}6\text{ cm}^2$

Kegel

Ein **Kegel** besitzt eine Spitze S und als Grundfläche einen Kreis.

$M = \pi r s$

$O = G + M = \pi r^2 + \pi r s$

$V = \frac{1}{3} \cdot G \cdot h = \frac{1}{3} \cdot \pi r^2 \cdot h$

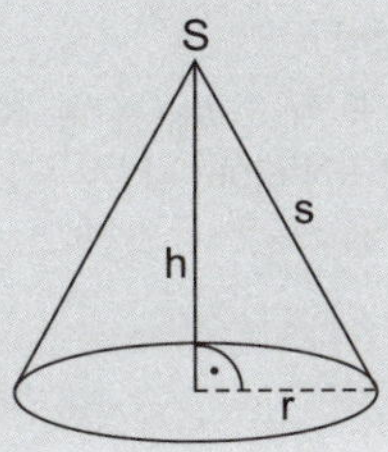

Beispiel

Aus einem halbkreisförmigen Blech mit Radius r = 10 cm wird ein Kegel geformt. Welche Höhe hat der Kegel?

Lösung:

Aus dem halbkreisförmigen Blech wird die Mantelfläche des Kegels. Die Mantellinie s entspricht dabei dem Radius des Kreises.

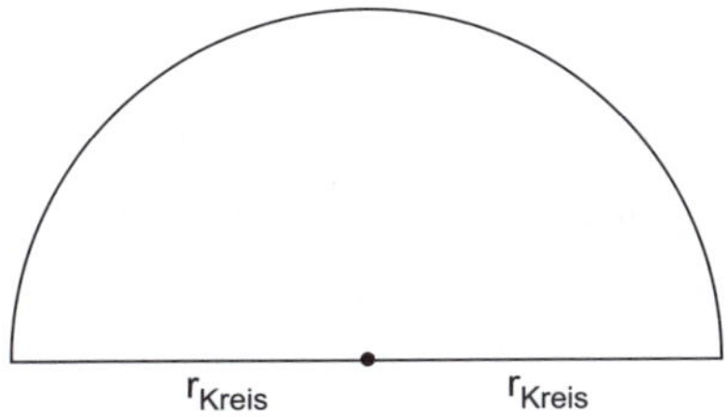

$\Rightarrow$

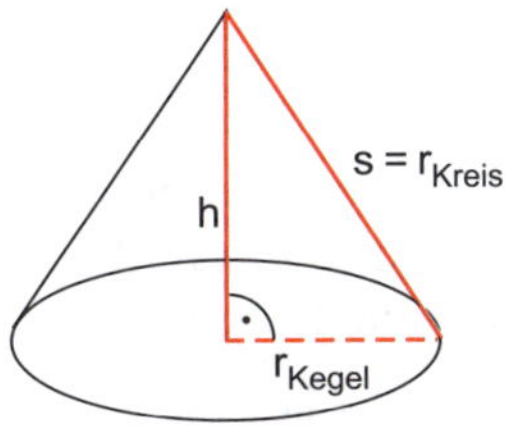

Aus der Mantelfläche des Kegels, die dem Flächeninhalt des halbkreisförmigen Blechs entspricht, und der Mantellinie $s = r_{Kreis}$ kann der Radius des Kegels r_{Kegel} berechnet werden:

$$M = \pi \cdot r_{Kegel} \cdot r_{Kreis} \quad \text{und} \quad A_{Halbkreis} = \frac{1}{2} \cdot \pi \cdot r_{Kreis}^2$$

Gleichsetzen und nach r_{Kegel} auflösen:

$$M = A_{Halbkreis}$$

$$\pi \cdot r_{Kegel} \cdot r_{Kreis} = \frac{1}{2} \cdot \pi \cdot r_{Kreis}^2$$

$$r_{Kegel} = \frac{\pi \cdot r_{Kreis}^2}{2 \cdot \pi \cdot r_{Kreis}}$$

$$r_{Kegel} = \frac{r_{Kreis}}{2} \quad \Rightarrow \quad r_{Kegel} = \frac{10 \text{ cm}}{2} = 5 \text{ cm}$$

Die gesuchte Höhe des Kegels ergibt sich nun mit dem Satz des Pythagoras:

$$h = \sqrt{r_{Kreis}^2 - r_{Kegel}^2} = \sqrt{(10 \text{ cm})^2 - (5 \text{ cm})^2} = \sqrt{75 \text{ cm}^2} \approx 8{,}7 \text{ cm}$$

Der Kegel ist etwa 8,7 cm hoch.

Kugel

Alle Punkte auf einer **Kugel** besitzen den Abstand r vom Mittelpunkt M.

$O = 4\pi r^2$

$V = \frac{4}{3}\pi r^3$

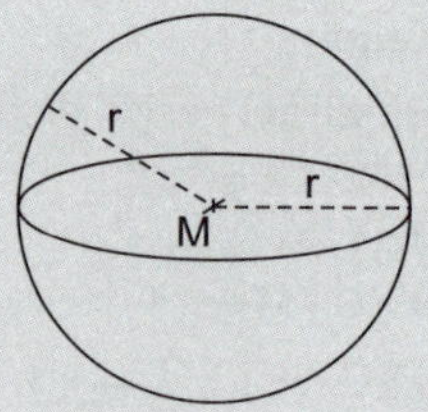

Beispiel

In einen zylindrischen Messbecher mit r = 6 cm wird eine Kugel geworfen. Dadurch steigt der Wasserspiegel um 5 cm an.
Berechne den Radius der Kugel.

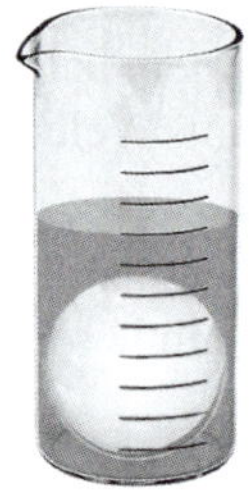

Lösung:
Das Volumen des verdrängten Wassers entspricht dem Volumen der Kugel.
Das Volumen des verdrängten Wassers entspricht einem Zylinder mit Radius r = 6 cm und Höhe h = 5 cm. Für das Kugelvolumen folgt somit:

$$V_{\text{Kugel}} = V_{\text{verdrängtes Wasser}} = \pi \cdot (6\text{ cm})^2 \cdot 5\text{ cm} = 180\pi\text{ cm}^3$$

Über dieses Volumen lässt sich der Radius der Kugel berechnen:

$$V_{\text{Kugel}} = \frac{4}{3}\pi r^3$$

$$180\pi\text{ cm}^3 = \frac{4}{3}\pi r^3 \quad \Big| : \frac{4}{3}\pi$$

$$r^3 = 135\text{ cm}^3 \quad \Big| \sqrt[3]{}$$

$$r \approx 5{,}13\text{ cm}$$

Die Kugel hat einen Radius von etwa 5,13 cm.

168 Schreibe unter die Fotos jeweils, um welchen Körper es sich handelt.

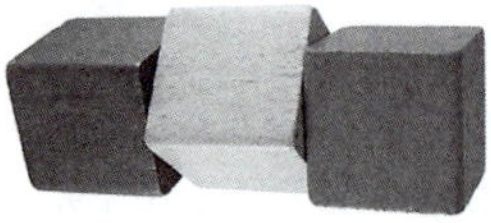

___________ ___________ ___________

169 Entscheide, ob die Behauptungen wahr oder falsch sind.
Begründe deine Entscheidung.

		wahr	falsch
1	Lars meint: „Wenn ich 100 kleine Bleikugeln mit jeweils 3 cm Durchmesser zu einer großen Kugel schmelze, so ist das Volumen der großen Kugel 100-mal so groß wie das Volumen einer der kleinen Kugeln.“	☐	☐
2	Meike behauptet: „Eine 6 cm hohe Pyramide, die ein gleichseitiges Dreieck mit Kantenlänge 4 cm als Grundfläche besitzt, hat das Volumen $7\sqrt{3}\ \text{cm}^3$.“	☐	☐
3	Jana sagt: „Aus genau 90 gleich großen Würfeln kann ich einen neuen, größeren Würfel basteln.“	☐	☐

170 Die Skizze zeigt einen 12 cm hohen und 4 cm breiten Pokal aus Kunststoff.

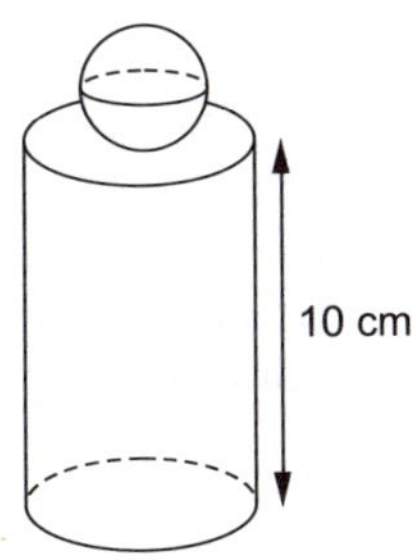

a) Die Dichte von Kunststoff ist $s = 0{,}8\ \frac{\text{g}}{\text{cm}^3}$.
Wie schwer ist der Pokal?

b) Der Pokal soll mit einer Goldfolie beschichtet werden.
Berechne, wie viel cm^3 Goldfolie dafür benötigt wird.

171 Von einem Prisma sind jeweils 3 Größen gegeben. Ergänze die Tabelle, indem du die fehlenden Größen berechnest:

	u	h	G	M	O	V
Prisma 1	12 m		$10\ \text{m}^2$			$80\ \text{m}^3$
Prisma 2		7 cm		$140\ \text{cm}^2$		$175\ \text{cm}^3$

Weitere Funktionenklassen

Am beruflichen Gymnasium bzw. am Berufskolleg werden neben den linearen und quadratischen Funktionen noch viele weitere Funktionen behandelt. Im Laufe des Schuljahres lernst du zudem noch Betragsfunktionen, Funktionenscharen, Potenzfunktionen, Logarithmusfunktionen, Exponentialfunktionen, Umkehrfunktionen und Trigonometrische Funktionen kennen. Um diese ganzen Funktionenklassen einzuführen und zu beschreiben, sind einige neue Begriffe und Definitionen nötig. Da sowohl die lineare als auch die quadratische Funktion in ihrer elementaren Form, also $f(x) = x$ bzw. $f(x) = x^2$, zu den Potenzfunktionen gehören, eignet es sich, jene zusätzlichen Begriffe meist anhand dieser Funktionenklasse zu erläutern, damit du das Neue mit dem Altbekannten verbinden kannst.

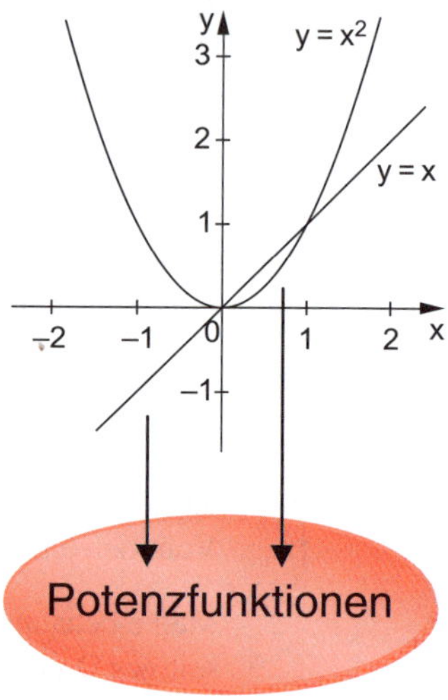

1 Abschnittsweise lineare Funktionen und Betrag

Jan möchte ermitteln, in etwa welchen Höhenunterschied ein Radfahrer auf der Rundtour Triberg-Schwarwald bewältigen muss. Da es ihm nicht auf einen exakten Wert ankommt und es viel zu mühsam ist, jede einzelne Erhebung und damit jeden einzelnen Höhenunterschied zu bestimmen, legt Jan lineare Funktionen durch markante Punkte wie Bergspitzen und Täler an:

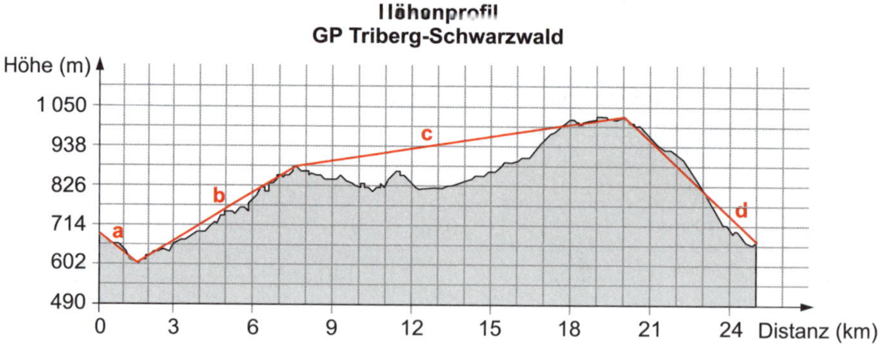

Die zu den Strecken a, b, c und d gehörigen linearen Funktionen unterscheiden sich nicht nur in ihrer Steigung und Richtung, sondern sind auch jeweils auf eine bestimmte Definitionsmenge beschränkt. Z. B. ist die lineare Funktion zur Strecke a nur für den Abschnitt [0; 1,6] definiert und gilt nicht für alle $x \in \mathbb{R}$, wie du es eigentlich von Geraden gewohnt bist.

Abschnittsweitse lineare Funktionen

Lineare Funktionen, die nur in Teilintervallen ihrer Definitionsmenge linear sind, können durch **abschnittsweise lineare Funktionen** modelliert werden.

Die bekannteste und wichtigste abschnittsweise lineare Funktion ist die Betragsfunktion $f(x) = |x|$. Auf dem Zahlenstrahl gibt der **Betrag** den Abstand der Zahl x zur 0 an. Sowohl die Zahl 3 als auch die Zahl –3 haben den Abstand 3 zur 0.

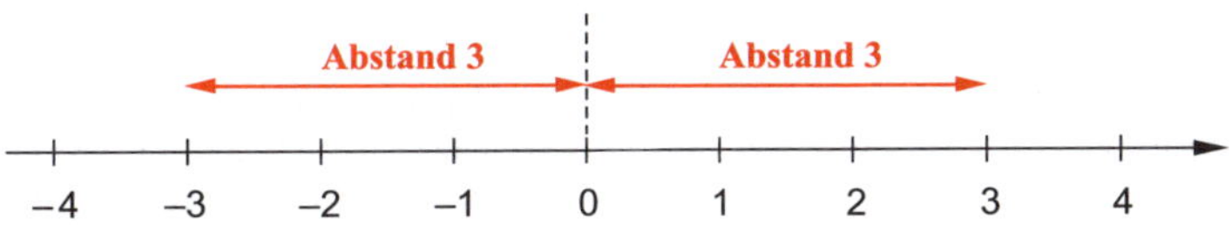

Betrag

Beim Bilden des Betrags bleiben positive reelle Zahlen und die Null unverändert, bei negativen reellen Zahlen wird das Vorzeichen zu + umgestellt.

Der Absolutbetrag der Zahl x wird als $|x|$ geschrieben und es gilt immer $|x| \geq 0$.

eispiele

1. Alle positiven Zahlen x haben den Abstand x zur 0.
   Bsp.: $|3| = 3$
2. Alle negativen Zahlen x haben den Abstand –x zur 0.
   Bsp.: $|-3| = -(-3) = 3$

Was bedeutet das nun für die **Betragsfunktion**? Du weißt bereits, dass zwischen positiven Zahlen (inkl. Null) und negativen Zahlen unterschieden werden muss:

- Setzt du für x eine positive Zahl in die Betragsfunktion ein, dann erhältst du den Abstand x zur 0. Dies erreicht man durch die lineare Funktion $f_1(x) = x$.
- Setzt du für x eine negative Zahl in die Betragsfunktion ein, dann erhältst du den Abstand –x zur 0. Dies erreicht man durch die lineare Funktion $f_2(x) = -x$.

Die Betragsfunktion kann somit durch zwei abschnittsweise lineare Funktionen definiert werden. Für die Funktionsgleichung schreibt man:

$$f(x) = |x| = \begin{cases} x & \text{für } x \geq 0 \\ -x & \text{für } x < 0 \end{cases}$$

Der zugehörige Graph zeigt, dass die Betragsfunktion im Nullpunkt eine **Spitze** besitzt:

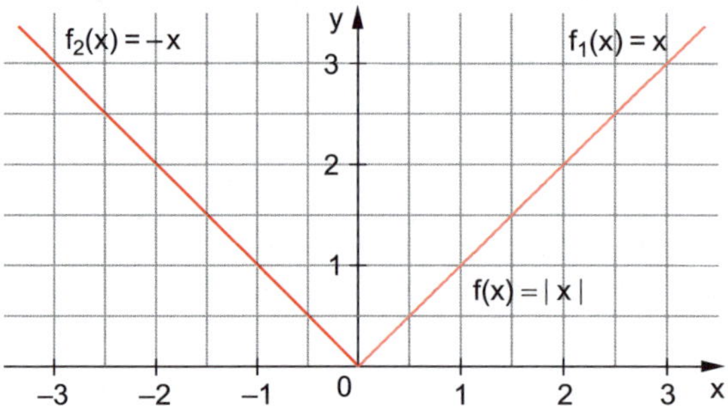

Beispiele

1. Stelle die Funktion $f(x) = |x - 1|$ ohne Betragszeichen dar und zeichne sie.

Lösung:

Für $\mathbf{x \geq 1}$ gilt: $f(x) = x - 1$

Für $\mathbf{x < 1}$ gilt: $f(x) = -(x - 1) = -x + 1$

Es folgt:

$$f(x) = |x - 1| = \begin{cases} x - 1 & \text{für } x \geq 1 \\ -x + 1 & \text{für } x < 1 \end{cases}$$

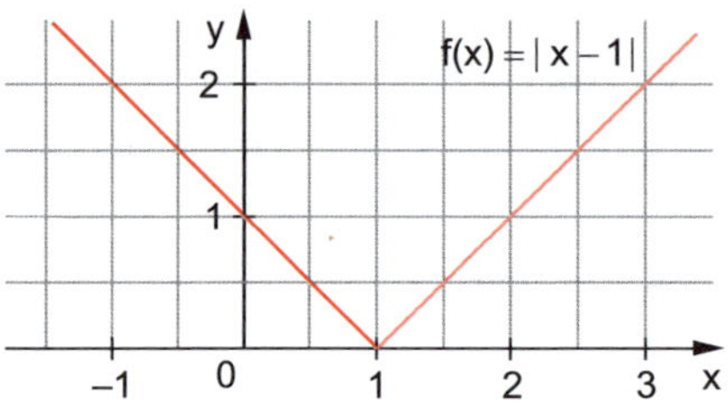

Löse im Kopf die Gleichung $x - 1 = 0$. Daraus erhältst du den Wert für x, bis zu dem die Betragsfunktion entweder negativ oder positiv ist. 1 bildet hier die entsprechende **Grenze**.

Vergiss das Minuszeichen für den Fall, für den das Argument der Betragsfunktion negativ ist, nicht! Setzt man für x kleinere Werte als 1 ein, ist das Argument $x - 1$ negativ! Der Betrag muss mit einem Minuszeichen vor dem Argument aufgelöst werden.

In der Grenze liegt auch immer die **Spitze** der Funktion, hier in $x = 1$.

2. Fraukes Stromkosten errechnen sich mithilfe folgender Tabelle:

Verbrauch in kWh	bis 800	bis 1 200	bis 1 500
Kosten pro kWh	0,28 €	0,25 €	0,23 €

Stelle die zugehörige Funktionsgleichung auf und ermittle, wie viel Frauke bezahlen muss, wenn sie 1 350 kWh verbraucht.

Lösung:

$$f(x) = \begin{cases} 0{,}28x & \text{für } x \in [0; 800] \\ 0{,}25x & \text{für } x \in [801; 1\,200] \\ 0{,}23x & \text{für } x \in [1\,201; 1\,500] \end{cases}$$

Der zweite Tarif beginnt erst bei einem Verbrauch von 801 kWh, der dritte Tarif bei einem Verbrauch von 1 201 kWh.

$f(1\,350) = \mathbf{0{,}23} \cdot 1\,350 = 310{,}5$

1 350 liegt in [1 201; 1 500].

Frauke muss 310,5 € bezahlen.

172 Bestimme die Beträge und fasse so weit wie möglich zusammen.

a) $|5|$ b) $|-15|$

c) $|-27{,}5|$ d) $|-35|+|12|$

e) $-|101|$ f) $|23{,}6|+|-23{,}6|$

173 Stelle die Beträge als Abstände am Zahlenstrahl dar.

a) $|2|$ b) $|-4|$

c) $|-5{,}5|$ d) $|-1{,}2|$

174 Stelle die Funktionen $f(x)=|1-x|$ und $f(x)=|1+x|$ ohne Betragsstriche dar und zeichne sie.

175 Nik hat sich ein neues Handy angeschafft und sich dabei für den Vertrag aus der aktuellen Werbung entschieden. Hierin heißt es:

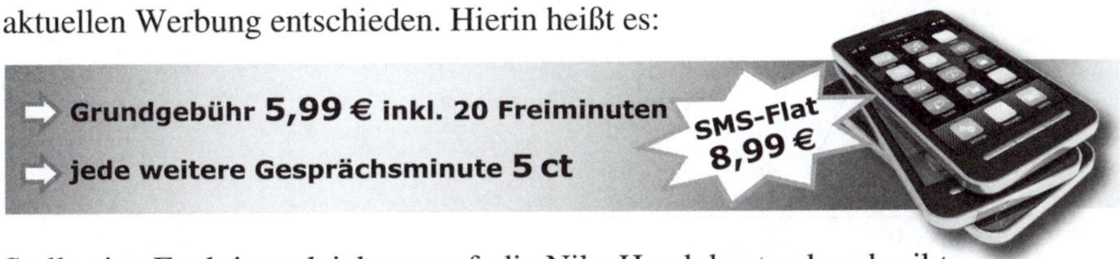

Stelle eine Funktionsgleichung auf, die Niks Handykosten beschreibt.

2 Funktionenscharen

Geraden sind durch ihre Steigung m und ihren y-Achsenabschnitt b eindeutig bestimmt.
Die Geraden g_1 bis g_5 der nebenstehenden Abbildung haben alle den Punkt $P(0\,|\,1)$ gemeinsam und daher denselben y-Achsenabschnitt $b=1$. Sie besitzen aber paarweise unterschiedliche Steigungen.
Wie kann man all diese Geraden nun mit einer einzigen Funktionsgleichung erfassen?

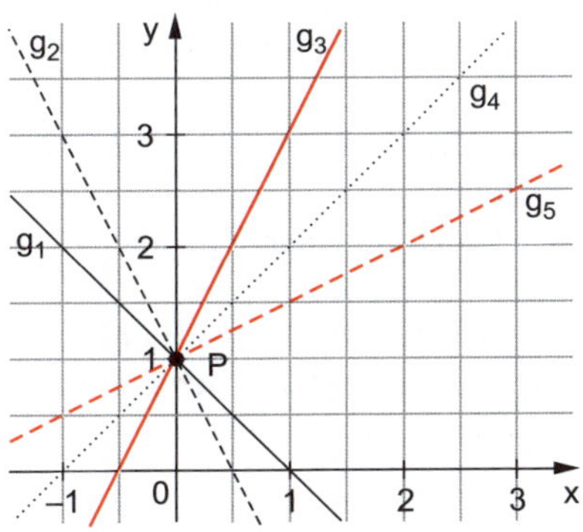

Alle fünf Geraden gehören der Funktionenschar $y=mx+1$ an, wobei m die variable Steigung wiedergibt. Beispielsweise besitzt g_1 die Steigung $m=-1$ und somit die Funktionsgleichung $y=-x+1$.

Funktionenschar

Kommt in einer Funktion ein Parameter (eine variable Eigenschaft) vor, spricht man von einer **Funktionenschar**. Den Parameter nennt man auch **Scharparameter**.

Beispiel

Gegeben ist die Funktionenschar $y = -mx + m$.
Zeichne die Graphen der Geraden für $m = 0$, $m = 2$ und $m = -2$ und lies ihren gemeinsamen Punkt P ab.

Lösung:

$m = 0$: g_1: $y = -0x + 0 = 0$ ($\hat{=}$ x-Achse)
$m = 2$: g_2: $y = -2x + 2$
$m = -2$: g_3: $y = 2x - 2$

Wie du hier siehst, kann der Scharparameter auch an mehreren Stellen gleichzeitig vorkommen. Du musst den Wert, den der Parameter annimmt, dann an jeder dieser Stellen einsetzen.

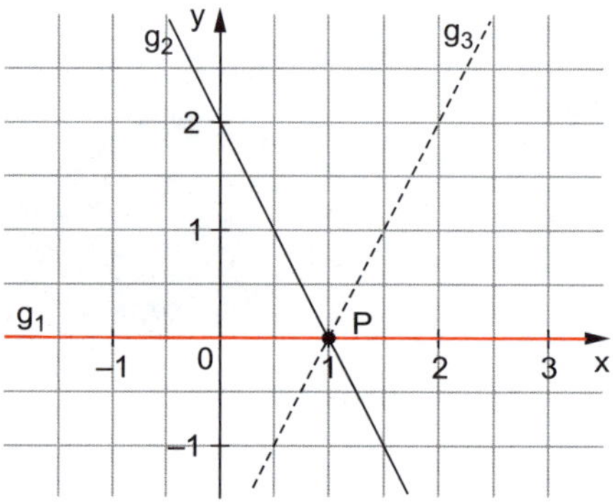

Der gemeinsame Punkt lautet $P(1\,|\,0)$.

176 Zeichne die Graphen der Funktionenschar $y = mx + 2m$ für $m = \frac{1}{2}$, $m = 1$, $m = \frac{3}{2}$ und $m = -2$ und bestimme ihren gemeinsamen Punkt P.

177 Durch die Punkte $P(0\,|\,1)$ und $Q(1\,|\,3)$ wird eine Gerade g mit der Steigung m bestimmt.
Wie lautet die Gleichung aller Geraden, die parallel zu g verlaufen?

178 Zeichne die Geraden $y = 3$ und $y = 5$.
Stelle eine Funktionenschar auf, mit der man alle Parallelen zur x-Achse beschreiben kann.

3 Potenzfunktionen

Ursprungsgeraden und Parabeln, deren Scheitel im Ursprung liegen, sind Graphen von sogenannten **Potenzfunktionen**.
Die lineare Funktion $y = ax^1$ ist eine Funktion mit der Potenz 1.
Die quadratische Funktion $y = ax^2$ ist eine Funktion mit der Potenz 2.
Aber es gibt auch Funktionen, deren Potenz größer 2 ist.

Beispiel

Stelle eine Funktion f auf, die der Kantenlänge $x \geq 0$ das Volumen des zugehörigen Würfels zuordnet.
Erstelle anschließend eine Wertetabelle für $x \in [0; 2]$ und zeichne die Funktion.
Berechne anhand deiner Funktion, welche Kantenlänge ein Würfel mit dem Volumen 3 375 m^3 besitzt.

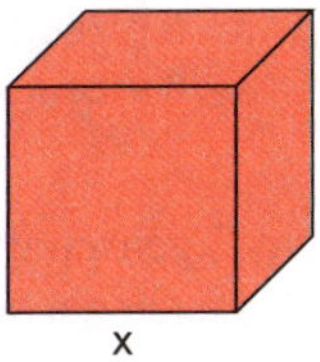

Lösung:
Das Volumen eines Würfels mit der Kantenlänge x berechnet sich über die Formel $V = x^3$. Um diese Gleichung in eine Funktionsgleichung überzuführen, muss man V nur noch durch f(x) ersetzen und man erhält:
$f(x) = x^3$ für $x \geq 0$

x	0	0,5	1
y	0	0,125	1

x	1,5	2
y	3,375	8

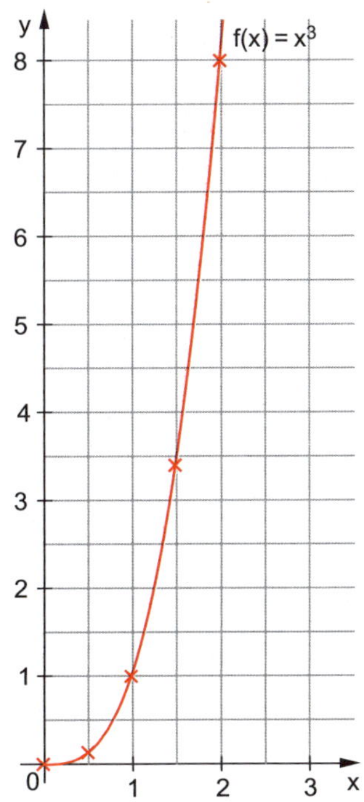

Berechnung der Kantenlänge des Würfels mit dem Volumen 3 375 m^3:

$f(x) = 3\,375\ m^3$

$x^3 = 3\,375\ m^3$

$x = 15\ m$

Ein Würfel mit der Kantenlänge 15 m besitzt ein Volumen von 3 375 m^3.

Du siehst also, dass du im Prinzip bereits Funktionen mit der Potenz 3 kennst. Rückst du von der Vorstellung des Würfels mit der Kantenlänge x ab, so kannst du den Definitionsbereich der Funktion $f(x) = x^3$ zu $D = \mathbb{R}$ erweitern.

Potenzfunktion mit natürlichem Exponenten

Jede Funktion $f(x) = ax^n$ mit $D = \mathbb{R}$, $n \in \mathbb{N}$ und $a \in \mathbb{R} \setminus \{0\}$ heißt **Potenzfunktion n-ten Grades**.
Ihr Graph heißt **Parabel n-ter Ordnung**.

$a > 0$ erzeugt eine Formveränderung.
$a < 0$ erzeugt zusätzlich zur Formveränderung eine Spiegelung an der x-Achse.

Die Eigenschaften der Parabeln n-ter Ordnung hängen vom Wert von n ab. Es wird nach **geradzahligen** und **ungeradzahligen n** unterschieden.

Beispiel

Erstelle Wertetabellen für die Potenzfunktionen. Zeichne alle Funktionen mit geradzahligem n gemeinsam in eine Abbildung und alle Funktionen mit ungeradzahligem n gemeinsam in eine andere Abbildung.
Halte fest, was dir auffällt.

a) $y = x^2$ b) $y = x^3$
c) $y = x^4$ d) $y = x^5$

Lösung:

a) Wertetabelle:

x	−2	−1,5	−1	−0,5	0	0,5	1	1,5	2
y	4	2,25	1	0,25	0	0,25	1	2,25	4

b) Wertetabelle:

x	−2	−1,5	−1	−0,5	0	0,5	1	1,5	2
y	−8	−3,375	−1	−0,125	0	0,125	1	3,375	8

c) Wertetabelle:

x	−2	−1,5	−1	−0,5	0	0,5	1	1,5	2
y	16	5,06	1	0,06	0	0,06	1	5,06	16

d) Wertetabelle:

x	−2	−1,5	−1	−0,5	0	0,5	1	1,5	2
y	−32	−7,59	−1	−0,03	0	0,03	1	7,59	32

geradzahliges n:

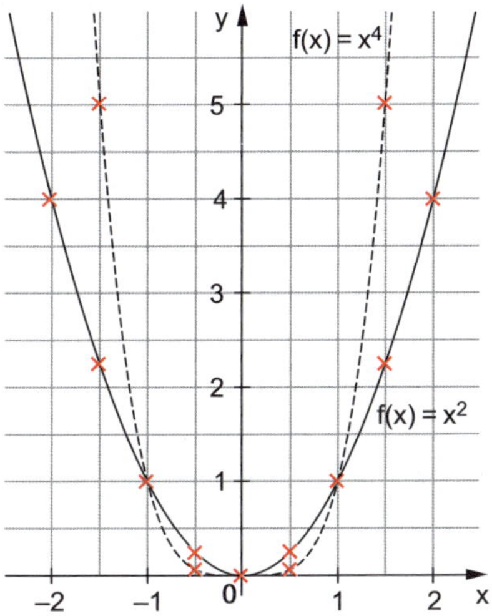

ungeradzahliges n:

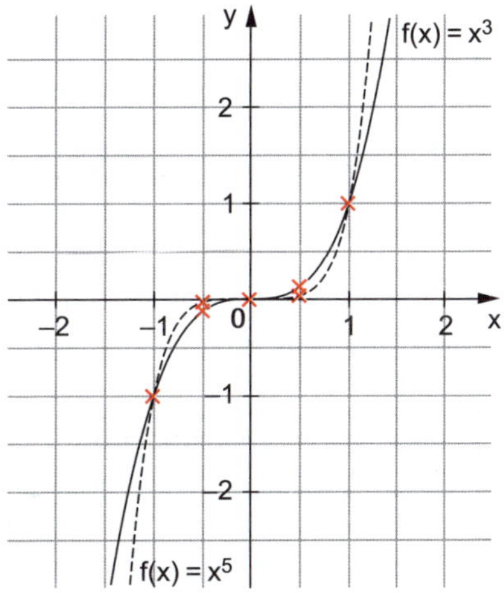

Beobachtungen:

- Alle Parabeln verlaufen durch (0 | 0).
- Die Parabeln der Potenzfunktionen mit geradzahligem n verlaufen beide zudem durch die Punkte (1 | 1) und (–1 | 1) und stets oberhalb der x-Achse.
- Die Parabeln der Potenzfunktionen mit ungeradzahligem n verlaufen beide zudem durch die Punkte (1 | 1) und (–1 | –1).
- Die Parabeln der Potenzfunktionen mit geradzahligem n sind achsensymmetrisch zur y-Achse.
- Die Parabeln der Potenzfunktionen mit ungeradzahligem n sind punktsymmetrisch zum Ursprung O(0 | 0).

179 Prüfe, ob folgende Potenzfunktionen mit geradzahligem n durch die Punkte (1 | 1) und (–1 | 1) gehen. Zeichne die beiden Graphen anschließend für geeignete Werte von x in dasselbe Koordinatensystem.

a) $f(x) = 2x^2$ b) $g(x) = x^6$

180 Prüfe, ob folgende Potenzfunktionen mit ungeradzahligem n durch die Punkte (1 | 1) und (–1 | –1) gehen. Zeichne die beiden Graphen anschließend für geeignete Werte von x in dasselbe Koordinatensystem.

a) $f(x) = x^7$ b) $g(x) = \frac{1}{4}x^3$

181 Begründe, warum alle Graphen von Potenzfunktionen der Form $f(x) = x^n$ mit geradzahligem und natürlichem n durch die Punkte (1 | 1) und (–1 | 1) verlaufen.

182 Zeichne mit dem GTR die Graphen von g und h und erkläre den Zusammenhang der beiden Graphen.

a) $g(x) = 0,2x^4$; $h(x) = -0,2x^4$ b) $g(x) = 2,5x^3$; $h(x) = -2,5x^3$

Bisher wurden nur positive Werte für n betrachtet. Es gibt aber auch Potenzfunktionen mit negativem n.

Allgemeine Potenzfunktion

Jede Funktion $f(x) = ax^n$ mit $n \in \mathbb{Z}\setminus\{0\}$ und $a \in \mathbb{R}\setminus\{0\}$ heißt **allgemeine Potenzfunktion**. Ist n ganzzahlig und negativ, beschränkt sich D auf $\mathbb{R}\setminus\{0\}$ und den zugehörigen Graphen nennt man **Hyperbel**.

Beispiel

Erstelle eine Wertetabelle, zeichne die Graphen und notiere, was du an den Graphen beobachten kannst.

a) $f(x) = x^{-1} = \frac{1}{x}$; $x \neq 0$ b) $f(x) = x^{-2} = \frac{1}{x^2}$; $x \neq 0$

Lösung:

a) Wertetabelle:

x	–4	–3	–2	–1	–0,5	0,5	1	2	3	4
y	–0,25	$-\frac{1}{3}$	–0,5	–1	–2	2	1	0,5	$\frac{1}{3}$	0,25

Graph:

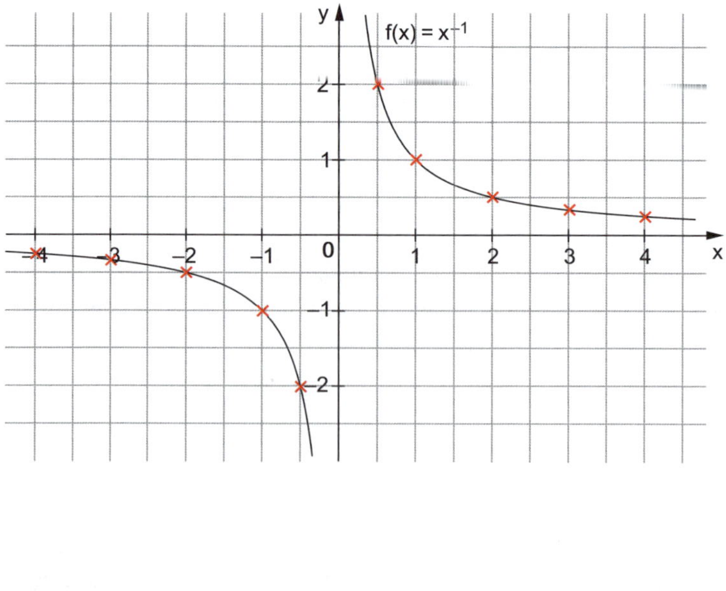

b) Wertetabelle:

x	–4	–3	–2	–1	–0,5	0,5	1	2	3	4
y	0,06	0,11	0,25	1	4	4	1	0,25	0,11	0,06

Graph:

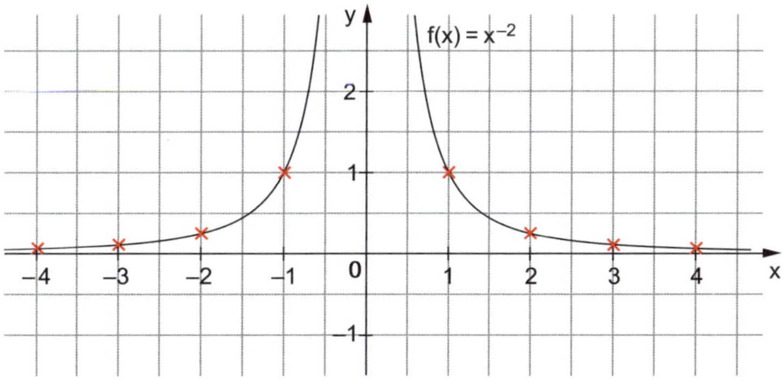

Beobachtungen:

- Für beide Graphen gilt: Mit wachsendem x (2, 4, 8, 10 usw.) werden die zugeordneten y-Werte immer kleiner, sodass sich die Kurve immer mehr der x-Achse annähert. Dies gilt auch für immer kleiner werdende x (–2, –4, –8, –10 usw.).
- Für $x = 0$ sind beide Potenzfunktionen nicht definiert.
- Der Graph von $f(x) = x^{-2}$ verläuft stets oberhalb der x-Achse.
- $f(x) = x^{-1}$ ist punktsymmetrisch zum Ursprung $O(0\,|\,0)$.
- $f(x) = x^{-2}$ ist achsensymmetrisch zur y-Achse.

183 Zeichne die Graphen der Potenzfunktionen und prüfe, welche durch die Punkte $(1\,|\,1)$ und $(-1\,|\,1)$ verlaufen. Untersuche zudem, ob die Graphen stets komplett oberhalb der x-Achse liegen.

a) $y = x^{-4}$

b) $y = 2x^{-2}$

c) $y = -3x^{-2}$

d) $y = x^{-6}$

184 Gegeben ist eine Pyramide mit gleichseitigem Dreieck als Grundfläche und einem Volumen von $V = 100\text{ cm}^3$.

a) Berechne die Höhe der Pyramide, wenn das Dreieck die Seitenlänge 5 cm besitzt.

b) Stelle eine Funktion auf, mit der man die Höhe der Pyramide in Abhängigkeit von der Seitenlänge des Dreiecks bestimmen kann.

4 Symmetrie

Dir ist sicher schon aufgefallen, dass du die eine Hälfte von Geraden bzw. Parabeln spiegeln kannst und dabei die andere Hälfte der Geraden bzw. Parabel erhältst. Die Gerade spiegelst du dabei am Ursprung, die Parabel an der y-Achse.

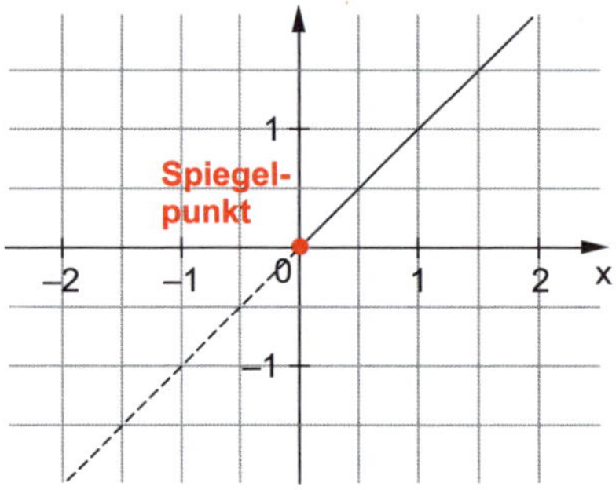

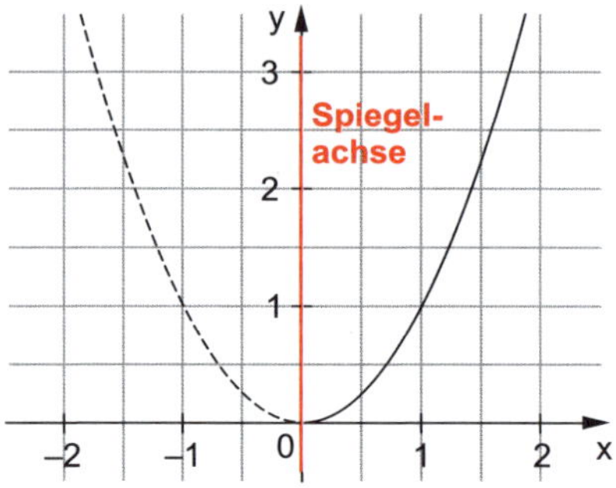

Diese Spiegelungseigenschaft tritt auf, wenn Graphen symmetrisch sind. Den Begriff der Symmetrie kann man formalisieren und auf alle Arten von Graphen – auch über lineare und quadratische Funktionen hinausgehend – übertragen.

Symmetrie von Graphen

- Der Graph einer Funktion ist **achsensymmetrisch** zur **y-Achse**, wenn gilt: $f(x) = f(-x)$ für alle $x \in D$
  Eine solche Funktion heißt eine **gerade** Funktion.
- Der Graph einer Funktion ist **punktsymmetrisch** zum **Ursprung O(0 | 0)**, wenn gilt: $f(-x) = -f(x)$ für alle $x \in D$
  Eine solche Funktion heißt eine **ungerade** Funktion.

Beispiele

1. „Gerade Funktion" bedeutet, dass alle im Funktionsterm auftretenden Exponenten gerade sind, also 2, 4, 6, –2 usw. (z. B. $y = x^2$; $y = x^4$; $y = x^{-2}$).
Veranschaulichung der Symmetrie an der quadratischen Funktion $f(x) = x^2$:

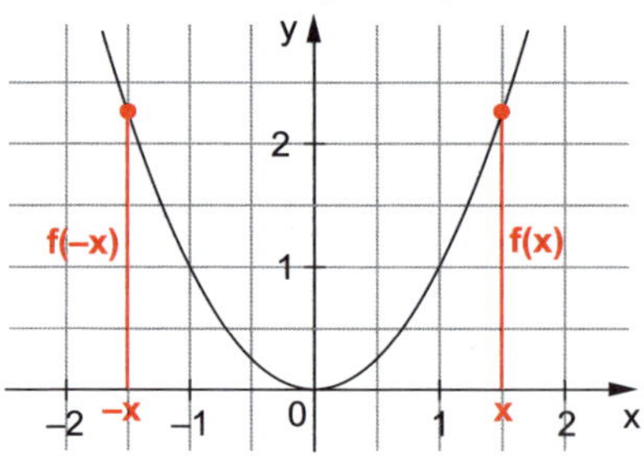

z. B.:
$1^2 = +1$
$(-1)^2 = +1$
oder
$1{,}5^2 = +2{,}25$
$(-1{,}5)^2 = +2{,}25$

Rechnerischer Nachweis:
$\mathbf{f(-x)} = (-x)^2 = x^2 = \mathbf{f(x)}$

2. „Ungerade Funktion" bedeutet, dass alle im Funktionsterm auftretenden Exponenten ungerade sind, also 1, 3, 5, –1 usw. (z. B. $y=x$; $y=x^3$; $y=x^{-1}$).
Veranschaulichung der Symmetrie an der Potenzfunktion $f(x)=x^3$:

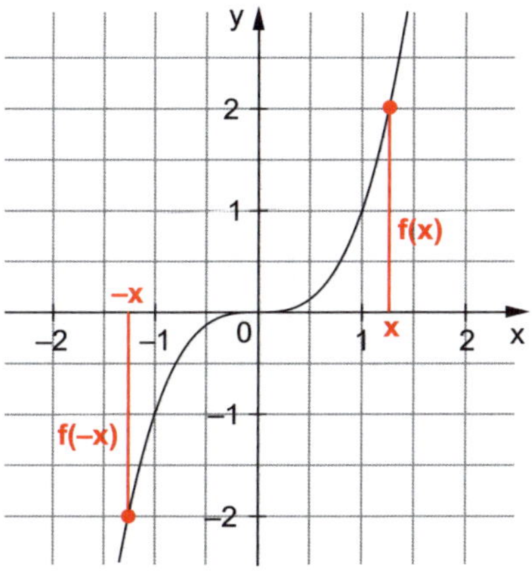

z. B.
$1^3=+1$
$(-1)^2=-1$
oder
$1{,}25^3\approx+1{,}95$
$(-1{,}25)^3=-1{,}95$

Rechnerischer Nachweis:
$\mathbf{f(-x)}=(-x)^3=-x^3=\mathbf{-f(x)}$

185 Entscheide, ob die Graphen I bis IV achsen- oder punktsymmetrisch sind.

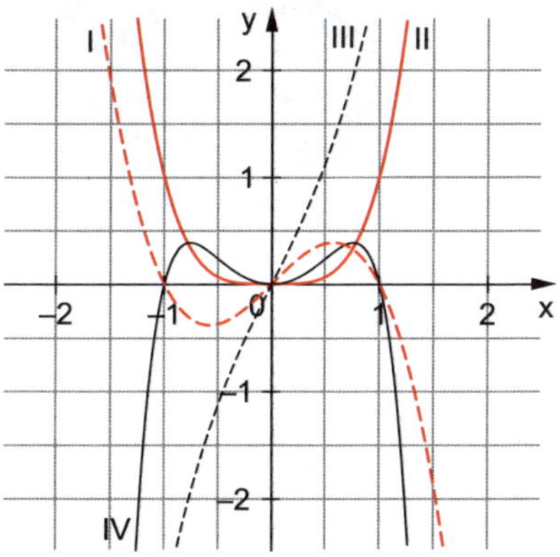

Graph I: ☐ achsensymmetrisch ☐ punktsymmetrisch

Graph II: ☐ achsensymmetrisch ☐ punktsymmetrisch

Graph III: ☐ achsensymmetrisch ☐ punktsymmetrisch

Graph IV: ☐ achsensymmetrisch ☐ punktsymmetrisch

186 Untersuche den Graphen der Funktion auf Symmetrie zur y-Achse oder zum Koordinatenursprung.

a) $y=\frac{1}{2}x^4$ b) $y=\frac{1}{4}x^3$

c) $y=-2x^5$ d) $y=3x^{-2}$

187 Begründe, warum alle Potenzfunktionen mit natürlichem Exponenten n achsensymmetrisch zur y-Achse sind, wenn n geradzahlig ist, und punktsymmetrisch zum Ursprung, wenn n ungeradzahlig ist.

5 Monotonie

Peter und Marissa sind in ihrem Urlaub in Norwegen eine Straße entlanggelaufen, die immer wieder ansteigt und zwischendrin waagerecht bzw. horizontal verläuft und nach ihrem höchsten Punkt abfällt. Die rechte Abbildung zeigt das zugehörige Höhenprofil.

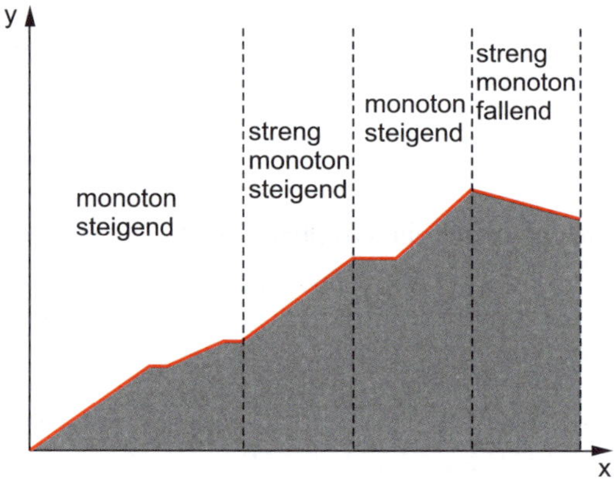

Monotoniebetrachtungen beschreiben das Verhalten von Funktionen bzw. ihrer Graphen in Intervallen ihres Definitionsbereichs.

Monotonie

Gegeben sei eine Funktion f. Gilt in einem Intervall ihres Definitionsbereichs

- $x_1 < x_2 \Rightarrow f(x_1) \leq f(x_2)$, so heißt f **monoton steigend**.
  (Die Funktion verläuft in diesem Abschnitt teils horizontal, teils steigend.)
- $x_1 < x_2 \Rightarrow f(x_1) < f(x_2)$, so heißt f **streng monoton steigend**.
  (Die Funktion verläuft in diesem Abschnitt nur steigend und niemals horizontal.)
- $x_1 < x_2 \Rightarrow f(x_1) \geq f(x_2)$, so heißt f **monoton fallend**.
  (Die Funktion verläuft in diesem Abschnitt teils horizontal, teils fallend.)
- $x_1 < x_2 \Rightarrow f(x_1) > f(x_2)$, so heißt f **streng monoton fallend**.
  (Die Funktion verläuft in diesem Abschnitt nur fallend und niemals horizontal.)

Beispiele

1. Trage das Monotonieverhalten in die einzelnen Abschnitte des Graphen ein.

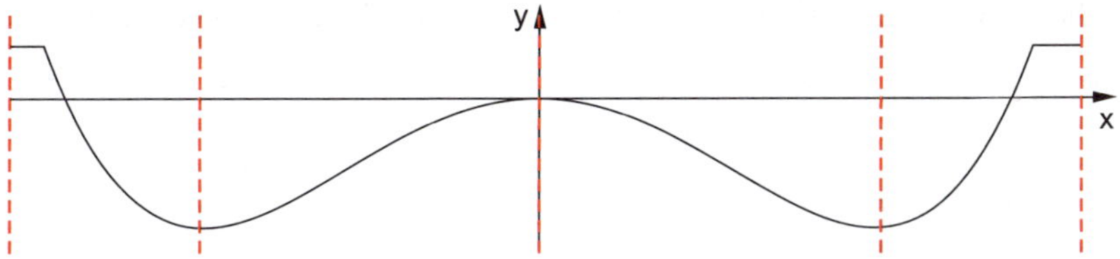

Lösung:

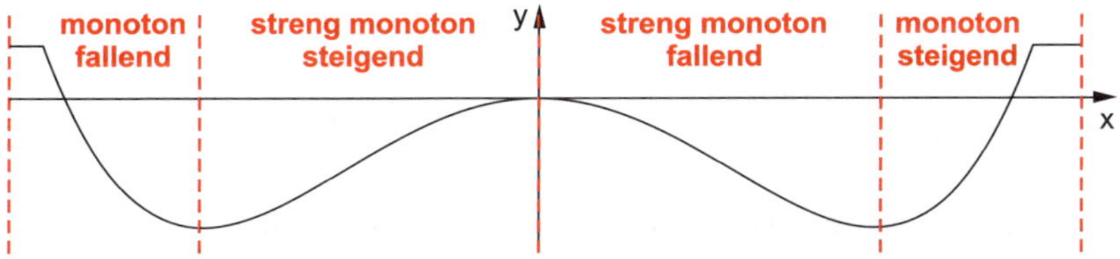

2. Bestimme das Monotonieverhalten der Funktion $y = x^2$ und veranschauliche es an ihrem Graphen.

Lösung:

Für $x_1, x_2 > 0$ gilt: $x_1 < x_2 \Rightarrow f(x_1) < f(x_2)$ Die Funktion steigt also streng monoton für $x > 0$.

Bsp: $1 < 2$, $f(1) = 1 < f(2) = 4$

Für $x_1, x_2 < 0$ gilt: $x_1 < x_2 \Rightarrow f(x_1) > f(x_2)$ Die Funktion fällt also streng monoton für $x < 0$.

Bsp: $-2 < -1$, $f(-2) = 4 > f(-1) = 1$

Graph:

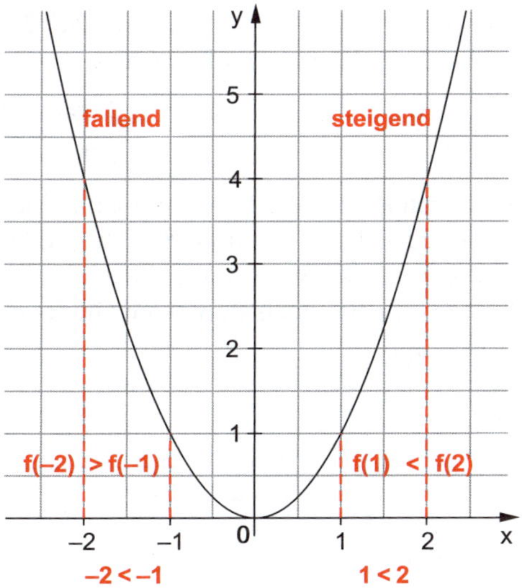

Beim Wandern durch das Tal:

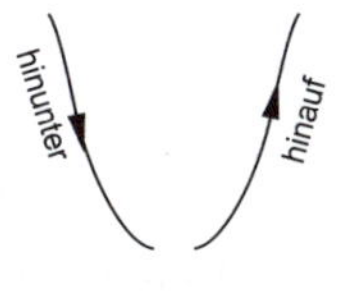

188 Rico hat das Monotonieverhalten der Funktionen $f(x) = -5(x+0{,}5)^2 + 1$ (Teilaufgabe a) und $g(x) = 2x^4$ (Teilaufgabe b) bestimmt. Hat er alles richtig gemacht?

a)

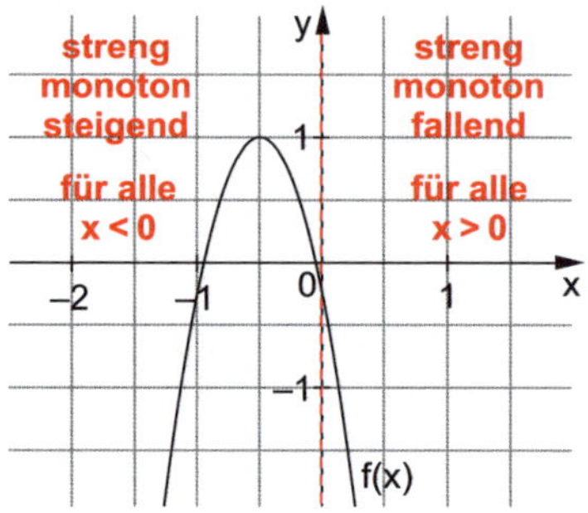

b)

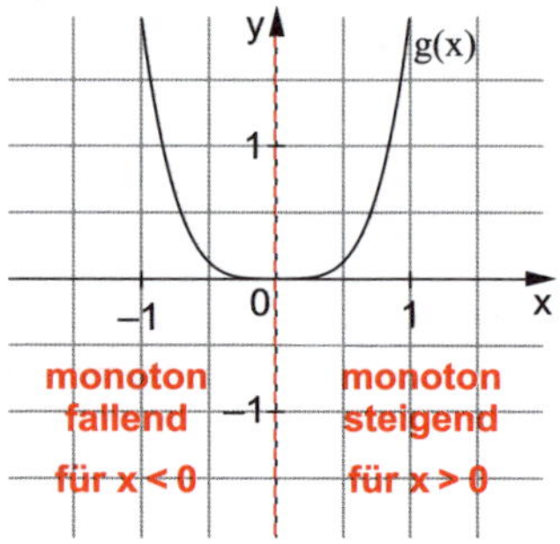

189 Zeichne die Funktion und bestimme ihr Monotonieverhalten.

a) $f(x) = x^3$

b) $f(x) = 2x^2 + x + 1$

c) $f(x) = -x^2 - 1$

d) $f(x) = -2x^3$

6 Grenzverhalten

Funktionen können die Eigenschaft besitzen, sich mindestens einer der beiden Koordinatenachsen beliebig anzunähern, sie dabei aber niemals zu berühren oder zu schneiden.

Beispiele

Ricarda hat eine Wertetabelle für die Funktion $f(x) = x^{-1}$ erstellt und dabei vor allem sehr große Werte sowie sehr kleine Werte für x betrachtet.

x	–10 000	–1 000	–100	–10	10	100	1 000	10 000
y	–0,0001	0,001	–0,01	0,1	0,1	0,01	0,001	0,0001

Sie konnte beobachten, dass der zugehörige y-Wert zwar immer kleiner wird, aber niemals den Wert 0 annimmt und sich die Funktion für sehr große (sehr kleine) x von oben (unten) der x-Achse Stück für Stück annähert, sie aber nie schneidet. Anschließend machte sie sich dies noch einmal am Graphen klar.

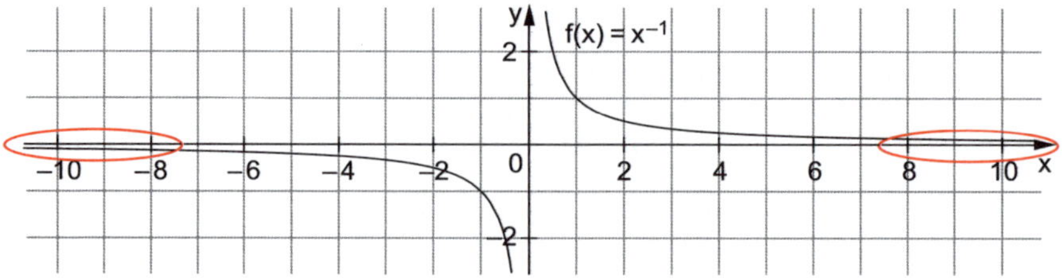

Dieses Verhalten einer Funktion nennt man **Grenzverhalten**. Um dieses zu bestimmen, wird danach gefragt, wie sich eine Funktion im Unendlichen verhält. Was passiert, wenn der x-Wert **gegen $+\infty$** strebt, der Wert für x also immer größer wird? Was passiert, wenn der x-Wert **gegen $-\infty$** strebt, der Wert für x also immer kleiner wird?

Grenzwert für $x \to +\infty$ bzw. $x \to -\infty$ und waagrechte Asymptoten

- Nähert sich die Funktion f(x) für immer größer werdende x einer Zahl a immer weiter an, ohne sie auch nur einmal zu über- bzw. zu unterschreiten (Annäherung von links bzw. rechts), so wird diese Zahl als **Grenzwert der Funktion f für $x \to +\infty$** bezeichnet.
  Man schreibt: Für $x \to +\infty$ gilt $f(x) \to a$.
  Oder: $\lim\limits_{x \to +\infty} f(x) = a$
  Die Gerade **$y = a$** heißt **waagrechte Asymptote** des Graphen von f für $x \to +\infty$.
- Nähert sich die Funktion f(x) für immer kleiner werdende x einer Zahl a immer weiter an, ohne sie auch nur einmal zu über- bzw. zu unterschreiten (Annäherung links bzw. rechts), so wird diese Zahl als **Grenzwert der Funktion f für $x \to -\infty$** bezeichnet.
  Man schreibt: Für $x \to -\infty$ gilt $f(x) \to a$.
  Oder: $\lim\limits_{x \to -\infty} f(x) = a$
  Die Gerade **$y = a$** heißt **waagrechte Asymptote** des Graphen von f für $x \to -\infty$.

Sprechweisen:

- Für $x \to +\infty$ gilt $f(x) \to a$ gesprochen:
  „Für x gegen plus unendlich strebt der Funktionswert gegen a."
- $\lim\limits_{x \to +\infty} f(x) = a$ gesprochen:
  „limes für x gegen plus unendlich von f(x) ist gleich a."
- Für $x \to -\infty$ gilt $f(x) \to a$ gesprochen:
  „Für x gegen minus unendlich strebt der Funktionswert gegen a."
- $\lim\limits_{x \to -\infty} f(x) = a$ gesprochen:
  „limes für x gegen minus unendlich von f(x) ist gleich a."

„Limes" kommt aus dem Lateinischen und bedeutet übersetzt nichts anderes als Grenze.

Nicht für jede Funktion existiert ein Grenzwert! Betrachte z. B. die lineare Funktion $f(x) = x$, also eine Gerade. Sie strebt für $x \to +\infty$ gegen $+\infty$ und für $x \to -\infty$ gegen $-\infty$, da die Funktionswerte für immer größer werdende x beliebig groß und für immer kleiner werdende x beliebig klein werden. Du findest keine reelle Zahl, der sich die Funktionswerte im Unendlichen annähern.

Beispiele

1. $\lim\limits_{x \to +\infty} x^{-1} = \lim\limits_{x \to +\infty} \frac{1}{x} = 0$

Setzt man im Nenner für x eine immer größere Zahl ein, so muss man durch eine immer größere Zahl teilen. Der Wert des Bruches wird immer kleiner: f(10) = 0,1; f(100) = 0,01; f(1 000) = 0,001 usw. und nähert sich der 0 auf der Zahlengeraden immer weiter **von rechts** an. Der Grenzwert ist daher 0. Der Graph von f nähert sich somit **von oben** der x-Achse an.

$\lim\limits_{x \to -\infty} x^{-1} = \lim\limits_{x \to -\infty} \frac{1}{x} = 0$

Hier zeigt sich dasselbe Grenzverhalten, nur dass man für x immer kleiner werdende Werte einsetzt und sich der Wert des Bruches auf der Zahlengeraden der 0 immer weiter **von links** annähert: f(–10) = –0,1; f(–100) = –0,01; f(–1 000) = –0,001 usw. Der Graph von f nähert sich somit **von unten** der x-Achse an.

2. Gegeben ist die Funktion $f(x) = \frac{1}{x} + 3$. Ihr Graph ist der um 3 Einheiten nach oben verschobene Graph der Funktion $g(x) = \frac{1}{x}$.
Untersuche das Verhalten der Funktion für $x \to +\infty$ und für $x \to -\infty$.

Lösung:

$\lim\limits_{x \to +\infty} \frac{1}{x} + 3 = 3$

$\frac{1}{x}$ nähert sich für $x \to +\infty$ der 0 an. **Zu 3 wird für $x \to +\infty$ also eine immer kleiner werdende Zahl addiert.** Somit ist 3 der Grenzwert.

$\lim\limits_{x \to -\infty} \frac{1}{x} + 3 = 3$

$\frac{1}{x}$ nähert sich für $x \to -\infty$ der 0 an. **Von 3 wird für $x \to -\infty$ also eine immer kleiner werdende Zahl subtrahiert.** Somit ist 3 der Grenzwert.

Die Funktion $f(x) = \frac{1}{x} + 3$ besitzt also die waagrechte Asympote $y = 3$.

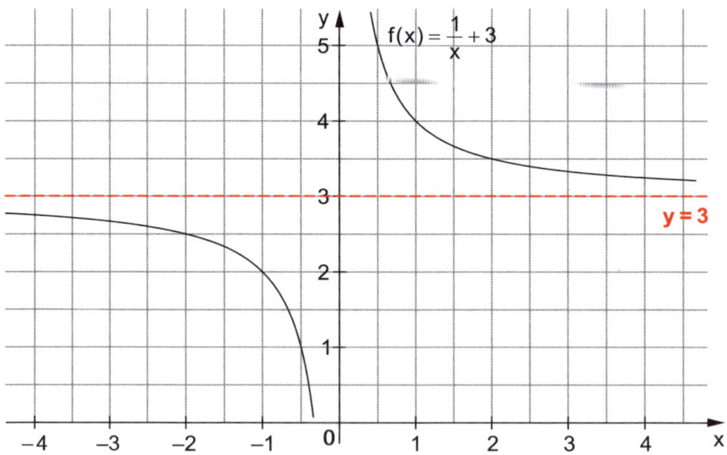

Eine Funktion kann darüber hinaus auch **Definitionslücken** besitzen. Das sind diejenigen x-Werte, die aus dem Definitionsbereich herausgenommen werden müssen, da die Funktion für diese nicht wohldefiniert ist.
Bei der Funktion $f(x) = x^{-1}$ beispielsweise handelt es sich hierbei um die 0. Denke daran, dass sich x^{-1} auch als $\frac{1}{x}$ schreiben lässt! Da nicht durch 0 geteilt werden darf, ist f(0) nicht definiert.
Auch an solchen Definitionslücken wird das Grenzverhalten einer Funktion untersucht. Man ermittelt dabei, wie sich die Funktion von **links** an diese Definitionslücke annähert und wie sich die Funktion von **rechts** an sie annähert.

Definitionslücke und senkrechte Asymptote

x_0 sei eine Definitionslücke der Funktion f. Laufen die Funktionswerte
- für $x \to x_0$ mit $x > x_0$ gegen $+\infty$ oder $-\infty$ sowie (rechtsseitig)
- für $x \to x_0$ mit $x < x_0$ gegen $+\infty$ oder $-\infty$, (linksseitig)

so wird die Gerade $x = x_0$ **senkrechte Asymptote** des Graphen von f genannt.

Es gibt also 4 Fälle für eine senkrechte Asymptote, die z. B die y-Achse sein kann:

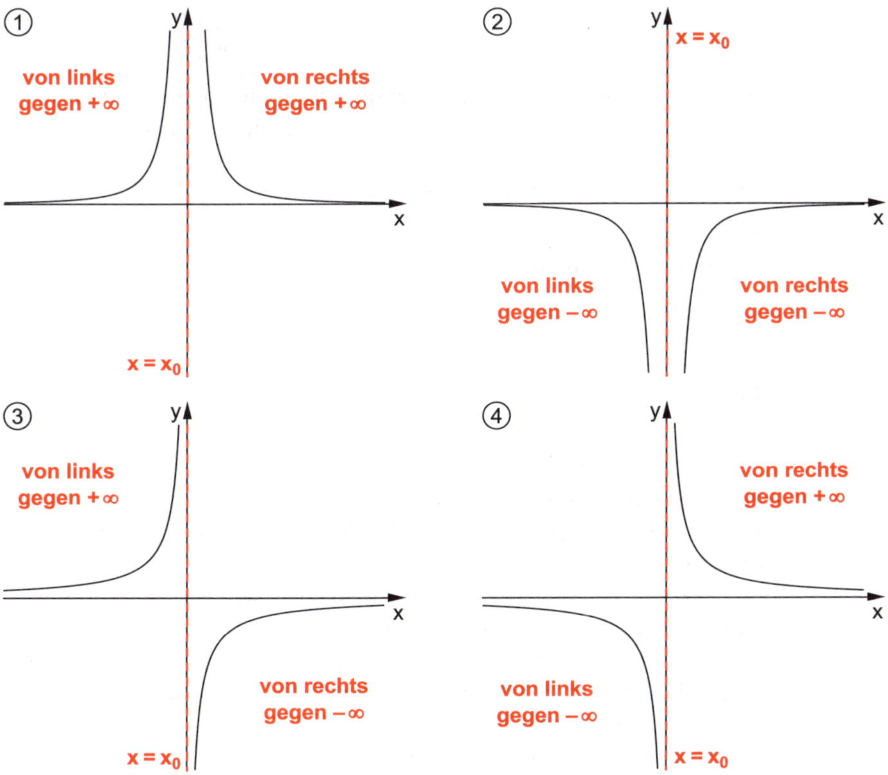

Beispiele

1. Zeichne alle waagrechten und senkrechten Asymptoten ein.

a)

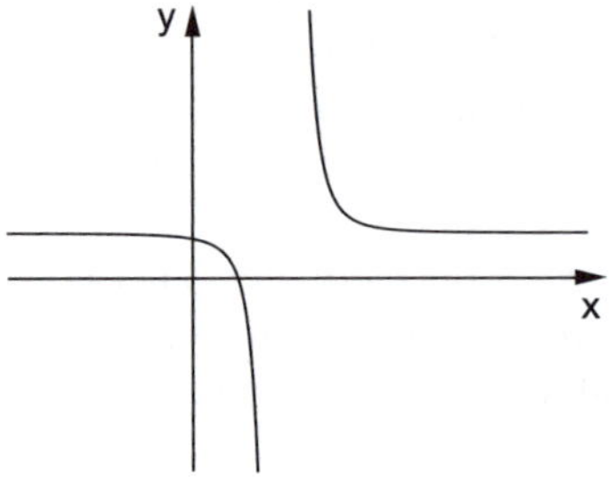

b)

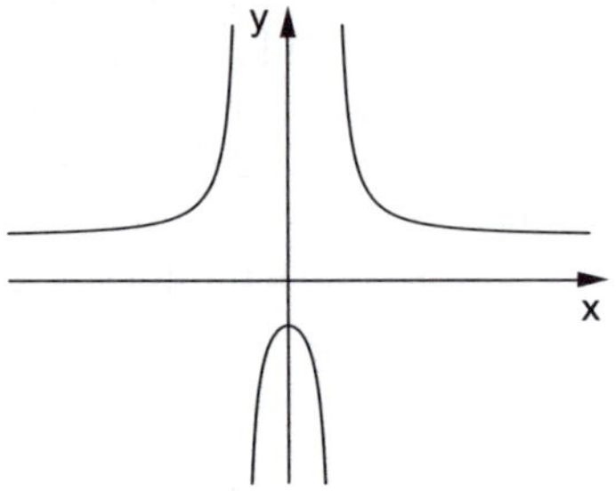

Lösung:

a)

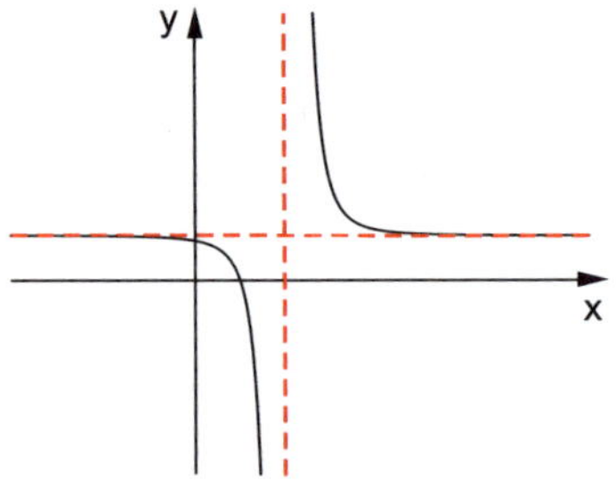

b)

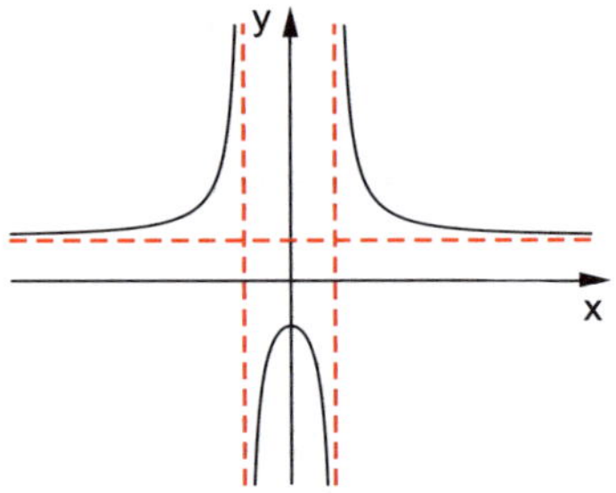

Eine Funktion kann durchaus auch mehrere Asymptoten einer Art besitzen, wie hier bei Teilaufgabe b z. B. zwei senkrechte Asymptoten.

2. Bestimme alle Asymptoten der Funktion $f(x) = \frac{1}{x^2} + 1$.

Lösung:

- Waagrechte Asymptote:

$$\lim_{x \to +\infty} \frac{1}{x^2} + 1 = 1$$

$$\lim_{x \to -\infty} \frac{1}{x^2} + 1 = 1$$

$y = 1$ ist waagrechte Asymptote.

- Senkrechte Asymptote:
Der Definitionsbereich von f(x) ist $D = \mathbb{R} \setminus \{0\}$. $x_0 = 0$ ist also eine Definitionslücke.
Für $x \to 0$ mit $x > 0$ geht f(x) gegen $+\infty$, da der Nenner von $\frac{1}{x^2}$ immer kleiner und der Wert des Bruchs somit immer größer wird.
Für $x \to 0$ mit $x < 0$ geht f(x) gegen $+\infty$, da der Nenner des Bruchs durch das Quadrat stets positiv ist und der Wert des Bruchs bei Annäherung an die 0 immer größer wird.
$x = 0$ ist senkrechte Asymptote.

190 Untersuche das Verhalten der Funktion f für $x \to +\infty$ und für $x \to -\infty$ und gib die waagrechte Asymptote an.

a) $f(x) = \frac{2}{x}$ b) $f(x) = x^2$

c) $f(x) = \frac{1}{x^2 - 1}$ d) $f(x) = \frac{1}{x} - 2$

191 Untersuche das Verhalten der Funktion f für $x \to +\infty$ und für $x \to -\infty$ sowie bei Annäherung an die Definitionslücke und gib alle Asymptoten an.

a) $f(x) = \frac{1}{x - 1}$ b) $f(x) = \frac{-5}{1 + x}$

192 Zeichne den Graphen von f mit dem GTR und lies alle waagrechten und senkrechten Asymptoten aus der Zeichnung ab.

a) $f(x) = \frac{1}{x - 1} - 3$ b) $f(x) = 2 + \frac{3}{1 - x^2}$

7 Übersicht über weitere Funktionenklassen

Ganzrationale Funktionen

Ganzrationale Funktionen sind Summen von Potenzfunktionen mit natürlichen Exponenten.

Ganzrationale Funktion

Eine Funktion heißt **ganzrationale Funktion n-ten Grades**, wenn sie sich als Polynom in x, d. h. in der Form

$f: x \mapsto a_n x^n + a_{n-1} x^{n-1} + \ldots + a_1 x + a_0$ mit $D = \mathbb{R}, n \in \mathbb{N}, a_n \neq 0$

schreiben lässt. Dabei sind die **Koeffizienten** $a_n, a_{n-1}, \ldots, a_1, a_0$ reelle Zahlen.

Eigenschaften:

- Sind alle Exponenten gerade, so ist die Funktion achsensymmetrisch zur y-Achse.
- Sind alle Exponenten ungerade und $a_0 = 0$, so ist die Funktion punktsymmetrisch zum Ursprung.
- Alle ganzrationalen Funktion streben für $x \to \pm\infty$ gegen $+\infty$ oder $-\infty$.

Beispiele

1. Ganzrationale Funktion **4.** Grades: $f(x) = 2x^4 - x^2 - 3$

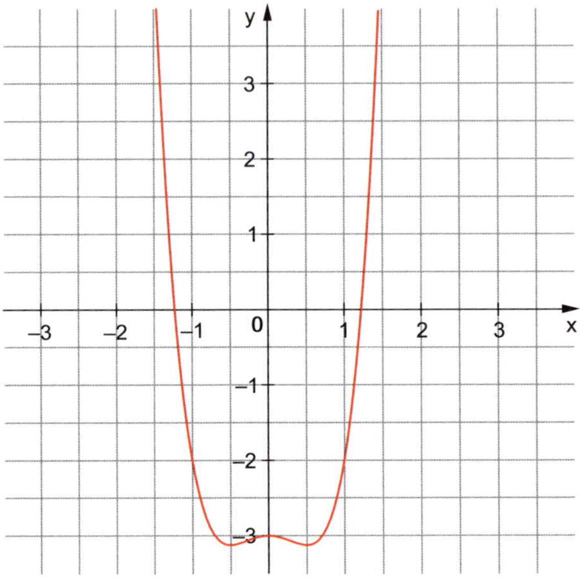

Die auftretenden Exponenten 4 und 2 sind alle gerade. Der Graph von f ist also achsensymmetrisch zur y-Achse.

Der Graph strebt sowohl für $x \to +\infty$ als auch für $x \to -\infty$ gegen $+\infty$.

2. Ganzrationale Funktion **5.** Grades: $f(x) = x^5 - x^3 + x$

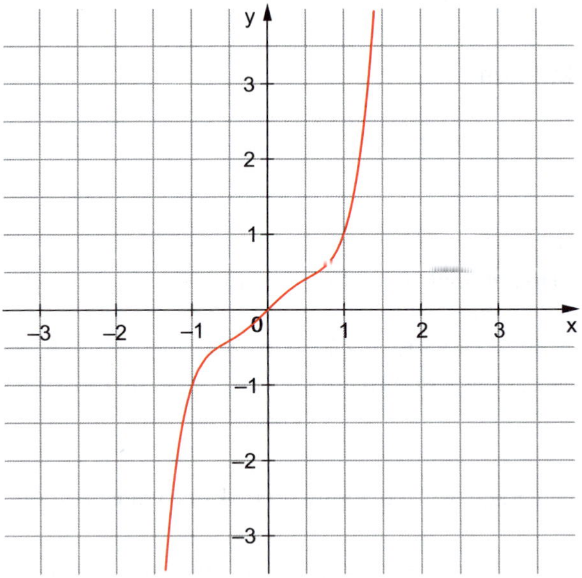

Die auftretenden Exponenten 5 und 3 und 1 sind alle ungerade. Der Graph von f ist also punktsymmetrisch zum Ursprung.

Der Graph strebt für $x \to +\infty$ gegen $+\infty$ und für $x \to -\infty$ gegen $-\infty$.

Exponentialfunktionen

Viele Wachstumsvorgänge lassen sich mithilfe von Exponentialfunktionen beschreiben.

Exponentialfunktion

Funktionen der Form

$f: x \mapsto a^x$ oder $f: x \mapsto b \cdot a^x$ mit $D = \mathbb{R}, a > 0, a \neq 1, b \neq 0$

heißen **Exponentialfunktionen**. a nennt man **Basis**.

Eigenschaften:

- Für $a > 1$ ist $f(x) = a^x$ streng monoton steigend auf $D = \mathbb{R}$.
- Für $0 < a < 1$ ist $f(x) = a^x$ streng monoton fallend auf $D = \mathbb{R}$.
- Alle Graphen von $f(x) = a^x$ verlaufen oberhalb der x-Achse und gehen durch den Punkt $(0 \mid 1)$.
- Die Funktion $f(x) = a^x$ besitzt die x-Achse als Asymptote. Es gilt:

$$\lim_{x \to -\infty} a^x = 0 \quad \text{für } a > 1$$

$$\lim_{x \to +\infty} a^x = 0 \quad \text{für } 0 < a < 1$$

eispiele

1. Zeichne die Funktionen $f(x) = 2^x$ und $g(x) = 0{,}5^x$ in ein gemeinsames Koordinatensystem.

Lösung:

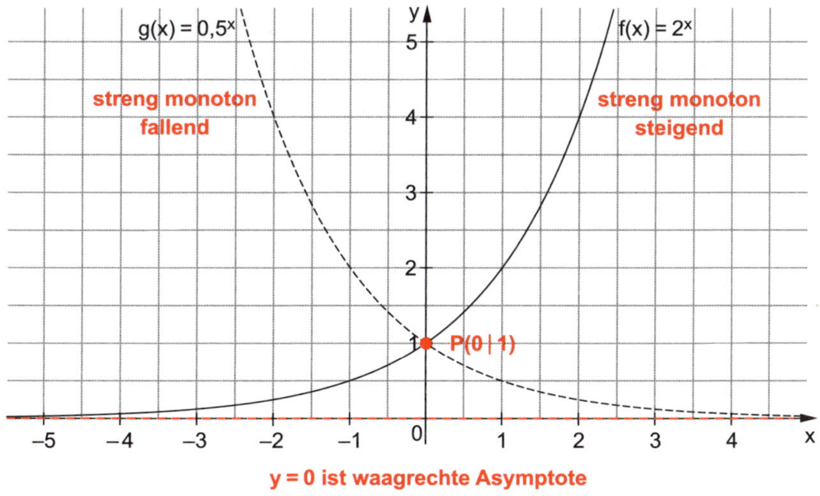

2. Darius legt einen Geldbetrag von 1 000 € zu einem Zinssatz von 3 % an.
Berechne, wie viel Geld er nach 10 Jahren auf dem Konto hat.

Lösung:
Der **Anfangswert** wird durch den Parameter **b** wiedergegeben:
$b = 1\,000$

Der Zinssatz spiegelt sich im Parameter a wider. Nach einem Jahr hat Darius zu den 100 %, sprich 1 000 €, weitere 3 %, sprich 30 €, auf dem Konto:
$a = 1{,}03$

Die zugehörige Exponentialfunktion lautet also:
$f(x) = 1\,000 \cdot 1{,}03^x$

Gefragt ist nach dem Geldbetrag, den Darius nach 10 Jahren auf seinem Konto hat. Dieser entspricht dem Wert von f(10):
$f(10) = 1\,000 \cdot 1{,}03^{10} \approx 1343{,}92$ [€]

Natürliche Exponentialfunktion
Die Funktion $f: x \mapsto e^x$ mit $D = \mathbb{R}$ und **Basis e** heißt **natürliche Exponentialfunktion**, kurz: **e-Funktion**.

Bei **e** handelt es sich um die **Euler'sche Zahl**. Ihr Wert beträgt 2,71828… und du findest sie auf deinem Taschenrechner. Eigenschaften:

- Der Graph der e-Funktion ist streng monoton steigend auf $D = \mathbb{R}$.
- Der Graph der e-Funktion verläuft durch die Punkte $(0\,|\,1)$ und $(1\,|\,e)$.
- Die Funktion $f(x) = e^x$ besitzt die x-Achse als Asymptote: $\lim\limits_{x \to -\infty} e^x = 0$

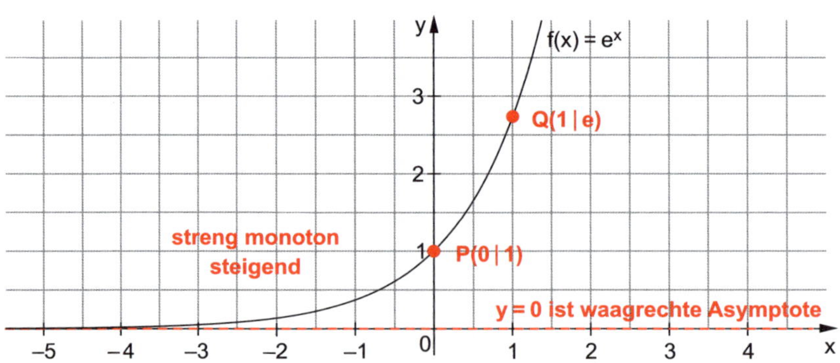

Wurzelfunktion

Der unabhängige Parameter x kann in einer Funktion auch unter einem Wurzelzeichen stehen. Die Wurzel kann auch als Potenz mit gebrochenem Exponenten (d. h. der Exponent ist ein Bruch) geschrieben werden.

Wurzelfunktion

Die Funktion $f: x \mapsto \sqrt{x}$ mit $D = \mathbb{R}_0^+$ heißt **Wurzelfunktion.**
Sie kann auch in der Form $f: x \mapsto x^{\frac{1}{2}}$ geschrieben werden.

Eigenschaften:

- Unter der Wurzel dürfen keine negativen Werte stehen, deshalb ist der Definitionsbereich $D = \mathbb{R}_0^+$.
  Die Wurzelfunktion beginnt daher erst im Ursprung und verläuft nur im I. Quadranten.
- Der Graph der Wurzelfunktion verläuft durch die Punkte $(0|0)$ und $(1|1)$.
- Der Graph der Wurzelfunktion ist streng monoton steigend auf $D = \mathbb{R}_0^+$.
- Es existiert keine waagrechte Asymptote, auch wenn der Graph zunächst einen anderen Eindruck vermitteln sollte, doch es gilt:

  $$\lim_{x \to +\infty} \sqrt{x} = +\infty$$

  Die Wurzelfunktion strebt sehr langsam gegen $+\infty$.

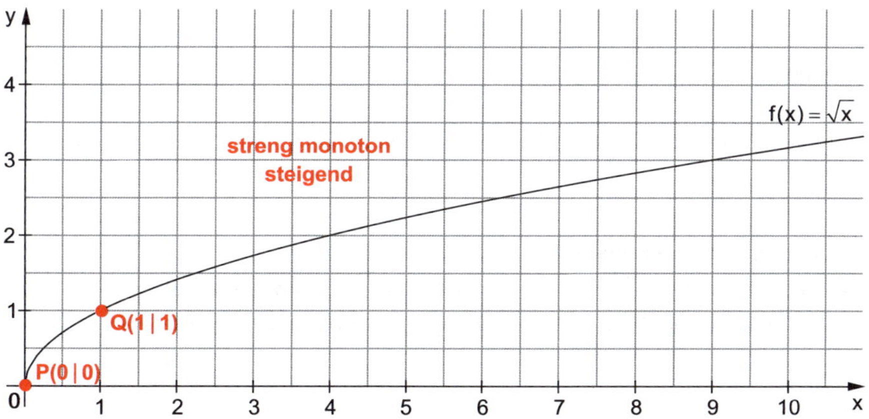

Neben dieser „klassischen“ Wurzelfunktion gibt es noch allgemeine Wurzelfunktionen. Sie sind nichts anderes als Potenzfunktionen mit gebrochenen, positiven Exponenten.

Allgemeine Wurzelfunktionen bzw.
Potenzfunktionen mit gebrochenen, positiven Exponenten

- Funktionen der Form $f: x \mapsto x^{\frac{a}{b}}$ mit $a, b \in \mathbb{N}$ heißen **Potenzfunktionen mit gebrochenen, positiven Exponenten**.
- Sie können auch in der Form $f: x \mapsto \sqrt[b]{x^a}$ geschrieben und als **allgemeine Wurzelfunktionen** bezeichnet werden.

Beispiel

Zeichne die Funktionen $f(x) = x^{\frac{1}{3}} = \sqrt[3]{x}$ und $g(x) = x^{\frac{3}{2}} = \sqrt[2]{x^3}$.

Lösung:

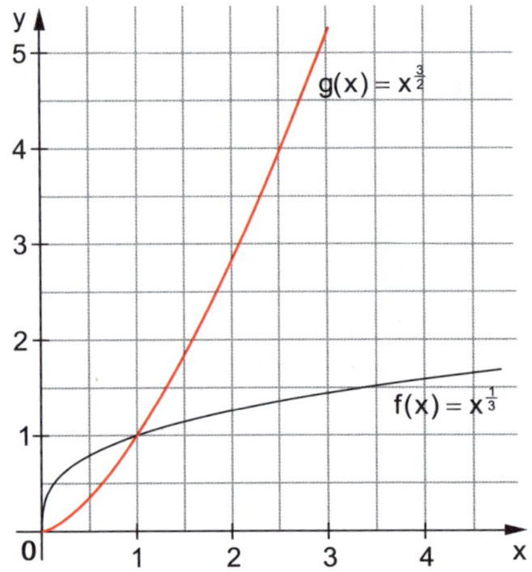

Wenn der Exponent der Potenzfunktion gebrochen und positiv ist, so kann man ihn stets als Wurzel schreiben. Da eine Wurzel nur für nicht-negative Radikanden definiert ist, besteht der Definitionsbereich nur aus nicht-negativen Zahlen.

Die Potenzfunktionen mit positiven und gebrochenen Exponenten sind streng monoton steigend, ihre Graphen verlaufen durch die Punkte $(0 \mid 0)$ und $(1 \mid 1)$ und streben für $x \to +\infty$ gegen $+\infty$.

Trigonometrische Funktionen

Es gibt auch Funktionen, deren Graphen sich vom Verlauf her ständig wiederholen.

Trigonometrische Funktionen

- Die Funktion der Form $f: x \mapsto \sin x$ mit $D = \mathbb{R}$ heißt **Sinusfunktion**.
- Die Funktion der Form $f: x \mapsto \cos x$ mit $D = \mathbb{R}$ heißt **Kosinusfunktion**.

Eigenschaften:

- Sowohl die Sinus- als auch die Kosinusfunktion nimmt nur Werte zwischen –1 und 1 an.
- Die Funktionen sind periodisch, d. h., der Verlauf des Graphen wiederholt sich alle 2π. Man spricht von der **Periode 2π**.

- Die Funktionen besitzen unendlich viele Nullstellen:
  – Jedes Vielfache von π ist eine Nullstelle der Sinusfunktion: z. B. –2π, –π, 0, π, 2π usw.
  – Die Nullstellen der Kosinusfunktion treten auch im Abstand von π auf, sind aber um $\frac{1}{2}\pi$ zur Sinusfunktion versetzt: z. B. $-\frac{3}{2}\pi$, $-\frac{1}{2}\pi$, $\frac{1}{2}\pi$, $\frac{3}{2}\pi$ usw.
- Der Graph der Sinusfunktion ist punktsymmetrisch zum Ursprung.
- Der Graph der Kosinusfunktion ist achsensymmetrisch zur y-Achse.
- Die Graphen dieser trigonometrischen Funktionen sind intervallweise streng monoton steigend bzw. fallend. Ein Intervall besitzt dabei die Länge π.
- Der Graph der Kosinusfunktion geht durch Verschiebung des Graphen der Sinusfunktion entlang der x-Achse hervor.

Graph der Sinusfunktion:

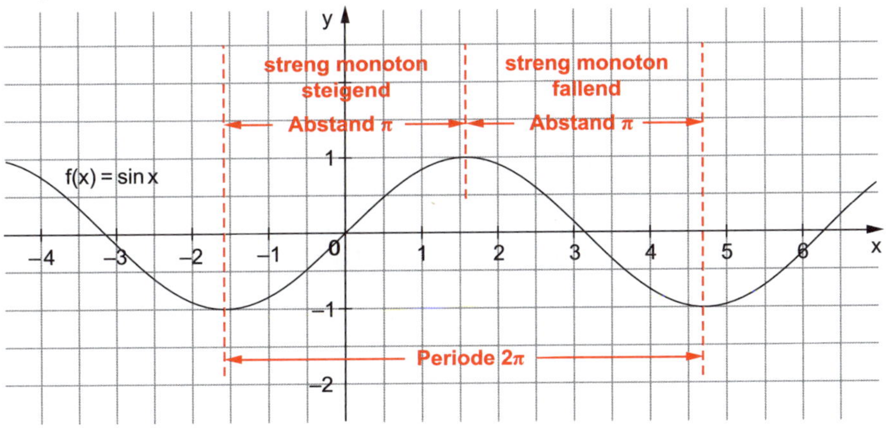

Graph der Kosinusfunktion:

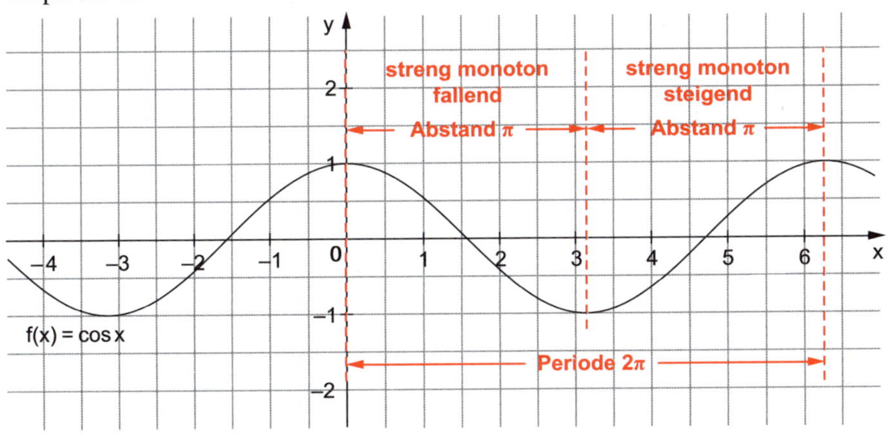

Lösungen

1 a = –3 und x = –1: $T = -3 \cdot (-1) + 3 \cdot (-3) + 2 = 3 - 9 + 2 = -4$
a = –1 und x = –1: $T = -1 \cdot (-1) + 3 \cdot (-1) + 2 = 1 - 3 + 2 = 0$
a = 2 und x = –1: $T = 2 \cdot (-1) + 3 \cdot 2 + 2 = -2 + 6 + 2 = 6$
a = 4 und x = –1: $T = 4 \cdot (-1) + 3 \cdot 4 + 2 = -4 + 12 + 2 = 10$
a = –3 und x = 2: $T = -3 \cdot 2 + 3 \cdot (-3) + 2 = -6 - 9 + 2 = -13$
a = –1 und x = 2: $T = -1 \cdot 2 + 3 \cdot (-1) + 2 = -2 - 3 + 2 = -3$
a = 2 und x = 2: $T = 2 \cdot 2 + 3 \cdot 2 + 2 = 4 + 6 + 2 = 12$
a = 4 und x = 2: $T = 4 \cdot 2 + 3 \cdot 4 + 2 = 8 + 12 + 2 = 22$

2 x sei die Anzahl der gefahrenen Kilometer.

Term 1: **mehr als** 20 000 km gefahren
$205{,}74 \cdot 2 + 144{,}17 + 170 \cdot 12 + 343 \cdot 12 + (x - 20\,000) \cdot 0{,}30$

Term 1: **weniger als oder genau** 20 000 km gefahren
$205{,}74 \cdot 2 + 144{,}17 + 170 \cdot 12 + 343 \cdot 12 - (20\,000 - x) \cdot 0{,}15$

3

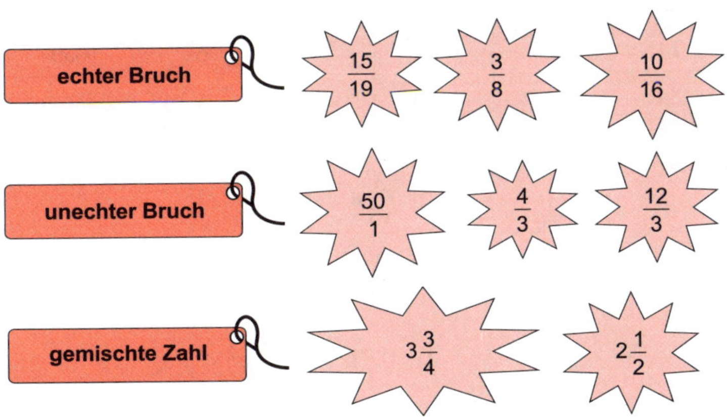

4 a) mit 5: $-\frac{x}{2y} = -\frac{5x}{10y}$ mit –2: $-\frac{x}{2y} = -\frac{-2x}{-4y}$

mit 6a: $-\frac{x}{2y} = -\frac{6ax}{12ay}$ mit 15x: $-\frac{x}{2y} = -\frac{15x^2}{30xy}$

b) mit 5: $\frac{3(a+b)}{4b} = \frac{15(a+b)}{20b}$ mit –2: $\frac{3(a+b)}{4b} = \frac{-6(a+b)}{-8b}$

mit 6a: $\frac{3(a+b)}{4b} = \frac{18a(a+b)}{24ab}$ mit 15x: $\frac{3(a+b)}{4b} = \frac{45x(a+b)}{60bx}$

5 a) $\frac{24a}{32b} = \frac{3a}{4b}$ Kürzen mit 8

b) $\frac{24(a+b)}{44(a+b)} = \frac{24}{44} = \frac{6}{11}$ Kürzen mit (a + b) und mit 4

c) $\frac{60a^2b^2}{125ab^3} = \frac{60a}{125b} = \frac{12a}{25b}$ Kürzen mit ab^2 und mit 5

d) $\frac{19(x+y)}{57(x+y)^3} = \frac{19}{57(x+y)^2} = \frac{1}{3(x+y)^2}$ Kürzen mit (x + y) und mit 19

6

1. Nenner	7	x	7a	4x	x + y	36a
2. Nenner	2	y	3ab	3y	3x	11b
3. Nenner	14	z	$14ab^2$	24x	6x	10ab
Hauptnenner	**14**	**xyz**	**$42ab^2$**	**24xy**	**6x(x + y)**	**1 980ab**

7 a) $\frac{3}{4} < \frac{4}{5}$ b) $\frac{3}{15}a^2 > \frac{3}{17}a^2$

c) $\frac{2}{7} > \frac{1}{4}$ d) $\frac{3}{14}x^2 < \frac{7}{27}x^2$

e) $\frac{54}{60} = 0{,}9$ f) $0{,}7b^2 > \frac{9}{15}b^2$

8 a) $\frac{1}{3a} + \frac{2}{5a} = \frac{5+6}{15a} = \frac{11}{15a}$

b) $\frac{4x}{5} - \frac{2}{3x} = \frac{12x^2 - 10}{15x}$

c) $-13\frac{1}{4} - 11\frac{5}{6} + 0{,}4 = -\frac{53}{4} - \frac{71}{6} + \frac{4}{10} = \frac{-795 - 710 + 24}{60} = -\frac{1\,481}{60}$

d) $18\frac{1}{3}-4\frac{5}{6}+1=\frac{55}{3}-\frac{29}{6}+1=\frac{110}{6}-\frac{29}{6}+\frac{6}{6}=\frac{110-29+6}{6}=\frac{87}{6}=\mathbf{\frac{29}{2}}$

e) $\frac{1}{2x}+\frac{2}{3x}+\frac{3}{4x}=\frac{6+8+9}{12x}=\mathbf{\frac{23}{12x}}$

f) $\frac{5}{8x}+\frac{3}{8}-\frac{1}{8}-\frac{3}{8x}=\frac{5+3x-x-3}{8x}=\frac{2+2x}{8x}=\frac{2(1+x)}{8x}=\mathbf{\frac{1+x}{4x}}$

g) $a-\left(\frac{2}{3}a+\frac{3a}{4}\right)=a-\left(\frac{2a}{3}+\frac{3a}{4}\right)=a-\left(\frac{8a+9a}{12}\right)=a-\frac{17a}{12}=\frac{12a-17a}{12}=\mathbf{\frac{-5a}{12}}$

h) $3-\left(\frac{x}{3}-\frac{4}{5x}\right)=3-\left(\frac{5x^2-12}{15x}\right)=\mathbf{\frac{45x-5x^2+12}{15x}}$

i) $\frac{9}{2c}-2\frac{1}{4}-\frac{9}{8c}=\frac{9}{2c}-\frac{9}{4}-\frac{9}{8c}=\frac{36-18c-9}{8c}=\mathbf{\frac{27-18c}{8c}}$

j) $-3x+\frac{4x}{5}-\frac{2}{3x}=\frac{-45x^2+12x^2-10}{15x}=\mathbf{\frac{-33x^2-10}{15x}}$

9 a) $8a\cdot\frac{3x}{7}=\mathbf{\frac{24ax}{7}}$

b) $4\frac{2}{3}\cdot 3x=\frac{14}{3}\cdot 3x=\mathbf{14x}$

c) $\frac{2a}{3}\cdot\frac{1}{4a^2}=\frac{2a\cdot 1}{3\cdot 4a^2}=\frac{1\cdot 1}{3\cdot 2a}=\mathbf{\frac{1}{6a}}$

d) $9a:\frac{3x}{7}=9a\cdot\frac{7}{3x}=\mathbf{\frac{21a}{x}}$

e) $\frac{3b}{10a}:(-2)=\frac{3b}{10a}\cdot\left(-\frac{1}{2}\right)=\mathbf{-\frac{3b}{20a}}$

f) $\frac{8xy}{x-y}:\frac{12xy}{x-y}=\frac{8xy}{x-y}\cdot\frac{x-y}{12xy}=\mathbf{\frac{2}{3}}$

10 a) $\left(1,25-\frac{1}{4}\right):\left(-1+\frac{4}{5}\right)=(1,25-0,25):(-1+0,8)=(+1):(-0,2)=\mathbf{-5}$

oder:

$\left(1,25-\frac{1}{4}\right):\left(-1+\frac{4}{5}\right)=\left(\frac{5}{4}-\frac{1}{4}\right):\left(-\frac{5}{5}+\frac{4}{5}\right)=\frac{4}{4}:\left(-\frac{1}{5}\right)=1\cdot\left(-\frac{5}{1}\right)=\mathbf{-5}$

b) $\frac{3}{4}:\left(-\frac{4}{5}\right):\frac{5}{6}=\frac{3}{4}\cdot\left(-\frac{5}{4}\right)\cdot\frac{6}{5}=-\frac{3\cdot 5\cdot 6}{4\cdot 4\cdot 5}=-\frac{18}{16}=\mathbf{-\frac{9}{8}}$

c) $6\cdot\left(\frac{1}{3a}+\frac{2c}{3}\right)=6\cdot\left(\frac{1+2ac}{3a}\right)=\frac{6\cdot(1+2ac)}{3a}=\frac{2\cdot(1+2ac)}{a}=\mathbf{\frac{2+4ac}{a}}$

d) $-\frac{7}{8}x : \frac{8x}{9} - \frac{x}{4} = -\frac{7x}{8} \cdot \frac{9}{8x} - \frac{x}{4} = -\frac{63}{64} - \frac{x}{4} = \mathbf{\frac{-63-16x}{64}}$

e) $\frac{\frac{5}{15} + \frac{12}{15x}}{x + \frac{12}{5}} = \frac{\frac{5x+12}{15x}}{\frac{5x+12}{5}} = \frac{5x+12}{15x} \cdot \frac{5}{5x+12} = \frac{5}{15x} = \mathbf{\frac{1}{3x}}$

f) $\frac{3}{4} \cdot 9y : \frac{2y^2}{3} + 2y = \frac{27y}{4} \cdot \frac{3}{2y^2} + 2y = \frac{81}{8y} + 2y = \mathbf{\frac{81+16y^2}{8y}}$

11

a) $\frac{1}{3} \in \mathbb{Q}$

b) $15{,}15 \in \mathbb{Q}$

c) $-10 \in \mathbb{Z}$

d) $\sqrt{10} \in \mathbb{R}$

e) $-10{,}1 \in \mathbb{Q}$

f) $\sqrt{10{,}1} \in \mathbb{R}$

g) $\sqrt{-5}$ **nicht definiert**

h) $3\frac{3}{4} \in \mathbb{Q}$

i) $-\frac{4}{161} \in \mathbb{Q}$

j) $4\pi \in \mathbb{R}$

12

a) Dividiere die Differenz aus 4x und y durch 2.
b) Dividiere die Zahl 2 durch die Differenz aus 4x und y.
c) Multipliziere die Zahl 5 mit der Summe aus 2x und 1.
d) Multipliziere die Differenz aus 3y und 1 mit der Summe aus 2x und 1.

13

a) $2x \cdot 3y + 2x \cdot 3$

b) $5 \cdot x + (6x - 1)$

c) $\frac{1}{x} \cdot (2x + 3)$

d) $(3x \cdot y) : (3x + y)$

14

		wahr	falsch
1	Bei der Rechnung $4 - 2x$ kann ich das Kommutativgesetz anwenden. *Begründung:* $4 - 2x = 4 + (-2x) = -2x + 4$ Innerhalb einer Summe dürfen die Summanden beliebig vertauscht werden.	☒	☐

		wahr	falsch
2	Wende ich das Distributivgesetz auf $(-(x^2-23)-5)\cdot 3$ an, so erhalte ich $3\cdot(x^2-23)-3\cdot 5$. *Begründung:* Zwar ist das Distributivgesetz anwendbar, aber man erhält: $-3\cdot(x^2-23)-3\cdot 5$	☐	☒
3	Aufgrund des Kommutativgesetzes darf ich $-3\cdot 5a\cdot(-7)\cdot 12x$ auch als $-5\cdot 3ax\cdot(-12)\cdot 7$ schreiben. *Begründung:* Innerhalb eines Produkts dürfen alle Faktoren beliebig vertauscht werden, –7 zählt dabei als $(-1)\cdot 7$. Die Anzahl der Minuszeichen muss am Ende allerdings dieselbe sein wie zu Beginn!	☒	☐

15 a) $0{,}5x(0{,}3+2y)-x=0{,}15x+xy-x=\mathbf{-0{,}85x+xy}$

b) $-(6x-0{,}2y)-15x\cdot 3=-6x+0{,}2y-45x=\mathbf{-51x+0{,}2y}$

c) $2+(1-x)\cdot 75+\left(12^2-3\right)=2+75-75x+144-3=\mathbf{218-75x}$

d) $5+\left(3\cdot\left(\frac{3}{8}+2x\right)-1\right)-\frac{1}{8}=5+\left(\frac{9}{8}+6x-1\right)-\frac{1}{8}=5+\left(\frac{1}{8}+6x\right)-\frac{1}{8}=\mathbf{5+6x}$

16 a) $-5x\cdot 7x-12+3x^2=-32x^2-12$

b) $4\cdot 5x-9\cdot 2x=2x$

c) $(3+4x)\cdot 2=6+8x$

d) $25x:5-x=4x$

17 a) $\frac{1}{2}x-\frac{1}{4}y^2+\frac{1}{2}(x+y^2)=\frac{1}{2}x-\frac{1}{4}y^2+\frac{1}{2}x+\frac{1}{2}y^2=\mathbf{x+\frac{1}{4}y^2}$

b) $\frac{1}{4}a^2-\frac{2}{5}b^2+\frac{2}{3}a\cdot 6a+2{,}4b^2=\frac{1}{4}a^2-0{,}4b^2+4a^2+2{,}4b^2=\mathbf{4\frac{1}{4}a^2+2b^2}$

c) $13{,}8+\left(\left(2+\frac{1}{12}\right)\cdot 36-21{,}8\right)=13{,}8+(72+3-21{,}8)=13{,}8+53{,}2=\mathbf{67}$

d) $4{,}6a+3{,}5\cdot\left(\frac{1}{2}a-3\right)\cdot 4=4{,}6a+14\cdot\left(\frac{1}{2}a-3\right)=4{,}6a+7a-42=\mathbf{11{,}6a-42}$

e) $\left((4-x)\cdot\frac{1}{2}+2^3\right)+\left(-\frac{1}{4}+8x^2\right)=2-\frac{1}{2}x+8-\frac{1}{4}+8x^2=\mathbf{9\frac{3}{4}-\frac{1}{2}x+8x^2}$

f) $\frac{4}{5}\cdot 6y\cdot\frac{5}{4}-(5\cdot(2-x)-3{,}4y)=6y-(10-5x-3{,}4y)$
$=6y-10+5x+3{,}4y$
$=\mathbf{9{,}4y-10+5x}$

18 a) $(a+1)\,(a+2)\,(a+3)=(a^2+2a+a+2)\,(a+3)$
$=(a^2+3a+2)\,(a+3)$
$=a^3+3a^2+3a^2+9a+2a+6$
$=\mathbf{a^3+6a^2+11a+6}$

b) $(x^2+7y^2)\,(9x-y)=\mathbf{9x^3-x^2y+63xy^2-7y^3}$

c) $(x^2+4x+1)\,(x-1)=x^3-x^2+4x^2-4x+x-1=\mathbf{x^3+3x^2-3x-1}$

d) $(2a+4{,}5b+c)(a+2b)=2a^2+4ab+4{,}5ab+9b^2+ac+2bc$
$=\mathbf{2a^2+8{,}5ab+9b^2+ac+2bc}$

e) $2(m+11n)(2m-2)=(2m+22n)(2m-2)=\mathbf{4m^2-4m+44mn-44n}$

f) $5{,}4u(u-3v)(v-3u)=(5{,}4u^2-16{,}2uv)(v-3u)$
$=5{,}4u^2v-16{,}2u^3-16{,}2uv^2+48{,}6u^2v$
$=\mathbf{54u^2v-16{,}2u^3-16{,}2uv^2}$

g) $\left(\frac{1}{3}x+1\right)\left(\frac{2}{3}x-1\right)\left(\frac{3}{2}y-\frac{1}{4}x\right)=\left(\frac{2}{9}x^2-\frac{1}{3}x+\frac{2}{3}x-1\right)\left(\frac{3}{2}y-\frac{1}{4}x\right)$
$=\left(\frac{2}{9}x^2+\frac{1}{3}x-1\right)\left(\frac{3}{2}y-\frac{1}{4}x\right)$
$=\mathbf{\frac{1}{3}x^2y-\frac{1}{18}x^3+\frac{1}{2}xy-\frac{1}{12}x^2-\frac{3}{2}y+\frac{1}{4}x}$

h) $(4a+2b-3c)\,(-6b-3c+5a)$
$=-24ab-12ac+20a^2-12b^2-6bc+10ab+18bc+9c^2-15ac$
$=\mathbf{-14ab-27ac+12bc+20a^2-12b^2+9c^2}$

19

20

a) $(\mathbf{4x}+\mathbf{4y})^2=16x^2+32xy+\mathbf{16y^2}$

b) $(a+\mathbf{2b})^2=\mathbf{a^2}+\mathbf{4ab}+4b^2$

c) $(\mathbf{a^2}+\mathbf{3b})(\mathbf{a^2}-\mathbf{3b})=a^4-9b^2$

d) $(\mathbf{3s}-4s^2)^2=9s^2-\mathbf{24s^3}+\mathbf{16s^4}$

21

a) $(2{,}7x+1)^2=\mathbf{7{,}29x^2+5{,}4x+1}$

b) $(7x-5)^2=\mathbf{49x^2-70x+25}$

c) $(2a+4)(2a+4)=\mathbf{4a^2+16a+16}$

d) $(1{,}5x+8y)^2=\mathbf{2{,}25x^2+24xy+64y^2}$

e) $(0{,}5x+2y)^2=\mathbf{0{,}25x^2+2xy+4y^2}$

f) $(-x+6)(-x-6)=\mathbf{x^2-36}$

g) $-2\cdot(a-b)^2=-2(a^2-2ab+b^2)$
$=\mathbf{-2a^2+4ab-2b^2}$

h) $\frac{3}{2}\cdot\left(x-\frac{3}{4}\right)^2=\frac{3}{2}\cdot\left(x^2-\frac{3}{2}x+\frac{9}{16}\right)$
$=\mathbf{\frac{3}{2}x^2-\frac{9}{4}x+\frac{27}{32}}$

22

a) $(3x+7)^2+(3x-7)^2=9x^2+42x+49+9x^2-42x+49=\mathbf{18x^2+98}$

b) $(2a+3)^2-(2a-3)^2=4a^2+12a+9-(4a^2-12a+9)$
$=4a^2+12a+9-4a^2+12a-9=\mathbf{24a}$

c) $(x-4y)^2+(x+4y)^2=x^2-8xy+16y^2+x^2+8xy+16y^2=\mathbf{2x^2+32y^2}$

d) $(13x+1)^2-(1-13x)^2=169x^2+26x+1-(1-26x+169x^2)$
$=169x^2+26x+1-1+26x-169x^2=\mathbf{52x}$

e) $(0{,}5a^2+b^2)(0{,}5a^2-b^2)+(a^2-b^2)^2=0{,}25a^4-b^4+a^4-2a^2b^2+b^4$
$=\mathbf{1{,}25a^4-2a^2b^2}$

f) $(x+1)^2+(x-2)^2-(x+3)^2 = x^2+2x+1+x^2-4x+4-(x^2+6x+9)$
$= 2x^2-2x+5-x^2-6x-9 = \mathbf{x^2-8x-4}$

g) $(x-y)^2+\left(x+\frac{1}{2}y\right)^2 = x^2-2xy+y^2+x^2+xy+\frac{1}{4}y^2 = \mathbf{2x^2-xy+1\frac{1}{4}y^2}$

h) $(x+1)^2+(x-2)^2-(x+3)^2-(x-4)^2 \overset{\text{Aufgabe f}}{=} x^2-8x-4-(x^2-8x+16)$
$= x^2-8x-4-x^2+8x-16$
$= \mathbf{-20}$

23 a) $14x+7=\mathbf{7(2x+1)}$

b) $0{,}5a-2{,}5b=\mathbf{0{,}5(a-5b)}$

c) $-0{,}5x+2-8{,}5y=\mathbf{-0{,}5(x-4+17y)}$

d) $-12x-4xy-32xz=\mathbf{-4x(3+y+8z)}$

e) $4{,}5abc+9b+18bc-99ab = \mathbf{4{,}5b(ac+2+4c-22a)}$

f) $2{,}1s^2-8{,}4s^3+21s^4+33{,}6s^6 = \mathbf{2{,}1s^2(1-4s+10s^2+16s^4)}$

24 a) $x^2-625=\mathbf{(x+25)(x-25)}$

b) $0{,}01-x^2=\mathbf{(0{,}1+x)(0{,}1-x)}$

c) $1{,}21u^2-1{,}1u+0{,}25=\mathbf{(1{,}1u-0{,}5)^2}$

d) $81x^2+144xy+64y^2=\mathbf{(9x+8y)^2}$

e) $(a+b)+c(a+b)=\mathbf{(a+b)(1+c)}$

f) $x^3+x^2y-2xy^2=\mathbf{x(x^2+xy-2y^2)}$

25 a) $\frac{4a+4b}{4a-4b}=\frac{4(a+b)}{4(a-b)}=\mathbf{\frac{a+b}{a-b}}$

b) $\frac{5x-5y}{2(x-y)}=\frac{5(x-y)}{2(x-y)}=\mathbf{\frac{5}{2}}$

c) $\frac{3x+6xy}{9xy+12x}=\frac{3x(1+2y)}{3x(3y+4)}=\mathbf{\frac{1+2y}{3y+4}}$

d) $\frac{10x^2-10y^2}{2(x+y)}=\frac{10(x^2-y^2)}{2(x+y)}=\frac{10(x+y)(x-y)}{2(x+y)}=\mathbf{5(x-y)}$

26 a) $(-3)^8 = +6\,561$ b) $(-10)^{11} = -100\,000\,000\,000$

c) $\left(-\frac{2}{5}\right)^5 = -\frac{32}{3\,125}$ d) $-\left(\frac{1}{3}\right)^6 = -\frac{1}{729}$

27 1 Zelle $= 2^0$ Zellen 2 Zellen $= 2^1$ Zellen 4 Zellen $= 2^2$ Zellen

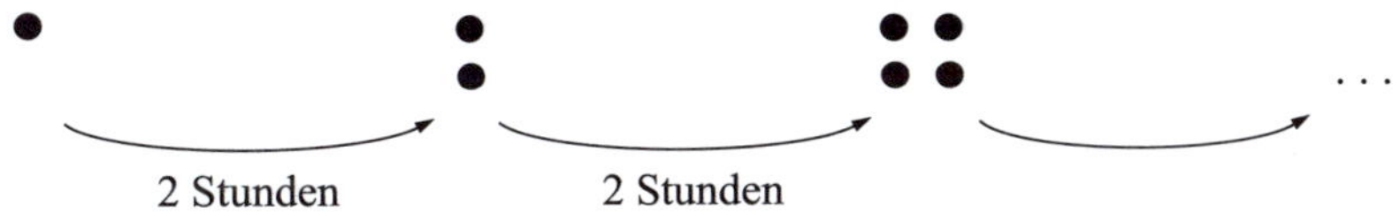

1 Tag hat 24 Stunden. Nach jeweils 2 Stunden ist eine Teilung erfolgt. Es finden an einem Tag also 12 Teilungen statt.
Nach einem Tag gibt es somit 2^{12} Zellen $=$ **4 096 Zellen**.

28 a) $2^2 \cdot 2^4 \cdot 2^6 = 2^{2+4+6} = 2^{12} = 4\,096$ b) $m^7 \cdot m^3 = m^{7+3} = m^{10}$

c) $x^5 \cdot x^6 = x^{5+6} = x^{11}$ d) $s^5 \cdot s^{3x} = s^{5+3x}$

e) $x^{a+1} \cdot x^5 = x^{a+1+5} = x^{a+6}$ f) $3x^n \cdot 5x^{2n} = 15x^{n+2n} = 15x^{3n}$

g) $10y^4 \cdot 5y^2 = 50y^{4+2} = 50y^6$ h) $x^n \cdot x^{1-n} = x^{n+1-n} = x^1 = x$

i) $v^{n+2} \cdot v^{m-2} = v^{n+2+m-2} = v^{n+m}$ j) $b^3 \cdot 2b^4 \cdot b^5 = 2b^{3+4+5} = 2b^{12}$

29 a) $\frac{m^7}{m^3} = m^{7-3} = m^4$ b) $\frac{13}{13^m} = 13^{1-m}$

c) $\frac{x^5}{x^{n+5}} = x^{5-(n+5)} = x^{-n}$ d) $\frac{a^{n-3}}{a^n} = a^{n-3-n} = a^{-3}$

e) $\frac{x^4}{x^{n-4}} = x^{4-(n-4)} = x^{8-n}$ f) $\frac{3(a+b)^5}{12(a+b)^3} = \frac{(a+b)^2}{4}$

g) $\frac{20b^3}{5b^4} = \frac{4}{b} = 4b^{-1}$ h) $\frac{xy^{n+1}}{x^2y^2} = x^{1-2}y^{n+1-2} = x^{-1}y^{n-1}$

i) $\frac{a^{m-1}b^6}{a^3b^m} = a^{m-1-3}b^{6-m}$
$= a^{m-4}b^{6-m}$

j) $\frac{x^{a+1}y^4}{x^2y^{a-2}} = x^{a+1-2}y^{4-(a-2)}$
$= x^{a-1}y^{6-a}$

30 a) $3^6 \cdot x^6 = \mathbf{(3x)^6}$

b) $3a^2 \cdot b^2 = \mathbf{3(ab)^2}$

c) $y^5 \cdot 4^5 \cdot x^5 = \mathbf{(4xy)^5}$

d) $2^n \cdot 5^n = (2 \cdot 5)^n = \mathbf{10^n}$

e) $25^{a+1} \cdot 4^{a+1} = (25 \cdot 4)^{a+1} = \mathbf{100^{a+1}}$

f) $(-5)^{2x} \cdot 12^{2x} = (-5 \cdot 12)^{2x} = \mathbf{(-60)^{2x}}$

g) $(-3x)^3 \cdot (-y)^3 = (-3x \cdot (-y))^3 = \mathbf{(3xy)^3}$

h) $(a+b)^t \cdot (a-b)^t = ((a+b) \cdot (a-b))^t = \mathbf{(a^2 - b^2)^t}$

i) $\left(\frac{1}{3}\right)^4 \cdot x^4 \cdot 3^4 = \left(\frac{1}{3} \cdot x \cdot 3\right)^4 = (x)^4 = \mathbf{x^4}$

j) $\left(\frac{x}{2y}\right)^3 \cdot \left(\frac{y}{2x}\right)^3 = \left(\frac{x}{2y} \cdot \frac{y}{2x}\right)^3 = \left(\frac{1}{2} \cdot \frac{1}{2}\right)^3 = \left(\frac{1}{4}\right)^3 = \mathbf{\frac{1}{64}}$

31 a) $(ab)^3 = \mathbf{a^3b^3}$

b) $(2xy)^5 = 2^5x^5y^5 = \mathbf{32x^5y^5}$

c) $(10x)^4 = 10^4x^4 = \mathbf{10\,000x^4}$

d) $(-2x)^5 = (-2)^5x^5 = \mathbf{-32x^5}$

e) $(4a)^{x+1} = \mathbf{4^{x+1}a^{x+1}}$

f) $(5 \cdot 2a)^b = (10a)^b = \mathbf{10^ba^b}$

g) $(-3x)^{2n} = (-3)^{2n}x^{2n} = \mathbf{3^{2n}x^{2n}}$

2n ist eine gerade Zahl

h) $(2x \cdot 3y)^6 = (6xy)^6 = \mathbf{46\,656x^6y^6}$

i) $\left(\frac{2}{5}x\right)^2 = \left(\frac{2}{5}\right)^2 x^2 = \mathbf{\frac{4}{25}x^2}$

j) $\left(\frac{1}{2a}\right)^{-n} = \frac{1}{2^{-n}a^{-n}} = \mathbf{2^n a^n}$

32

a^{21}	a^{12x}	a^{2x^2+4x}	a^{6x^2-12x}
a^{21x^2+6x}	a^{6x}	a^{3x-6}	a^{32+16x}
a^{5x+5x^2}	a^{28x^2}	a^{24x+48}	$a^{12x^3+8x^2}$

33 a) $16^3 = (2 \cdot 2 \cdot 2 \cdot 2)^3 = (2^4)^3 = \mathbf{2^{12}}$

b) $8^5 = (2 \cdot 2 \cdot 2)^5 = (2^3)^5 = \mathbf{2^{15}}$

c) $1\,000^2 = (10^3)^2 = \mathbf{10^6}$

d) $49^2 = (7^2)^2 = \mathbf{7^4}$

e) $125^x = (5 \cdot 5 \cdot 5)^x = (5^3)^x = \mathbf{5^{3x}}$

f) $16^{m+n} = (2^4)^{m+n} = \mathbf{2^{4m+4n}}$

g) $64^t = (8 \cdot 8)^t = (2^3 \cdot 2^3)^t = (2^6)^t = \mathbf{2^{6t}}$

h) $32^{x-y} = (2^5)^{x-y} = \mathbf{2^{5x-5y}}$

34 a) $x^5 \cdot x^{-3} = x^{5+(-3)} = \mathbf{x^2}$

b) $a^{-m} \cdot a^{-n} = a^{-m+(-n)} = \mathbf{a^{-m-n}}$

c) $b^{-2} \cdot b^2 \cdot b^{-4} = b^{-2+2-4} = \mathbf{b^{-4}}$

d) $\frac{a^{-5}a^2}{a^{-1}} = a^{-5+2-(-1)} = \mathbf{a^{-2}}$

e) $\left(\frac{1}{3}\right)^{-2} \cdot \left(\frac{1}{3}\right)^4 = \left(\frac{1}{3}\right)^{-2+4} = \mathbf{\left(\frac{1}{3}\right)^2}$

f) $\frac{y^3x^{-2}}{y^{-3}x^4} = y^{3-(-3)}x^{-2-4} = \mathbf{y^6x^{-6}}$

35 a) $a^{-3} = \mathbf{\frac{1}{a^3}}$

b) $2a^7 \cdot a^{-3} = 2a^{7+(-3)} = \mathbf{2a^4}$

c) $5^{-2}x^{-2} = \frac{1}{5^2x^2} = \mathbf{\frac{1}{25x^2}}$

d) $ax^{-2} = \mathbf{\frac{a}{x^2}}$

e) $a^{-m-1} = a^{-(m+1)} = \mathbf{\frac{1}{a^{m+1}}}$

f) $a^{-m}b^m = \mathbf{\frac{b^m}{a^m}}$

36 a) $\sqrt{400} \cdot \sqrt{529} = 20 \cdot 23 = \mathbf{460}$

b) $\sqrt{0{,}01x^2} = \mathbf{0{,}1x}$

c) $\sqrt{49a^3b^2} = \sqrt{7^2 \cdot a \cdot a^2 \cdot b^2} = \mathbf{7ab\sqrt{a}}$

d) $\sqrt{18xy^4} = \sqrt{2 \cdot 3^2 \cdot xy^4} = \mathbf{3y^2\sqrt{2x}}$

e) $\sqrt{\frac{x}{225}} = \sqrt{\frac{x}{15^2}} = \mathbf{\frac{1}{15}\sqrt{x}}$

f) $\sqrt{\frac{4x}{1\,024y^2}} = \sqrt{\frac{x}{256y^2}} = \mathbf{\frac{1}{16y}\sqrt{x}}$

g) $\sqrt{625a^2b^2} + a\sqrt{5b} \cdot \sqrt{180b} = 25ab + a\sqrt{5b \cdot 180b} = 25ab + a \cdot 30b = \mathbf{55ab}$

h) $\sqrt{5x} \cdot \sqrt{10y} \cdot \sqrt{8y} = \sqrt{5x \cdot 10y \cdot 8y} = \sqrt{400xy^2} = \sqrt{(20y)^2x} = \mathbf{20y\sqrt{x}}$

i) $\sqrt{a^2 + 2ab + b^2} = \sqrt{(a+b)^2} = \mathbf{a+b}$

j) $\sqrt{x-2} \cdot \sqrt{9x-18} = \sqrt{(x-2)(9x-18)} = \sqrt{(x-2) \cdot 9(x-2)} = \mathbf{3(x-2)}$

37 Nach dem Satz des Pythagoras gilt: $c^2 = a^2 + b^2$

$$c = \sqrt{a^2 + b^2}$$

$c = \sqrt{13}$ ist gegeben. Nun muss überlegt werden, aus welchen beiden Zahlen sich 13 zusammensetzt, z. B.:
$13 = 4 + 9$

Damit folgt:
$c = \sqrt{13} = \sqrt{\mathbf{4+9}} = \sqrt{\mathbf{2^2+3^2}}$

Mit den Kathetenlängen 2 und 3 lässt sich die Hypotenusenlänge $\sqrt{13}$ bilden.

38 a) $\frac{2}{\sqrt{4x}} = \frac{2}{2\sqrt{x}} = \frac{1}{\sqrt{x}} = \frac{\sqrt{x}}{\sqrt{x}\cdot\sqrt{x}} = \mathbf{\frac{\sqrt{x}}{x}}$

Es kann auch zuerst teilweise radiziert und gekürzt werden.

b) $\frac{x}{\sqrt{x+2}} = \frac{x\cdot\sqrt{x+2}}{\sqrt{x+2}\cdot\sqrt{x+2}} = \mathbf{\frac{x\sqrt{x+2}}{x+2}}$

c) $\frac{y^3}{2-\sqrt{y}} = \frac{y^3(2+\sqrt{y})}{(2-\sqrt{y})(2+\sqrt{y})} = \mathbf{\frac{y^3(2+\sqrt{y})}{4-y}}$

d) $\frac{a}{2\sqrt{2a+b}} = \frac{a\sqrt{2a+b}}{2\sqrt{2a+b}\sqrt{2a+b}} = \frac{a\sqrt{2a+b}}{2(2a+b)} = \mathbf{\frac{a\sqrt{2a+b}}{4a+2b}}$

39

		wahr	falsch
1	$4{,}5 \in \mathbb{Q}$	☒	☐
2	$\sqrt{4{,}5} \in \mathbb{R}$	☒	☐
3	$-10 \in \mathbb{N}$	☐	☒

		wahr	falsch
4	$5\frac{1}{5} \in \mathbb{Z}$	☐	☒
5	$1\,026 \in \mathbb{N}$	☒	☐
6	$-\sqrt{2} \in \mathbb{Q}$	☐	☒

40 a) $2{,}5\cdot(5+4\cdot(-3{,}2+4)) = 2{,}5\cdot(5-12{,}8+16) = 2{,}5\cdot(+8{,}2) = \mathbf{20{,}5}$

b) $\sqrt{25} - ((5{,}4-4\cdot(-3))\cdot 2 = 5-2\cdot(5{,}4+12) = 5-2\cdot 17{,}4 = 5-34{,}8 = \mathbf{-29{,}8}$

c) $\frac{1}{4}x\cdot\left(\frac{1}{2}z-5y\right)-\left(\frac{1}{2}z+5y\right)\cdot x = \frac{1}{8}xz-\frac{5}{4}xy-\frac{1}{2}xz-5xy = \mathbf{-\frac{3}{8}xz-\frac{25}{4}xy}$

d) $a^2b\cdot\left(\frac{1}{5}a-b\right)-\left(\left(-\frac{2}{3}ab\right)^2+a^3b\right)=\frac{1}{5}a^3b-a^2b^2-\left(\frac{4}{9}a^2b^2+a^3b\right)$

$=\frac{1}{5}a^3b-a^2b^2-\frac{4}{9}a^2b^2-a^3b$

$=\mathbf{-\frac{4}{5}a^3b-\frac{13}{9}a^2b^2}$

e) $(a+2)(3,5b-1)-(3,5b+1)(a-2)=3,5ab-a+7b-2-(3,5ab-7b+a-2)$

$=3,5ab-a+7b-2-3,5ab+7b-a+2$

$=\mathbf{-2a+14b}$

f) $(a+1,5b+c)\cdot d-(2ad-6bd+5cd)=ad+1,5bd+cd-2ad+6bd-5cd$

$=\mathbf{-ad+7,5bd-4cd}$

41

$9x^2$	$-54xy$	$+81y^2$
$36x^2$	$+96xy$	$+64y^2$
$4x^2$	$+48xy$	$+144y^2$
$25x^2$	$-70xy$	$+49y^2$

42 a) $(12x+yz)(12x-yz)=\mathbf{144x^2-y^2z^2}$

b) $(1,5a+0,1)(1,5a-0,1)=\mathbf{2,25a^2-0,01}$

c) $\left(6x-\frac{1}{3}\right)^2=36x^2-2\cdot6x\cdot\frac{1}{3}+\frac{1}{9}=\mathbf{36x^2-4x+\frac{1}{9}}$

d) $\left(\frac{1}{4}x-2y\right)^2=\frac{1}{16}x^2-2\cdot\frac{1}{4}x\cdot2y+4y^2=\mathbf{\frac{1}{16}x^2-xy+4y^2}$

e) $-(4x-2y)^2+(4x+2y)^2=-(16x^2-16xy+4y^2)+(16x^2+16xy+4y^2)$

$=-16x^2+16xy-4y^2+16x^2+16xy+4y^2$

$=\mathbf{32xy}$

f) $\left(\frac{1}{10}x+0,2y\right)^2-\left(0,2x+\frac{1}{10}y\right)^2$

$=\frac{1}{100}x^2+2\cdot\frac{1}{10}x\cdot0,2y+0,04y^2-\left(0,04x^2+2\cdot0,2x\cdot\frac{1}{10}y+\frac{1}{100}y^2\right)$

$=0,01x^2+0,04xy+0,04y^2-0,04x^2-0,04xy-0,01y^2$

$=\mathbf{-0,03x^2+0,03y^2}$

43 a) $\frac{4x-5y}{8x}-\frac{5x-y}{12x}=\frac{3(4x-5y)-2(5x-y)}{24x}=\frac{12x-15y-10x+2y}{24x}=\mathbf{\frac{2x-13y}{24x}}$

b) $\frac{(2x+1)^2}{8c}-\frac{(x+2)^2}{12c}=\frac{3(4x^2+4x+1)-2(x^2+4x+4)}{24c}$

$=\frac{12x^2+12x+3-2x^2-8x-8}{24c}=\mathbf{\frac{10x^2+4x-5}{24c}}$

c) $\frac{x+2}{x-2}\cdot\frac{x-2}{x+2}-\frac{8}{x^2-4}=1-\frac{8}{x^2-4}=\frac{x^2-4-8}{x^2-4}=\mathbf{\frac{x^2-12}{x^2-4}}$

d) $-\frac{4a}{b+c}:\frac{4(b+c)}{75a^2}=\frac{-4a\cdot 75a^2}{(b+c)\cdot 4(b+c)}=\mathbf{\frac{-75a^3}{(b+c)^2}}$

e) $\frac{2}{x-1}:\frac{3}{x-2}\cdot\frac{5}{x+2}=\frac{2}{x-1}\cdot\frac{x-2}{3}\cdot\frac{5}{x+2}=\mathbf{\frac{10(x-2)}{3(x-1)(x+2)}}$

f) $\frac{3(x+y)}{15(x-y)}\cdot\frac{25(x-y)^2}{18(x+y)^2}=\frac{3\cdot 25\cdot(x-y)}{15\cdot 18\cdot(x+y)}=\mathbf{\frac{5(x-y)}{18(x+y)}}$

44 a) $-5v^2+50v-125=-5(v^2-10v+25)=\mathbf{-5(v-5)^2}$

b) $a(t-4)+b(t-4)=\mathbf{(a+b)(t-4)}$

c) $\frac{2a-2b}{8a-8b}=\frac{2(a-b)}{8(a-b)}=\mathbf{\frac{1}{4}}$

d) $\frac{6m-5n}{18m-15n}=\frac{(6m-5n)}{3(6m-5n)}=\mathbf{\frac{1}{3}}$

e) $60a^4-15a^3-10a^2=\mathbf{5a^2(12a^2-3a-2)}$

f) $(a-b)c-a+b=(a-b)c-(a-b)=\mathbf{(a-b)(c-1)}$

g) $\frac{x^2-xy}{y^2-x^2}=\frac{x(x-y)}{(y+x)(y-x)}=\frac{-x(y-x)}{(y+x)(y-x)}=\mathbf{\frac{-x}{y+x}}$

h) $\frac{a^2-b^2}{a^2+ab}=\frac{(a+b)(a-b)}{a(a+b)}=\mathbf{\frac{a-b}{a}}$

45 a) $a^2(a^2+a^3)=\mathbf{a^4+a^5}$

b) $2x^2(3x^3\cdot 3x^4)=\mathbf{18x^9}$

c) $20^{n+2}\cdot 20^{n+3}=\mathbf{20^{2n+5}}$

d) $(ax^3)^4=\mathbf{a^4x^{12}}$

e) $\frac{x^{m+1}}{x^{m-1}}=x^{m+1-(m-1)}=\mathbf{x^2}$

f) $\left(\frac{2}{3}\right)^n\cdot\left(\frac{3}{4}\right)^n\cdot 2^n=\left(\frac{2}{3}\cdot\frac{3}{4}\cdot 2\right)^n=1^n=\mathbf{1}$

g) $a^{2n}\cdot(ab)^{2n}=(a^2b)^{2n}=\mathbf{a^{4n}b^{2n}}$

h) $((x^{-3})^4)^{-5}=x^{-3\cdot 4\cdot(-5)}=\mathbf{x^{60}}$

46 a) $\frac{2a}{\sqrt{3}}=\frac{2a\sqrt{3}}{\sqrt{3}\sqrt{3}}=\mathbf{\frac{2a\sqrt{3}}{3}}$

b) $\frac{x}{\sqrt{x}+1}=\frac{x(\sqrt{x}-1)}{(\sqrt{x}+1)(\sqrt{x}-1)}=\mathbf{\frac{x(\sqrt{x}-1)}{x-1}}$

47

wahr	falsch
$17+15=32$	$12+16{,}9=19$
$4{,}5\cdot 5-2=20{,}5$	$4^2+1=15+1$
	$21^2=20^2+7^2$
	$4\cdot 5{,}5+1=22$

48 a) $\mathbf{L=\{7\}}$

b) $\mathbf{L=\{-8\}}$

c) $\mathbf{L=\{-0{,}5\}}$

d) $\mathbf{L=\{4\}}$

49 **Linke Treppe:**

$(4+5x)+8=13\cdot 7x-6$

$4+5x+8=91x-6 \quad |+6$

$18+5x=91x \quad |-5x$

$18=86x \quad |:86$

$x=\frac{9}{43}$

$\mathbf{L=\left\{\frac{9}{43}\right\}}$

Probe:

$\left(4+5\cdot\frac{9}{43}\right)+8=13\cdot 7\cdot\frac{9}{43}-6$

$\frac{561}{43}=\frac{561}{43}$ ✓

Rechte Treppe:

$(12-3y)+2y = y\cdot 8$

$12-3y+2y = 8y$

$12-y = 8y \quad |+y$

$12 = 9y \quad |:9$

$y = \frac{4}{3}$

$\mathbf{L = \left\{\frac{4}{3}\right\}}$

Probe:

$\left(12-3\cdot\frac{4}{3}\right)+2\cdot\frac{4}{3} = \frac{4}{3}\cdot 8$

$\frac{32}{3} = \frac{32}{3}$ ✓

50 a) $4{,}5x+8 = 17 \quad |-8$

$4{,}5x = 9 \quad |:4{,}5$

$x = 2$

$\mathbf{L = \{2\}}$

b) $6x+1 = 10 \quad |-1$

$6x = 9 \quad |:6$

$x = \frac{3}{2} \notin \mathbb{Z}$

$\mathbf{L = \{\,\}}$

c) $12x-10 = -24 \quad |+10$

$12x = -14 \quad |:12$

$x = -\frac{7}{6} \notin \mathbb{Z}$

$\mathbf{L = \{\,\}}$

d) $3x+29 = 8+3r \quad |-29$

$3x = -21+3r \quad |:3$

$x = -7+r \in \mathbb{Z}$, da $r \in \mathbb{Z}$

$\mathbf{L = \{-7+r\}}$

51 a) $12x+27 = 11+(187-7x)$

$12x+27 = 198-7x \quad |-27$

$12x = 171-7x \quad |+7x$

$19x = 171 \quad |:19$

$x = 9$

$\mathbf{L = \{9\}}$

b) $3x-(36+4x) = 28-2x$

$3x-36-4x = 28-2x$

$-x-36 = 28-2x \quad |+2x$

$x-36 = 28 \quad |+36$

$x = 64$

$\mathbf{L = \{64\}}$

c) $11+5x = 3x-(10-5x)$

$11+5x = 3x-10+5x$

$11+5x = 8x-10 \quad |-5x$

$11 = 3x-10 \quad |+10$

$21 = 3x \quad |:3$

$x = 7$

$\mathbf{L = \{7\}}$

d) $22-9x = 17-(10x-7)$

$22-9x = 17-10x+7$

$22-9x = 24-10x \quad |+10x$

$22+x = 24 \quad |-22$

$x = 2$

$\mathbf{L = \{2\}}$

52 Drücke die Länge a des Rechtecks über die Breite b aus: $a = b + 9$

Setze in die Formel für den Umfang ein und löse die lineare Gleichung:

$$\begin{aligned} 2\cdot(a+b) &= 118 \\ 2\cdot(b+9+b) &= 118 \\ 2\cdot(2b+9) &= 118 \\ 4b+18 &= 118 \qquad |-18 \\ 4b &= 100 \qquad |:4 \\ b &= 25 \end{aligned}$$

Das Rechteck hat die Breite **$b = 25$ m** und die Länge **a** $= 25\text{ m} + 9\text{ m} =$ **34 m**.

53 1. Zahl: $x \Rightarrow x-2$ um 2 vermindert

2. Zahl: $x+2 \Rightarrow x+2+3$ um 3 vermehrt

Ansetzen und Lösen der Gleichung:

$$\begin{aligned} x\cdot(x+2) &= (x-2)\cdot(x+2+3) \\ x^2+2x &= (x-2)\cdot(x+5) \\ x^2+2x &= x^2+5x-2x-10 \\ x^2+2x &= x^2+3x-10 \qquad |-x^2 \\ 2x &= 3x-10 \qquad |-3x \\ -x &= -10 \qquad |\cdot(-1) \\ x &= 10 \end{aligned}$$

Die 1. Zahl lautet **10**, die 2. Zahl $10+2=$ **12**.

54

$$\begin{aligned} 4(13+3x)-3(6-x)+11 &= 0 \\ 52+12x-18+3x+11 &= 0 \\ 45+15x &= 0 \qquad |-45 \\ 15x &= -45 \qquad |:15 \\ x &= -3 \end{aligned}$$

55 a)

$$\begin{aligned} &(1)\quad 3x + y = 14 \\ &(2)\quad 2x - y = 1 \end{aligned}$$

$$(1)+(2)\quad 5x = 15 \quad |:5$$
$$x = 3$$

Einsetzen in (1):

$$\begin{aligned} 3\cdot 3 + y &= 14 \\ 9 + y &= 14 \quad |-9 \\ y &= 5 \end{aligned}$$

L = {(3 | 5)}

b)

$$\begin{aligned} &(1)\quad 9x - 8y = 14 \\ &(2)\quad 5x - 4y = 10 \quad |\cdot(-2) \end{aligned}$$

$$\begin{aligned} &(1)\quad 9x - 8y = 14 \\ &(2')\quad -10x + 8y = -20 \end{aligned}$$

$$(1)+(2')\quad -x = -6 \quad |\cdot(-1)$$
$$x = 6$$

Einsetzen in (1):

$$\begin{aligned} 9\cdot 6 - 8y &= 14 \\ 54 - 8y &= 14 \quad |-54 \\ -8y &= -40 \quad |:(-8) \\ y &= 5 \end{aligned}$$

L = {(6 | 5)}

56 a)

$$\begin{aligned} &(1)\quad 2x + 3y = -14 \\ &(2)\quad x + 2y = -8 \quad |-2y \end{aligned}$$

$$\begin{aligned} &(1)\quad 2x + 3y = -14 \\ &(2')\quad x = -8 - 2y \end{aligned}$$

$$\begin{aligned} (2') \text{ in } (1)\quad 2(-8-2y) + 3y &= -14 \\ -16 - 4y + 3y &= -14 \\ -16 - y &= -14 \quad |+16 \\ -y &= 2 \quad |\cdot(-1) \\ y &= -2 \end{aligned}$$

Einsetzen in (2'):

$$x = -8 - 2\cdot(-2) = -8 + 4 = -4$$

L = {(−4 | −2)}

b) (1) $5y + 1 = 9 - 2x$
(2) $-y = 3x + 1 \quad | \cdot (-1)$

(1) $5y + 1 = 9 - 2x$
(2') $y = -3x - 1$

(2') in (1)
$$5 \cdot (-3x - 1) + 1 = 9 - 2x$$
$$-15x - 5 + 1 = 9 - 2x$$
$$-15x - 4 = 9 - 2x \quad | -9$$
$$-15x - 13 = -2x \quad | +15x$$
$$-13 = 13x \quad | :13$$
$$x = -1$$

Einsetzen in (2'):
$y = -3 \cdot (-1) - 1 = 3 - 1 = 2$
$L = \{(-1 | 2)\}$

57 a) (1) $3x + y = 15 \quad | \cdot (-6)$
(2) $5x - 6y = 2 \quad | -5x$

(1') $-18x - 6y = -90 \quad | +18x$
(2') $-6y = 2 - 5x$

(1') $-6y = -90 + 18x$
(2') $-6y = 2 - 5x$

(1') = (2')
$$-90 + 18x = 2 - 5x \quad | +5x$$
$$-90 + 23x = 2 \quad | +90$$
$$23x = 92 \quad | :23$$
$$x = 4$$

Einsetzen in (1):
$3 \cdot 4 + y = 15$
$12 + y = 15 \quad | -12$
$y = 3$
$L = \{(4 | 3)\}$

b) (1) $3x + y = -5 \quad |-y$

(2) $2y + x = 5 \quad |-2y$

(1') $3x = -5 - y$

(2') $x = 5 - 2y \quad |\cdot 3$

(1') $3x = -5 - y$

(2') $3x = 15 - 6y$

(1') = (2') $-5 - y = 15 - 6y \quad |+6y$

$-5 + 5y = 15 \quad |+5$

$5y = 20 \quad |:5$

$y = 4$

Einsetzen in (1):

$3x + 4 = -5 \quad |-4$

$3x = -9 \quad |:3$

$x = -3$

$L = \{(-3|4)\}$

58 Zähler x; Nenner y

(1) $\frac{x+1}{y+1} = \frac{8}{9} \quad |\cdot 9(y+1)$ mit Hauptnenner multiplizieren

(2) $\frac{x-1}{y-1} = \frac{7}{8} \quad |\cdot 8(y-1)$

(1') $9x + 9 = 8y + 8 \quad |-9$

(2') $8x - 8 = 7y - 7 \quad |+8$

(1') $9x = 8y - 1 \quad |\cdot 8$

(2') $8x = 7y + 1 \quad |\cdot(-9)$

(1') $72x = 64y - 8$

(2') $-72x = -63y - 9$

(1') + (2') $0 = y - 17 \quad |+17$

$y = 17$

Einsetzen in (1'):

$72x = 64 \cdot 17 - 8$

$72x = 1080 \quad |:72$

$x = 15$

Der Bruch lautet $\frac{15}{17}$.

59 a) Zeichnung:

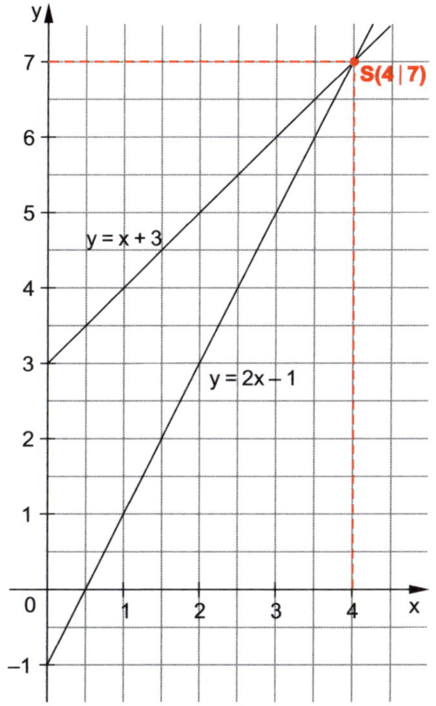

Rechnung:

(1) $y = 2x - 1$
(2) $y = x + 3$

(1) = (2) $2x - 1 = x + 3 \quad | -x$
$x - 1 = 3 \quad | +1$
$x = 4$

Einsetzen in (1):
$y = 2 \cdot 4 - 1 = 7$
L = {(4 | 7)}

b) Zeichnung:

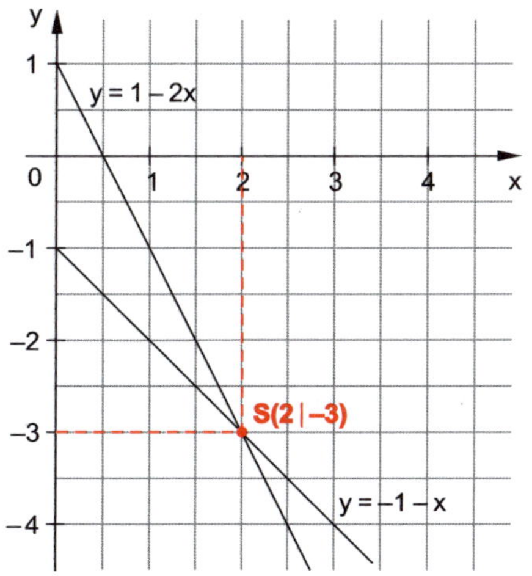

Rechnung:

(1) $5y = 5 - 10x$
(2) $5y = -5 - 5x$

(1) = (2) $5 - 10x = -5 - 5x \quad | +10x$
$5 = -5 + 5x \quad | +5$
$10 = 5x \quad | :5$
$x = 2$

Einsetzen in (1):
$5y = 5 - 10 \cdot 2$
$5y = -15 \quad | :5$
$y = -3$
L = {(2 | –3)}

60 a) $x^2 - 6x + 5 = 0$

$$x_{1/2} = \frac{6}{2} \pm \sqrt{\left(\frac{-6}{2}\right)^2 - 5}$$ p-q-Formel mit p = −6 und q = 5

$$x_{1/2} = 3 \pm \sqrt{9-5}$$

$$x_{1/2} = 3 \pm \sqrt{4}$$

$$x_{1/2} = 3 \pm 2$$

$$\Rightarrow \quad x_1 = 5; \; x_2 = 1$$

L = {1; 5}

b) $x^2 - 0,25 = 0 \quad |+0,25$

$$x^2 = 0,25 \quad |\sqrt{}$$ Es liegt eine reinquadratische Gleichung vor.

$$x_{1/2} = \pm\sqrt{0,25}$$

$$x_{1/2} = \pm 0,5$$

L = {−0,5; 0,5}

c) $x^2 + 5x = 14 \quad |-14$

$$x^2 + 5x - 14 = 0$$

$$x_{1/2} = -\frac{5}{2} \pm \sqrt{\left(\frac{5}{2}\right)^2 + 14}$$ p-q-Formel mit p = 5 und q = −14

$$x_{1/2} = -\frac{5}{2} \pm \sqrt{\frac{81}{4}}$$

$$x_{1/2} = -\frac{5}{2} \pm \frac{9}{2}$$

$$\Rightarrow \quad x_1 = \frac{4}{2} = 2; \; x_2 = -\frac{14}{2} = -7$$

L = {−7; 2}

d) $2x^2 - 19x + 9 = 0$

$$x_{1/2} = \frac{19 \pm \sqrt{(-19)^2 - 4 \cdot 2 \cdot 9}}{2 \cdot 2}$$ a-b-c-Formel mit a = 2, b = −19 und c = 9

$$x_{1/2} = \frac{19 \pm \sqrt{361 - 72}}{4}$$

$$x_{1/2} = \frac{19 \pm \sqrt{289}}{4}$$

$$x_{1/2} = \frac{19 \pm 17}{4}$$

$$\Rightarrow \quad x_1 = \frac{36}{4} = 9; \; x_2 = \frac{2}{4} = \frac{1}{2}$$

$$\mathbf{L = \left\{\frac{1}{2}; 9\right\}}$$

e) $25x^2 + 450 = 0 \quad |-450$

$25x^2 = -450 \quad |:25$

$x^2 = -18$

$\mathbf{L = \{\ \}}$

Zwar liegt eine reinquadratische Gleichung vor, aber es darf keine Wurzel aus einer negativen Zahl gezogen werden. Es gibt keine reelle Zahl, die quadriert –18 ergibt.

f) $24x^2 - 105 = -11x \quad |+11x$

$24x^2 + 11x - 105 = 0$

a-b-c-Formel: $a = 24$, $b = 11$, $c = -105$

$$x_{1/2} = \frac{-11 \pm \sqrt{11^2 - 4 \cdot 24 \cdot (-105)}}{2 \cdot 24}$$

$$x_{1/2} = \frac{-11 \pm \sqrt{121 + 10\,080}}{48}$$

$$x_{1/2} = \frac{-11 \pm \sqrt{10\,201}}{48}$$

$$x_{1/2} = \frac{-11 \pm 101}{48}$$

$$\Rightarrow \quad x_1 = \frac{90}{48} = \frac{15}{8}; \; x_2 = \frac{-112}{48} = -\frac{7}{3}$$

$$\mathbf{L = \left\{-\frac{7}{3}; \frac{15}{8}\right\}}$$

g) $25x^2 + 4x = 0$

faktorisieren, da $c = 0$

$x(25x + 4) = 0$

$\Rightarrow \quad x_1 = 0$

$25x_2 + 4 = 0 \quad |-4$

$25x_2 = -4 \quad |:25$

$x_2 = -\frac{4}{25}$

$$\mathbf{L = \left\{-\frac{4}{25}; 0\right\}}$$

h) $9x^2 - 24x = 0$ — faktorisieren, da $c = 0$

$3x(3x - 8) = 0$ — Es erleichtert die Folgerechnung, wenn man neben x so viel wie möglich ausklammert.

$\Rightarrow \quad x_1 = 0$

$3x_2 - 8 = 0 \quad |+8$

$3x_2 = 8 \quad |:3$

$x_2 = \frac{8}{3}$

$L = \left\{0; \frac{8}{3}\right\}$

61 a) $x^2 + 13x - 30 = 0$ — $p = 13$ und $q = -30$

$x_1 + x_2 = -13 \quad \Rightarrow \quad -2 + 15 = -13$

$13 = -13$ ↯

$x_1 \cdot x_2 = -30 \quad \Rightarrow \quad (-2) \cdot 15 = -30$

$-30 = -30$ ✓

Die angegebenen Lösungen **stimmen nicht**. — richtig wäre: $x_1 = 2$ und $x_2 = -15$

b) $x^2 - 29x - 210 = 0$ — $p = -29$ und $q = -210$

$x_1 + x_2 = 29 \quad \Rightarrow \quad -6 + 35 = 29$

$29 = 29$ ✓

$x_1 \cdot x_2 = -210 \quad \Rightarrow \quad (-6) \cdot 35 = -210$

$-210 = -210$ ✓

Die angegebenen Lösungen **stimmen**.

c) $-x^2 + 10x - 21 = 0 \quad |\cdot(-1)$

$x^2 - 10x + 21 = 0$ — $p = -10$ und $q = +21$

$x_1 + x_2 = 10 \quad \Rightarrow \quad -3 - 7 = 10$

$-10 = 10$ ↯

$x_1 \cdot x_2 = 21 \quad \Rightarrow \quad (-3) \cdot (-7) = 21$

$21 = 21$ ✓

Die angegebenen Lösungen **stimmen nicht**. — richtig wäre: $x_1 = 3$ und $x_2 = 7$

d) $4x^2 - 4x + 1 = 0 \quad |:4$

$x^2 - x + \frac{1}{4} = 0$ — $p = -1$ und $q = \frac{1}{4}$

$x_1 + x_2 = 1 \quad \Rightarrow \quad 0{,}5 + 0{,}5 = 1$

$1 = 1$ ✓

$$x_1 \cdot x_2 = \frac{1}{4} \quad \Rightarrow \quad 0{,}5 \cdot 0{,}5 = \frac{1}{4}$$

$$\frac{1}{4} = \frac{1}{4} \quad \checkmark$$

Die angegebenen Lösungen **stimmen**.

62 a) geg.: $d = 50\text{ cm}$

$$\frac{a}{b} = \frac{4}{3} \quad \Rightarrow \quad a = \frac{4}{3}b$$

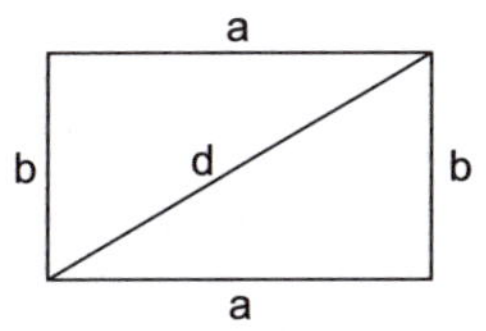

ges.: a, b

Nach Satz des Pythagoras gilt:

$a^2 + b^2 = d^2$

Setzt man die bekannten Größen ein und löst die entstandene Gleichung, so erhält man die gesuchte Breite des Rechtecks.

$$\left(\frac{4}{3}b\right)^2 + b^2 = 50^2 \qquad \Big|\text{ Werte einsetzen}$$

$$\frac{16}{9}b^2 + b^2 = 2\,500$$

$$\frac{25}{9}b^2 = 2\,500 \qquad \Big|: \frac{25}{9}$$

$$b^2 = 900$$

$$\Rightarrow \quad b_{1/2} = \pm\sqrt{900} = \pm\sqrt{30} \quad \Rightarrow \quad b_1 = 30$$

$$b_2 = -30$$

Da eine Länge positiv ist, kommt nur $b_1 = 30$ infrage. Die **Breite** des Rechtecks beträgt also **30 cm**, die **Länge** $\frac{4}{3} \cdot 30\text{ cm} = $ **40 cm**.

b) Oberfläche alter Würfel: $O_{alt} = 6a^2$

Oberfläche neuer Würfel: $O_{neu} = 6(a+1)^2$ bzw. $O_{neu} = O_{alt} + 54 = 6a^2 + 54$

Gleichsetzen der beiden Formel für O_{neu}:

$$6(a+1)^2 = 6a^2 + 54$$

$$6(a^2 + 2a + 1) = 6a^2 + 54$$

$$6a^2 + 12a + 6 = 6a^2 + 54 \qquad |-6a^2$$

$$12a + 6 = 54 \qquad |-6$$

$$12a = 48 \qquad |:12$$

$$a = 4$$

Die ursprüngliche Kantenlänge beträgt **4 cm**.

c) Die rechtsstehende Abbildung zeigt die gegebenen Größen.

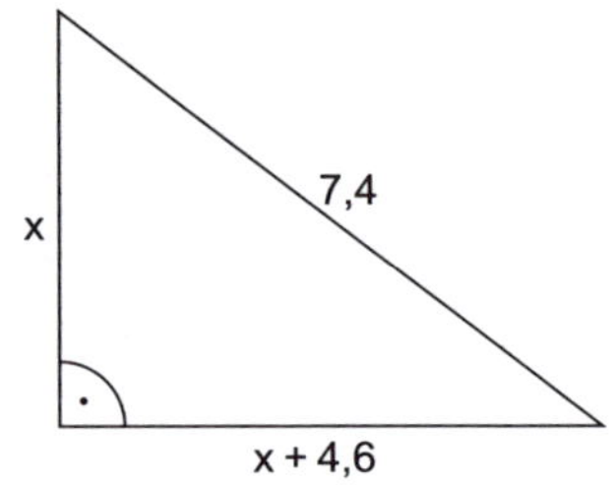

Satz des Pythagoras:

$$x^2 + (x+4,6)^2 = 7,4^2$$

$$x^2 + x^2 + 9,2x + 21,16 = 54,76 \quad |-54,76$$

$$2x^2 + 9,2x - 33,6 = 0 \quad |:2$$

$$x^2 + 4,6x - 16,8 = 0$$

$$x_{1/2} = -2,3 \pm \sqrt{2,3^2 + 16,8} \qquad \text{p-q-Formel mit } p = 4,6 \text{ und } q = -16,8$$

$$x_{1/2} = -2,3 \pm \sqrt{22,09}$$

$$x_{1/2} = -2,3 \pm 4,7$$

$$\Rightarrow \quad x_1 = 2,4; \; x_2 = -7$$

Die Kathete kann keine negative Länge haben, darum ist die eine Kathete **2,4 cm** und die andere 2,4 cm + 4,6 cm = **7 cm** lang.

63 **Rechnung 1:** Der 1. Term ist in der 2. Zeile nicht mit dem Hauptnenner $2x(x-1)$ multipliziert worden. Richtig lautet die Rechnung:

$$-\frac{3}{2} + \frac{2x+1}{2x} = \frac{x}{x-1} \quad |\cdot 2x(x-1) \qquad D = \mathbb{R} \setminus \{0; 1\}$$

$$-3x(x-1) + (2x+1)(x-1) = x \cdot 2x$$

$$-3x^2 + 3x + 2x^2 - 2x + x - 1 = 2x^2 \quad |-2x^2$$

$$-3x^2 + 2x - 1 = 0$$

$$x_{1/2} = \frac{-2 \pm \sqrt{4 - 4 \cdot (-3) \cdot (-1)}}{2 \cdot (-3)}$$

$$x_{1/2} = \frac{-2 \pm \sqrt{-8}}{-6}$$

Da die Diskriminante $D = -8$ negativ ist, ist die Lösungsmenge $L = \{\ \}$.

Fehlervermeidung: Die beiden Seiten immer komplett mit Hauptnenner multiplizieren!

Rechnung 2: Hier stimmt die Rechnung zwar, aber die erhaltene Lösung $x = -3$ liegt nicht in der Definitionsmenge!

$D = \mathbb{R} \setminus \{-3\}$ und $x = -3 \notin D \quad \Rightarrow \quad L = \{\ \}$

Fehlervermeidung: Bei Bruchgleichungen immer Definitionsmenge angeben und beachten!

64 a) $\frac{4}{x} = 5 \quad |\cdot x \qquad D = \mathbb{R} \setminus \{0\}$

$4 = 5x \quad |:5$

$\frac{4}{5} = x$

$\Rightarrow$ **I**

b) $\frac{3}{2}x = 4 \quad \left|: \frac{3}{2}\right. \qquad D = \mathbb{R}$

$x = \frac{8}{3}$

$\Rightarrow$ **N**

c) $\frac{9}{4x+3} = 5 \quad |\cdot(4x+3) \qquad D = \mathbb{R} \setminus \left\{-\frac{3}{4}\right\}$

$9 = 5(4x+3)$

$9 = 20x + 15 \quad |-15$

$-6 = 20x \quad |:20$

$-0,3 = x$

$\Rightarrow$ **T**

d) $\frac{4}{x+5} = 1 \quad |\cdot(x+5) \qquad D = \mathbb{R} \setminus \{-5\}$

$4 = x + 5 \quad |-5$

$-1 = x$

$\Rightarrow$ **E**

e) $\frac{9}{2x} + 5 = \frac{17}{x} \quad |\cdot 2x \qquad D = \mathbb{R} \setminus \{0\}$

$9 + 10x = 34 \quad |-9$

$10x = 25 \quad |:10$

$x = 2,5$

$\Rightarrow$ **R**

f) $\frac{1{,}9}{x} - \frac{0{,}8}{3-x} = 0 \quad |\cdot x(3-x) \qquad D = \mathbb{R} \setminus \{0; 3\}$

$$\begin{aligned} 1{,}9(3-x) - 0{,}8x &= 0 \\ 5{,}7 - 1{,}9x - 0{,}8x &= 0 \\ 5{,}7 - 2{,}7x &= 0 \quad |+2{,}7x \\ 5{,}7 &= 2{,}7x \quad |:2{,}7 \\ \frac{19}{9} &= x \end{aligned}$$

$\Rightarrow$ **N**

g) $-\frac{1}{x} + \frac{1}{3+x} = 0 \quad |\cdot x(3+x) \qquad D = \mathbb{R} \setminus \{-3; 0\}$

$$\begin{aligned} -(3+x) + x &= 0 \\ -3 - x + x &= 0 \quad \lightning \\ -3 &= 0 \end{aligned}$$

$\Rightarrow$ **E**

h) $\frac{3}{4x} + \frac{5}{6x} = \frac{7}{8} \quad |\cdot 24x \qquad D = \mathbb{R} \setminus \{0\}$

$$\begin{aligned} 18 + 20 &= 21x \\ 38 &= 21x \quad |:21 \\ \frac{38}{21} &= x \end{aligned}$$

$\Rightarrow$ **T**

Lösungswort: **INTERNET**

65 a) $\frac{3}{x+2} + \frac{5}{2} = 0 \quad |\cdot 2(x+2) \qquad D = \mathbb{R} \setminus \{-2\}$

$$\begin{aligned} 3 \cdot 2 + 5(x+2) &= 0 \\ 6 + 5x + 10 &= 0 \\ 16 + 5x &= 0 \quad |-16 \\ 5x &= -16 \quad |:5 \\ x &= -\frac{16}{5} \end{aligned}$$

$$\mathbf{L = \left\{-\frac{16}{5}\right\}}$$

b) $\frac{3}{x-5} = \frac{7}{x-3} \qquad |\cdot(x-5)(x-3) \qquad D = \mathbb{R}\setminus\{3; 5\}$

$$3(x-3) = 7(x-5)$$
$$3x-9 = 7x-35 \qquad |-3x$$
$$-9 = 4x-35 \qquad |+35$$
$$26 = 4x \qquad |:4$$
$$6{,}5 = x$$
$$\mathbf{L = \{6{,}5\}}$$

c) $\frac{1}{x-4} - \frac{2}{x+4} = -\frac{3}{x^2-16} \qquad |\cdot(x^2-16) \qquad D = \mathbb{R}\setminus\{-4; 4\}$

$$x+4-2(x-4) = -3$$
$$x+4-2x+8 = -3$$
$$-x+12 = -3 \qquad |-12$$
$$-x = -15 \qquad |\cdot(-1)$$
$$x = 15$$
$$\mathbf{L = \{15\}}$$

d) $D = \mathbb{R}\setminus\{-4; -1; 2\}$

$$\frac{-3}{x+4} + \frac{1}{x-2} = -\frac{2}{x+1} \qquad |\cdot(x+4)(x-2)(x+1)$$
$$-3(x-2)(x+1)+(x+4)(x+1) = -2(x+4)(x-2)$$
$$(-3x+6)(x+1)+x^2+x+4x+4 = (-2x-8)(x-2)$$
$$-3x^2-3x+6x+6+x^2+5x+4 = -2x^2+4x-8x+16$$
$$-2x^2+8x+10 = -2x^2-4x+16 \qquad |+2x^2$$
$$8x+10 = -4x+16 \qquad |+4x$$
$$12x+10 = 16 \qquad |-10$$
$$12x = 6 \qquad |:12$$
$$x = 0{,}5$$
$$\mathbf{L = \{0{,}5\}}$$

66 a) (1) $-3x+y = 4$

(2) $2x+y = -3$

(1) − (2) $-5x = 7 \qquad |:(-5)$

$$x = -\frac{7}{5}$$

Du kannst die linearen Gleichungssysteme natürlich auch mit einem anderen Verfahren als hier gewählt lösen. Deine Lösungsmenge kannst du mit der hier angegebenen vergleichen und kontrollieren.

Einsetzen in (1):

$$-3\cdot\left(-\frac{7}{5}\right)+y=4$$

$$\frac{21}{5}+y=4 \qquad \left|-\frac{21}{5}\right.$$

$$y=-\frac{1}{5}$$

$$\mathbf{L=\left\{\left(-\frac{7}{5}\,\middle|\,-\frac{1}{5}\right)\right\}}$$

b) (1) $4y-2x=12 \quad |\cdot 3$
(2) $3x+2y=-2 \quad |\cdot 2$

(1') $12y-6x=36$
(2') $6x+4y=-4$

(1')+(2') $16y=32 \quad |:16$
$y=2$

Einsetzen in (1):

$4\cdot 2-2x=12 \quad |-8$
$-2x=4 \quad |:(-2)$
$x=-2$

$\mathbf{L=\{(-2|2)\}}$

c) (1) $10x-9y=12 \quad |+9y$
(2) $24x-12y=48$

(1') $10x=12+9y \quad |:10$
(2) $24x-12y=48$

(1') $x=1{,}2+0{,}9y$
(2) $24x-12y=48$

(1') in (2) $24\cdot(1{,}2+0{,}9y)-12y=48$
$28{,}8+21{,}6y-12y=48 \quad |-28{,}8$
$9{,}6y=19{,}2 \quad |:9{,}6$
$y=2$

Einsetzen in (1'):

$x=1{,}2+0{,}9\cdot 2=1{,}2+1{,}8=3$

$\mathbf{L=\{(3|2)\}}$

d) (1) $4x - y = 1 \quad |\cdot 3$

(2) $12x = 3(y+1)$

(1') $12x - 3y = 3 \quad |+3y$

(2) $12x = 3y + 3$

(1') $12x = 3y + 3$

(2) $12x = 3y + 3$

(1') und (2) sind identisch.

$L = \{(x|y) \mid 12x = 3y + 3\}$

67 a) $\frac{2}{3}x + 5 = \frac{3}{4}x - 6 \quad \left| -\frac{2}{3}x \right.$

$5 = \frac{1}{12}x - 6 \quad |+6$

$11 = \frac{1}{12}x \quad \left| : \frac{1}{12} \right.$

$x = 132$

$L = \{132\}$

b) $\frac{5}{7}x + 4\frac{1}{9} = \frac{37}{9} \quad \left| -4\frac{1}{9} \right.$

$\frac{5}{7}x = 0 \quad \left| : \frac{5}{7} \right.$

$x = 0$

$L = \{0\}$

c) $x^2 - 4x - 5 = 0$

$x_{1/2} = 2 \pm \sqrt{(-2)^2 + 5}$ p-q-Formel mit $p = -4$ und $q = -5$

$x_{1/2} = 2 \pm \sqrt{9}$

$x_{1/2} = 2 \pm 3$

$\Rightarrow \; x_1 = 5; \; x_2 = -1$

$L = \{-1; 5\}$

d) $x^2 + x = 30 \quad |-30$

$x^2 + x - 30 = 0$

$x_{1/2} = -\frac{1}{2} \pm \sqrt{\left(\frac{1}{2}\right)^2 + 30}$ p-q-Formel mit p = 1 und q = –30

$x_{1/2} = -\frac{1}{2} \pm \sqrt{\frac{121}{4}}$

$x_{1/2} = -\frac{1}{2} \pm \frac{11}{2}$

$\Rightarrow \quad x_1 = \frac{10}{2} = 5; \; x_2 = -\frac{12}{2} = -6$

$L = \{-6; 5\}$

e) $\frac{5}{3x+1} = \frac{2}{2x-3} \quad |\cdot(3x+1)(2x-3)$ $D = \mathbb{R} \setminus \left\{-\frac{1}{3}; \frac{3}{2}\right\}$

$5(2x-3) = 2(3x+1)$

$10x - 15 = 6x + 2 \quad |-6x$

$4x - 15 = 2 \quad |+15$

$4x = 17 \quad |:4$

$x = \frac{17}{4}$

$L = \left\{\frac{17}{4}\right\}$

f) $\frac{3x}{4x^2-1} = \frac{2}{2x-1} - 1 \quad |\cdot(4x^2-1)$ $D = \mathbb{R} \setminus \left\{-\frac{1}{2}; \frac{1}{2}\right\}$

$3x = 2(2x+1) - (4x^2 - 1)$

$3x = 4x + 2 - 4x^2 + 1 \quad |-3x$

$0 = -4x^2 + x + 3$

$x_{1/2} = \frac{-1 \pm \sqrt{1 - 4 \cdot (-4) \cdot 3}}{2 \cdot (-4)}$ a-b-c-Formel mit a = –4, b = 1, c = 3

$x_{1/2} = \frac{-1 \pm \sqrt{49}}{-8}$

$x_{1/2} = \frac{-1 \pm 7}{-8}$

$$\Rightarrow\ x_1 = \frac{6}{-8} = -\frac{3}{4};\ x_2 = \frac{-8}{-8} = 1$$

$$\mathbf{L = \left\{-\frac{3}{4}; 1\right\}}$$

g) $13-(5x+2)+(x-7)=8x-20$

$$\begin{aligned} 13-5x-2+x-7 &= 8x-20 \\ 4-4x &= 8x-20 && \mid +4x \\ 4 &= 12x-20 && \mid +20 \\ 24 &= 12x && \mid :12 \\ 2 &= x \end{aligned}$$

L = {2}

h) $\frac{5a}{3a-x} = 5 \quad \mid \cdot(3a-x) \qquad D = \mathbb{R} \setminus \{3a\}$

$$\begin{aligned} 5a &= 5\cdot(3a-x) \\ 5a &= 15a-5x && \mid -15a \\ -10a &= -5x && \mid :(-5) \\ 2a &= x \end{aligned}$$

L = {2a}

68 a) $5\cdot(x-3)+15=10(x-6)+10$

Wandle den Text in eine Gleichung um. Setze x für die gesuchte Zahl an.

$$\begin{aligned} 5x-15+15 &= 10x-60+10 \\ 5x &= 10x-50 && \mid -10x \\ -5x &= -50 && \mid :(-5) \\ x &= 10 \end{aligned}$$

Die Zahl lautet **10**.

b) Länge: x
Breite: $x-3$

Formel für den Umfang: $2\cdot(\text{Länge}+\text{Breite})$

$$\begin{aligned} 2\cdot(x+x-3) &= 38 \\ 2\cdot(2x-3) &= 38 \\ 4x-6 &= 38 && \mid +6 \\ 4x &= 44 && \mid :4 \\ x &= 11 \end{aligned}$$

Das Rechteck hat die **Länge 11 cm** und die **Breite** 11 cm − 3 cm = **8 cm**.

c) 1. Zahl: $x \Rightarrow x-3$ vermindern um 3
2. Zahl: $x+4 \Rightarrow x+4-3=x+1$ vermindern um 3
Produkt: $x\cdot(x+4) \Rightarrow (x-3)\cdot(x+1)$

Da das Produkt um 69 abnimmt, folgt:

$$x\cdot(x+4)-69=(x-3)\cdot(x+1)$$
$$x^2+4x-69=x^2+x-3x-3 \quad |-x^2$$
$$4x-69=-2x-3 \quad |+2x$$
$$6x-69=-3 \quad |+69$$
$$6x=66 \quad |:6$$
$$x=11$$

Die Zahlen lauten **11** und $11+4=$ **15**.

d) 1. Zahl: x
2. Zahl: y

(1) $x+y=518$
(2) $x-y=204$

(1) + (2) $2x=722 \quad |:2$
$x=361$

Einsetzen in (1):

$$361+y=518 \quad |-361$$
$$y=157$$

Die Zahlen lauten **361** und **157**.

e) 1. Zahl: x
2. Zahl: y

(1) $\frac{x}{y}=\frac{3}{11} \quad |\cdot y$

(2) $x+y=238 \quad |-y$

(1') $x=\frac{3}{11}y$

(2') $x=238-y$

(1') = (2') $\frac{3}{11}y=238-y \quad |+y$

$$\frac{14}{11}y=238 \quad \Big|:\frac{14}{11}$$

$$y=187$$

Einsetzen in (2'):
$x = 238 - 187 = 51$

Die Zahlen lauten **51** und **187**.

f) Satz des Pythagoras: $a^2 + b^2 = c^2$

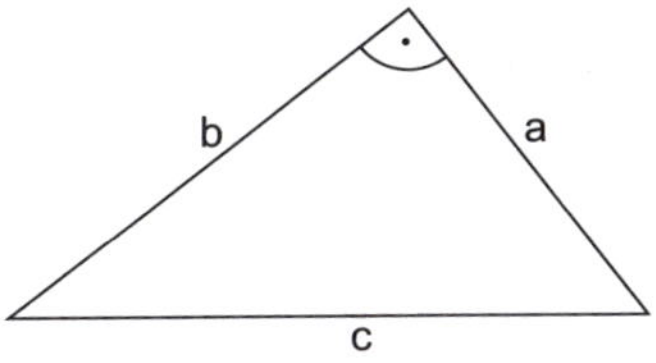

Aus $a + b = 28$ folgt: $b = 28 - a$
Aus $a + c = 32$ folgt: $c = 32 - a$

Einsetzen in Pythagoras:

$$a^2 + (28 - a)^2 = (32 - a)^2$$
$$a^2 + 784 - 56a + a^2 = 1\,024 - 64a + a^2$$
$$2a^2 + 784 - 56a = 1\,024 - 64a + a^2 \quad | -a^2$$
$$a^2 + 784 - 56a = 1\,024 - 64a \quad | +64a$$
$$a^2 + 8a + 784 = 1\,024 \quad | -1\,024$$
$$a^2 + 8a - 240 = 0$$

$$a_{1/2} = -4 \pm \sqrt{4^2 + 240}$$ p-q-Formel mit $p = 8$ und $q = -240$
$$a_{1/2} = -4 \pm \sqrt{256}$$
$$a_{1/2} = -4 \pm 16$$

$\Rightarrow$ $\mathbf{a_1 = 12}$; $a_2 = -20$ ↯ Eine Länge muss positiv sein.

$\Rightarrow$ $\mathbf{b} = 28 - 12 = \mathbf{16}$
$\mathbf{c} = 32 - 12 = \mathbf{20}$

69 a) Es handelt sich um eine **Funktion**, da jedes Kfz zu einem bestimmten Zeitpunkt auf genau ein Kennzeichen zugelassen ist.

b) Es handelt sich um eine **Funktion**, da es zu jedem Briefgewicht genau ein passendes Porto gibt.

c) Es liegt **keine** Funktion vor, da zu einem Porto mehrere Briefgewichte zählen und damit einem Element aus D mehrere Elemente aus W zugeordnet werden.

d) Es liegt **keine** Funktion vor, da viele Personen denselben Familiennamen tragen können.

e) Es handelt sich um eine **Funktion**, da jede Person einen eindeutig festgelegten Namen hat.

70 Die Graphen a und c sind Funktionsgraphen, Graph **b** ist aber **keiner**. Bei b gibt es zu mindestens einem Element der Definitionsmenge mehrere y-Werte, womit keine eindeutige Zuordnung vorliegt.

71 a)

x	−3	−2	0	5	7
$f(x) = x + 2$	−1	0	2	7	9

b)

x	−5	−1	2	4	10
$f(x) = -11 - x$	−6	−10	−13	−15	−21

c)

x	−5	−3	−1	1	3
$f(x) = x^2 - 4$	21	5	−3	−3	5

d)

x	−2	0	4	8	11
$f(x) = -2(3 - x)$	−10	−6	2	10	16

72 a) Der y-Wert ist immer um 2 größer als der x-Wert $\Rightarrow$ $y = x + 2$

b) Der y-Wert ist immer die Hälfte des x-Wertes $\Rightarrow$ $y = \frac{1}{2}x$

73

x	−3	−2	−1	0
f(x)	−5	−3	−1	1
g(x)	−7	−5	−3	−1
h(x)	10	5	2	1

x	1	2	3
f(x)	3	5	7
g(x)	1	3	5
h(x)	2	5	10

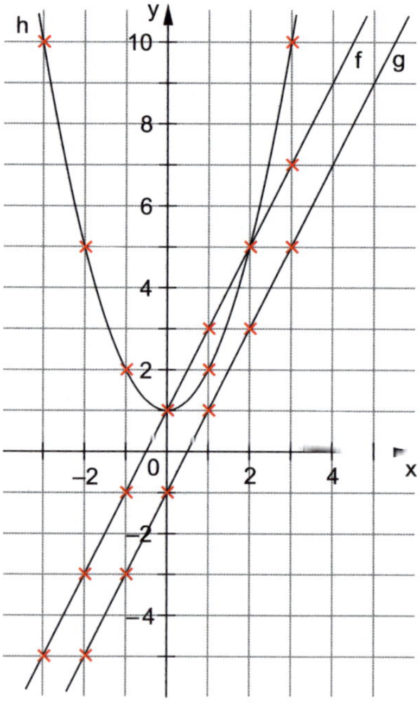

74

x	–3	–2	–1	0
f(x) = x + 2	–1	0	1	2
g(x) = –(x + 2)	1	0	–1	–2

x	1	2	3
f(x) = x + 2	3	4	5
g(x) = –(x + 2)	–3	–4	–5

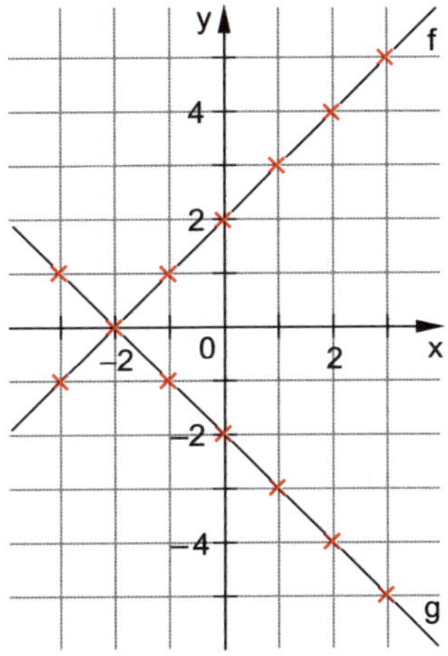

75 a) zu III b) zu I c) zu II d) zu IV e) zu V

76 Setze die x-Werte in die Funktionsgleichung ein und überprüfe den y-Wert, z. B.

- f(x) = x + 2 und Punkt A(2 | 3): f(2) = 2 + 2 = 4 ≠ 3
  ⇒ Punkt A liegt nicht auf dem Graphen von f
- f(x) = x + 2 und Punkt D(–6 | –4): f(–6) = –6 + 2 = –4 ✓
  ⇒ Punkt D liegt auf dem Graphen von f

a) Punkt **D** b) Punkt **B**
c) **kein** Punkt d) Punkt **A**
e) Punkt **A** f) Punkt **C**

77 Setze die gegebene Koordinate in die Funktionsgleichung ein und berechne daraus die unbekannte Koordinate, z. B.

A(2 |): y = 2 · 2 + 2 = 4 + 2 = 6

C(| 4): 4 = 2x + 2 | – 2
2 = 2x | : 2
1 = x

Man erhält:
A(2 | **6**); B(–3 | **–4**); C(**1** | 4); D(**–3** | –4); E(0,5 | **3**)

78 Das Schaubild zeigt eine nach oben geöffnete Parabel.

79 a)

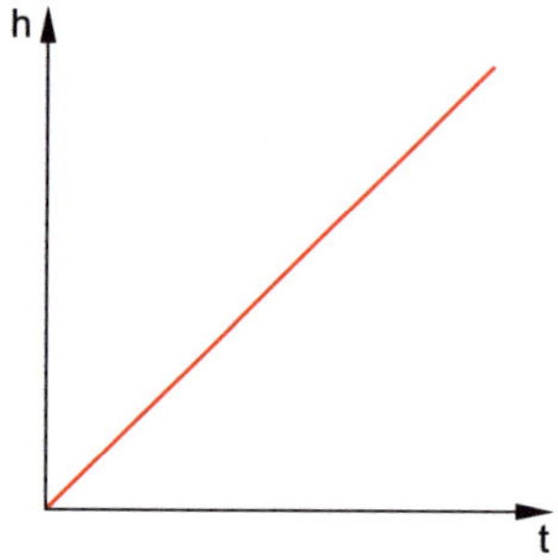

b)

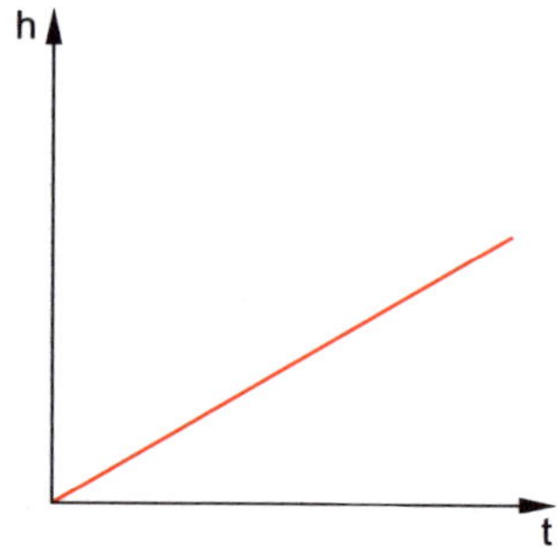

c)

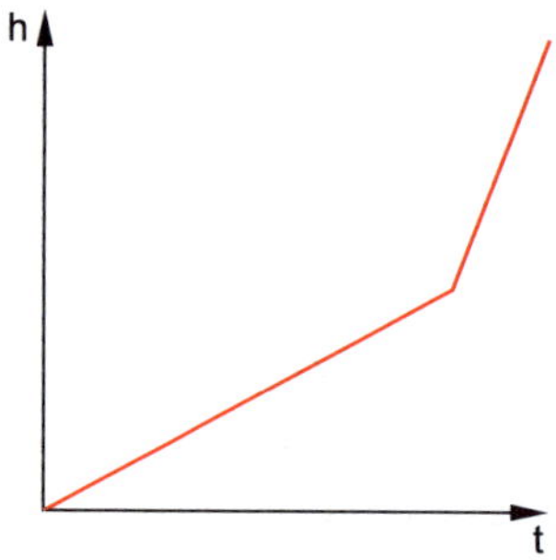

d)

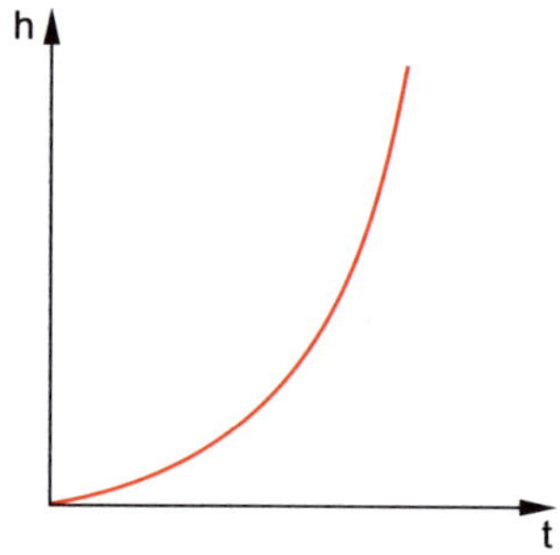

80

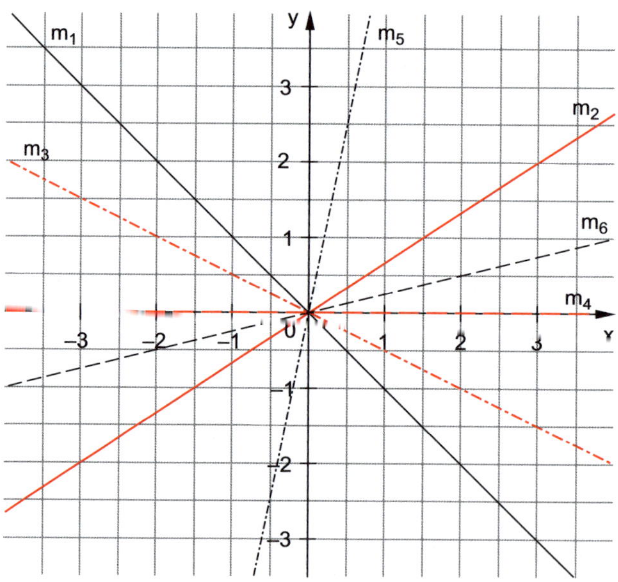

81 a) zu IV b) zu I c) zu V d) zu III e) zu II

82 a) $g(1)=2\cdot 1-3=2-3=-1$ ✓ $\Rightarrow$ **P_1 liegt auf g**

b) $g(-2)=2\cdot(-2)-3=-4-3=-7$ ✓ $\Rightarrow$ **P_2 liegt auf g**

c) $g(6)=2\cdot 6-3=12-3=9$ ✓ $\Rightarrow$ **P_3 liegt auf g**

d) $g(9)=2\cdot 9-3=18-3=15\neq 4$ $\Rightarrow$ P_4 liegt **nicht** auf g

e) $g(-1)=2\cdot(-1)-3=-2-3=-5$ ✓ $\Rightarrow$ **P_5 liegt auf g**

f) $g(0{,}5)=2\cdot 0{,}5-3=1-3=-2$ ✓ $\Rightarrow$ **P_6 liegt auf g**

83 a) $m=1 \Rightarrow f(x)=x+b$

Einsetzen von $P(2|2)$: $2=2+b \quad |-2$

$0=b$

Ergebnis: **$f(x)=x$**

b) $m=-1 \Rightarrow f(x)=-x+b$

Einsetzen von $P(2|2)$: $2=-2+b \quad |+2$

$4=b$

Ergebnis: **$f(x)=-x+4$**

c) $m=-5 \Rightarrow f(x)=-5x+b$

Einsetzen von $P(4|4)$: $4=-5\cdot 4+b$

$4=-20+b \quad |+20$

$24=b$

Ergebnis: **$f(x)=-5x+24$**

d) $m=-2{,}5 \Rightarrow f(x)=-2{,}5x+b$

Einsetzen von $P(1|2)$: $2=-2{,}5\cdot 1+b \quad |+2{,}5$

$4{,}5=b$

Ergebnis: **$f(x)=-2{,}5x+4{,}5$**

e) $m=\frac{1}{2} \Rightarrow f(x)=\frac{1}{2}x+b$

Einsetzen von $P(1|0)$: $0=\frac{1}{2}\cdot 1+b \quad \left|-\frac{1}{2}\right.$

$-\frac{1}{2}=b$

Ergebnis: **$f(x)=\frac{1}{2}x-\frac{1}{2}$**

f) $m = -\frac{2}{5} \Rightarrow f(x) = -\frac{2}{5}x + b$

Einsetzen von P(2|–1): $-1 = -\frac{2}{5} \cdot 2 + b$

$-1 = -\frac{4}{5} + b \quad \left| +\frac{4}{5}\right.$

$-\frac{1}{5} = b$

Ergebnis: $\mathbf{f(x) = -\frac{2}{5}x - \frac{1}{5}}$

84 a) Einsetzen von P:

$1 = m \cdot 2 + 1 \quad |-1$

$0 = 2m \quad |:2$

$\mathbf{0 = m}$

b) Einsetzen von P:

$1 = m \cdot (-2) - 1 \quad |+1$

$2 = -2m \quad |:(-2)$

$\mathbf{-1 = m}$

c) Einsetzen von P:

$0 = m \cdot 3 - 3 \quad |+3$

$3 = 3m \quad |:3$

$\mathbf{1 = m}$

d) Einsetzen von P:

$5 = m \cdot 1 - 2{,}5 \quad |+2{,}5$

$\mathbf{7{,}5 = m}$

e) Einsetzen von P:

$2 = m \cdot 4 + 2 \quad |-2$

$0 = 4m \quad |:4$

$\mathbf{0 = m}$

f) Einsetzen von P:

$-1 = m \cdot 2 - \frac{1}{5} \quad \left| +\frac{1}{5}\right.$

$-\frac{4}{5} = 2m \quad |:2$

$\mathbf{-\frac{2}{5} = m}$

85 a) $m = \frac{1-3}{3-4} = \frac{-2}{-1} = 2$

$\Rightarrow g(x) = 2x + b$

Einsetzen von A(4|3):

$3 = 2 \cdot 4 + b$

$3 = 8 + b \quad |-8$

$-5 = b$

Ergebnis: $\mathbf{g(x) = 2x - 5}$

b) $m = \frac{-2-0}{0-0{,}5} = \frac{-2}{-0{,}5} = 4$

$\Rightarrow g(x) = 4x + b$

Einsetzen von C(0,5|0):

$0 = 4 \cdot 0{,}5 + b$

$0 = 2 + b \quad |-2$

$-2 = b$

Ergebnis: $\mathbf{g(x) = 4x - 2}$

c) $m = \frac{-6-3}{-2-1} = \frac{-9}{-3} = 3$

$\Rightarrow \quad g(x) = 3x + b$

Einsetzen von E(1 | 3):

$3 = 3 \cdot 1 + b \quad |-3$

$0 = b$

Ergebnis: $\mathbf{g(x) = 3x}$

d) $m = \frac{0-1}{1-0} = \frac{-1}{1} = -1$

$\Rightarrow \quad g(x) = -x + b$

Einsetzen von G(0 | 1):

$1 = -1 \cdot 0 + b$

$1 = b$

Ergebnis: $\mathbf{g(x) = -x + 1}$

e) $m = \frac{1-(-3)}{0-7} = \frac{1+3}{-7} = -\frac{4}{7}$

$\Rightarrow \quad g(x) = -\frac{4}{7}x + b$

Einsetzen von K(7 | –3):

$-3 = -\frac{4}{7} \cdot 7 + b$

$-3 = -4 + b \quad |+4$

$1 = b$

Ergebnis: $\mathbf{g(x) = -\frac{4}{7}x + 1}$

f) $m = \frac{0{,}5-(-1)}{4-1} = \frac{1{,}5}{3} = \frac{1}{2}$

$\Rightarrow \quad g(x) = \frac{1}{2}x + b$

Einsetzen von M(1 | –1):

$-1 = \frac{1}{2} \cdot 1 + b \quad \left| -\frac{1}{2} \right.$

$-\frac{3}{2} = b$

Ergebnis: $\mathbf{g(x) = \frac{1}{2}x - \frac{3}{2}}$

86 g_1 zu I; g_2 zu III; g_3 zu II; g_4 zu IV

Du kannst die richtige Zuordnung am y-Achsenabschnitt b ablesen.

87 Anfangshöhe: 3 cm $\Rightarrow$ $b = 3$

gleichmäßige Füllung: lineare Funktion

7,5 cm – 3 cm = 4,5 cm in 3 Minuten $\Rightarrow$ 1,5 cm in 1 Minute $\Rightarrow$ $m = 1{,}5$

Funktionsgleichung: $\mathbf{y = 1{,}5x + 3}$

88 a) $m = \frac{-1-(-4)}{1-0} = \frac{3}{1} = 3 \quad \Rightarrow \quad y = 3x + b$

Einsetzen von A(0 | –4):

$-4 = 3 \cdot 0 + b$

$-4 = b$

Funktionsgleichung: $\mathbf{y = 3x - 4}$

b) Tarif I: Grundpreis 12 € $\Rightarrow$ $b = 12$; 15 ct für 1 kWh $\Rightarrow$ $m = 0{,}15$ } I: $y = 0{,}15x + 12$

Tarif II: Grundpreis 20 € $\Rightarrow$ $b = 20$; 12 ct für 1 kWh $\Rightarrow$ $m = 0{,}12$ } II: $y = 0{,}12x + 20$

Der Haushalt verbraucht durchschnittlich monatlich 200 kWh.

Bei Tarif I zahlt er: $y = 0{,}15 \cdot 200 + 12 = 30 + 12 = 42$ [€]
Bei Tarif II zahlt er: $y = 0{,}12 \cdot 200 + 20 = 24 + 20 = 44$ [€]

Tarif I ist günstiger.

89 a) $y = \frac{1}{2}x + 2 \quad | -y$

$\mathbf{\frac{1}{2}x - y + 2 = 0}$

b) $y - 2x = -2 \quad | +2$

$\mathbf{-2x + y + 2 = 0}$

c) $y = -4 + 5x \quad | -y$

$\mathbf{5x - y - 4 = 0}$

d) $2y - 5 = -x \quad | +x$

$\mathbf{x + 2y - 5 = 0}$

90 a)

$$\begin{aligned} 2x + 4y + 1 &= 0 && | -2x \\ 4y + 1 &= -2x && | -1 \\ 4y &= -2x - 1 && | :4 \\ y &= -\frac{1}{2}x - \frac{1}{4} \end{aligned}$$

$\Rightarrow$ $\mathbf{m = -\frac{1}{2},\ b = -\frac{1}{4}}$

Bringe die Gleichung auf Normalform, dann kannst du m und b ablesen.

b)

$$\begin{aligned} -x + 2y - 2 &= 0 && | +x \\ 2y - 2 &= x && | +2 \\ 2y &= x + 2 && | :2 \\ y &= \frac{1}{2}x + 1 \end{aligned}$$

$\Rightarrow$ $\mathbf{m = \frac{1}{2},\ b = 1}$

c) $-2x + y - 4{,}5 = 0 \quad | +2x$

$y - 4{,}5 = 2x \quad | +4{,}5$

$y = 2x + 4{,}5$

$\Rightarrow$ **m = 2, b = 4,5**

d) $\frac{x}{2} + 2y + 4 = 0 \quad \left| -\frac{x}{2}\right.$

$2y + 4 = -\frac{x}{2} \quad | -4$

$2y = -\frac{x}{2} - 4 \quad | :2$

$y = -\frac{x}{4} - 2$

$\Rightarrow$ **$m = -\frac{1}{4}$, $b = -2$**

91 a) Schnittpunkt mit der x-Achse: $0 = 3x - 5 \quad | +5$

$5 = 3x \quad | :3$

$\frac{5}{3} = x \quad \Rightarrow$ **$N\left(\frac{5}{3} \middle| 0\right)$**

Schnittpunkt mit der y-Achse: $b = -5 \Rightarrow$ **(0|–5)**

b) Schnittpunkt mit x-Achse: $3x - 4 \cdot 0 - 9 = 0$

$3x - 9 = 0 \quad | +9$

$3x = 9 \quad | :3$

$x = 3 \quad \Rightarrow$ **N(3|0)**

Schnittpunkt mit y-Achse: $3 \cdot 0 - 4y - 9 = 0$

$-4y - 9 = 0 \quad | +9$

$-4y = 9 \quad | :(-4)$

$y = -\frac{9}{4} \quad \Rightarrow$ **$\left(0 \middle| -\frac{9}{4}\right)$**

92 a) Mit N und S sind zwei Punkte auf der Geraden gegeben. Darüber lässt sich die Steigung berechnen:

$$m = \frac{5-0}{0-4} = \frac{5}{-4} = -\frac{5}{4}$$

b kann aus S(0|b) abgelesen werden: b = 5

Funktionsgleichung **g: $y = -\frac{5}{4}x + 5$**

b) $m = \frac{-3-0}{0-1{,}5} = \frac{-3}{-1{,}5} = 2$

Aus S(0|−3) folgt: b = −3

Funktionsgleichung **g: $y = 2x - 3$**

93 Nullstelle von g: $0 = \frac{1}{2}x + 2 \quad |-2$

$$-2 = \frac{1}{2}x \quad \left|:\frac{1}{2}\right.$$

$$-4 = x$$

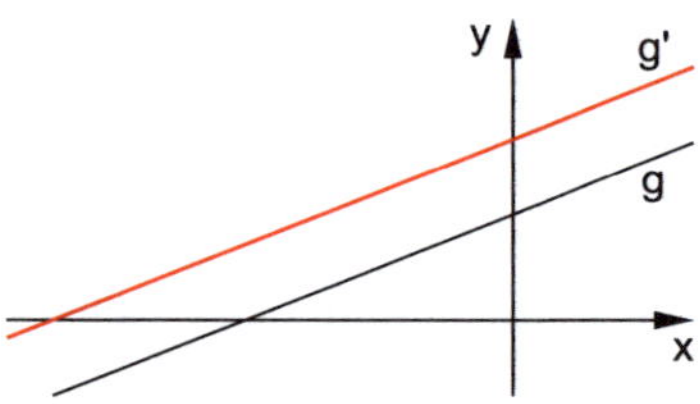

$\Rightarrow$ N(−4|0)

Da um 2 Einheiten nach links geschoben wird, hat g' die Nullstelle N'(−6|0).
Die beiden Geraden haben dieselbe Steigung $m = \frac{1}{2}$, nur der y-Achsenabschnitt b ist verschieden.
Einsetzen von $m = \frac{1}{2}$ und N'(−6|0) in die Normalform:

$$0 = \frac{1}{2} \cdot (-6) + b$$

$$0 = -3 + b \quad |+3$$

$$3 = b$$

Funktionsgleichung von **g': $y = \frac{1}{2}x + 3$**

94 a) Eine Gerade hat immer dieselbe Steigung, entweder sie fällt oder sie steigt gleichmäßig an (Ausnahme: Steigung m = 0). Daher kann sie nicht genau zweimal die x-Achse schneiden.

Formale Bestimmung der Nullstelle(n):

$$0 = mx + b \quad |-b$$

$$-b = mx \quad |:m \quad (m \neq 0)$$

$$-\frac{b}{m} = x$$

Es gibt also genau ein x, das die Gleichung erfüllt. Somit besitzen alle Geraden mit Steigung $m \neq 0$ genau eine Nullstelle. Zwei Nullstellen können als Lösung niemals vorkommen, denn dazu müsste es zwei Werte für x geben, die die Gleichung $0 = mx + b$ erfüllen. m und b sind jedoch feste Werte, weshalb es keine zwei Werte für x geben kann.
Geraden mit Steigung $m = 0$ besitzen entweder gar keine Nullstelle oder unendlich viele Nullstellen.

b) Die einzige lineare Funktion, die unendlich viele Nullstellen besitzt, ist **$y = 0$**.

95 a)

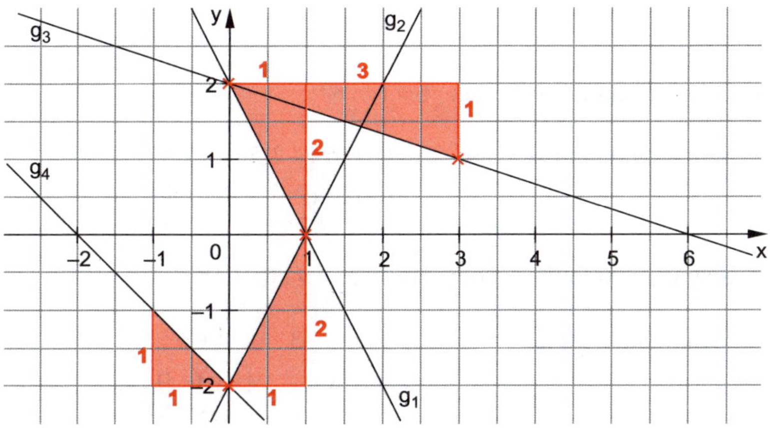

b)

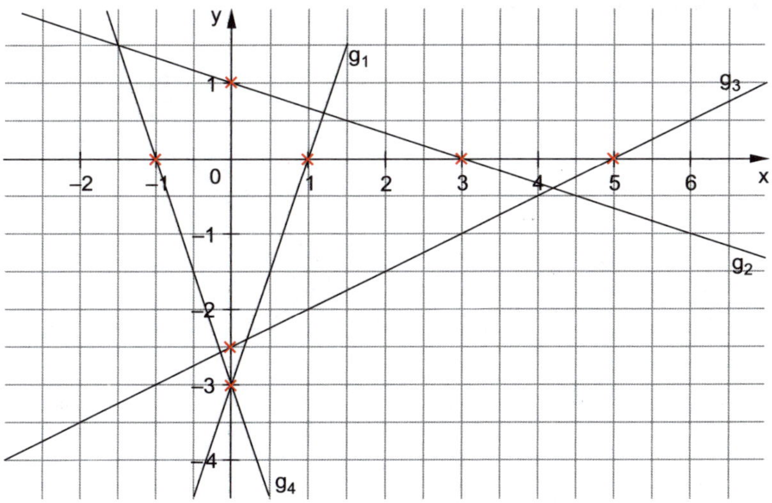

g_1: • Schnittpunkt mit x-Achse:
$$0 = 3x - 3 \quad |+3$$
$$3 = 3x \quad |:3$$
$$1 = x \quad \Rightarrow \quad \mathbf{N(1\,|\,0)}$$

• Schnittpunkt mit y-Achse: $b = -3 \Rightarrow$ **(0 | –3)**

g_2: • Schnittpunkt mit x-Achse:
$$0 = -\frac{1}{3}x + 1 \quad |-1$$
$$-1 = -\frac{1}{3}x \quad \left|:\left(-\frac{1}{3}\right)\right.$$
$$3 = x \quad \Rightarrow \quad \mathbf{N(3\,|\,0)}$$

• Schnittpunkt mit y-Achse: $b = 1 \Rightarrow$ **(0 | 1)**

g_3: • Schnittpunkt mit x-Achse:
$$0 = 0{,}5x - 2{,}5 \quad |+2{,}5$$
$$2{,}5 = 0{,}5x \quad |:0{,}5$$
$$5 = x \quad \Rightarrow \quad \mathbf{N(5\,|\,0)}$$

• Schnittpunkt mit y-Achse: $b = -2{,}5 \Rightarrow$ **(0 | –2,5)**

g_4: • Schnittpunkt mit x-Achse:
$$0 = -3x - 3 \quad |+3$$
$$3 = -3x \quad |:(-3)$$
$$-1 = x \quad \Rightarrow \quad \mathbf{N(-1\,|\,0)}$$

• Schnittpunkt mit y-Achse: $b = -3 \Rightarrow$ **(0 | –3)**

c)

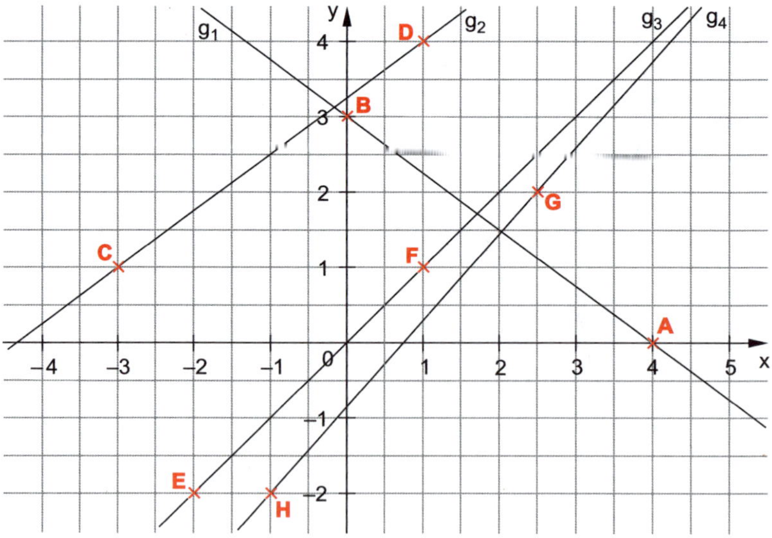

96

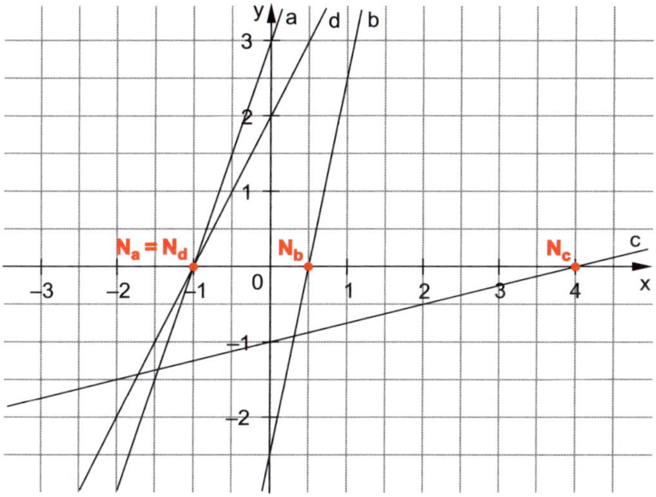

a) $0 = 3x + 3 \quad | -3$
$-3 = 3x \quad |:3$
$-1 = x \quad \Rightarrow$ **$N_a(-1 \mid 0)$**

b) $0 = 5x - 2,5 \quad | +2,5$
$2,5 = 5x \quad |:5$
$0,5 = x \quad \Rightarrow$ **$N_b(0,5 \mid 0)$**

c) $1 = \frac{1}{4}x \quad \left| : \frac{1}{4} \right.$
$4 = x \quad \Rightarrow$ **$N_c(4 \mid 0)$**

d) $-6x = 6 \quad |:(-6)$
$x = -1 \quad \Rightarrow$ **$N_d(-1 \mid 0)$**

97 Gerade AB: $m_{AB} = \frac{-0,5 - 2,5}{1,5 - (-0,5)} = \frac{-3}{2} = -\frac{3}{2}$

Zwei Geraden sind parallel, wenn sie die gleiche Steigung besitzen. Somit besitzt auch die Gerade CD die Steigung $m = -\frac{3}{2}$.

Gerade CD: $m_{CD} = \frac{y - 1,5}{-1 - (-2)} = -\frac{3}{2}$

Auflösen der Gleichung nach y:

$$\frac{y - 1,5}{-1 + 2} = -\frac{3}{2}$$

$$\frac{y - 1,5}{1} = -\frac{3}{2}$$

$$y - 1,5 = -\frac{3}{2} \quad | +1,5$$

$y = 0$

98 Gerade AB: $m_{AB} = \frac{-0{,}5-2{,}5}{2{,}5-0{,}5} = \frac{-3}{2} = -\frac{3}{2}$

Zwei Geraden sind orthogonal, wenn $m_{AB} \cdot m_{CD} = -1$ gilt.

Also: $m_{CD} = -\frac{1}{m_{AB}}$

Gerade CD: $m_{CD} = \frac{y-2}{-1-2} = -\frac{1}{-\frac{3}{2}}$

Auflösen der Gleichung nach y:

$$\frac{y-2}{-3} = -1 \cdot \left(-\frac{2}{3}\right)$$

$$\frac{y-2}{-3} = \frac{2}{3} \qquad |\cdot(-3)$$

$$y-2 = \frac{2}{3} \cdot (-3)$$

$$y-2 = -2 \qquad |+2$$

$$\mathbf{y = 0}$$

99 a) senkrecht: $m_g \cdot m_h = -1 \Rightarrow m_h = -\frac{1}{m_g} = -\frac{1}{-2} = \frac{1}{2}$

Aus $P(0|-2)$ liest man $b = -2$ direkt ab.

$\Rightarrow$ **h:** $\mathbf{y = \frac{1}{2}x - 2}$

b) parallel: $m_g = m_k = -2$

Aus $Q(0|3)$ liest man $b = 3$ direkt ab.

$\Rightarrow$ **k:** $\mathbf{y = -2x + 3}$

c) senkrecht: $m_g \cdot m_h = -1 \Rightarrow m_h = -\frac{1}{m_g} = -\frac{1}{-2} = \frac{1}{2}$

Aus $Q(0|3)$ liest man $b = 3$ direkt ab.

$\Rightarrow$ **n:** $\mathbf{y = \frac{1}{2}x + 3}$

100 senkrecht zu g: $m_g \cdot m_h = -1 \quad \Rightarrow \quad m_h = -\frac{1}{m_g} = -\frac{1}{\frac{2}{3}} = (-1) \cdot \frac{3}{2} = -\frac{3}{2}$

N(3 | 0) in $y = -\frac{3}{2}x + b$ einsetzen:

$$0 = -\frac{3}{2} \cdot 3 + b$$

$$0 = -\frac{9}{2} + b \qquad \left| +\frac{9}{2}\right.$$

$$\frac{9}{2} = b$$

$\Rightarrow$ **h: $y = -\frac{3}{2}x + \frac{9}{2}$**

101 Die 1. Winkelhalbierende hat die Gleichung $y = x$.

senkrecht: $m_g \cdot m_w = -1 \quad \Rightarrow \quad m_g = -\frac{1}{m_w} = -\frac{1}{1} = -1$

A(5 | 0) in $y = -x + b$ einsetzen: $0 = -5 + b \quad |+5$

$$5 = b$$

$\Rightarrow$ **g: $y = -x + 5$**

102 Eingaben für die Funktionen h, k und n:

b) senkrecht: $m_g \cdot m_h = -1 \quad \Rightarrow \quad m_h = -\frac{1}{m_g} = -\frac{1}{2}$

Aus P(0 | 1) kann $b = 1$ direkt abgelesen werden.

$\Rightarrow$ **h: $y = -\frac{1}{2}x + 1$**

c) parallel: $m_k = m_g = 2$

Aus Q(0 | 4) kann $b = 4$ direkt abgelesen werden.

$\Rightarrow$ **k: $y = 2x + 4$**

d) senkrecht: $m_n = -\frac{1}{m_g} = -\frac{1}{2}$

Aus Q(0 | 4) kann $b = 4$ direkt abgelesen werden.

$\Rightarrow$ **n: $y = -\frac{1}{2}x + 4$**

103 a) Rechnung:

$$g(x) = h(x)$$
$$2x + 2 = -2x + 1 \quad |+2x$$
$$4x + 2 = 1 \quad |-2$$
$$4x = -1 \quad |:4$$
$$x = -\frac{1}{4}$$

eingesetzt in g:

$$y = 2 \cdot \left(-\frac{1}{4}\right) + 2 = -\frac{1}{2} + 2 = \frac{3}{2} \quad \Rightarrow \quad \mathbf{S\left(-\frac{1}{4} \,\middle|\, \frac{3}{2}\right)}$$

Zeichnung:

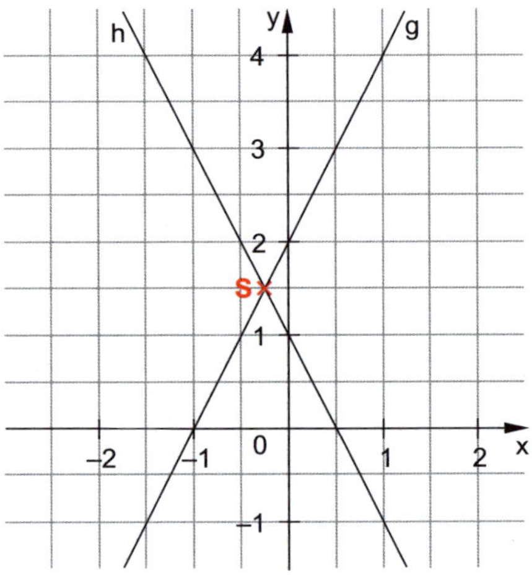

b) Rechnung:

$$g(x) = h(x)$$
$$0{,}5x - 5 = 2x - 2 \quad |-0{,}5x$$
$$-5 = 1{,}5x - 2 \quad |+2$$
$$-3 = 1{,}5x \quad |:1{,}5$$
$$-2 = x$$

eingesetzt in g:

$$y = 0{,}5 \cdot (-2) - 5 = -1 - 5 = -6 \quad \Rightarrow \quad \mathbf{S(-2\,|\,-6)}$$

Zeichnung:

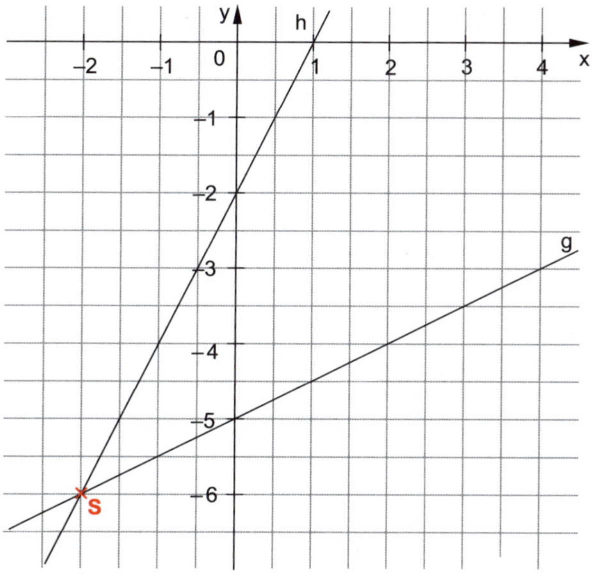

104 Die Eckpunkte A, B, C sind die Schnittpunkte der Geraden.

Schnitt von g und h: $\frac{1}{2}x + 1 = -x + 7 \quad |-1$

$$\frac{1}{2}x = -x + 6 \quad |+x$$

$$\frac{3}{2}x = 6 \quad \left|:\frac{3}{2}\right.$$

$$x = 4$$

eingesetzt in g: $y = \frac{1}{2} \cdot 4 + 1 = 2 + 1 = 3 \quad \Rightarrow$ **A(4|3)**

Schnitt von g und k: $\frac{1}{2}x + 1 = 5x + 1 \quad \left|-\frac{1}{2}x\right.$

$$1 = 4\frac{1}{2}x + 1 \quad |-1$$

$$0 = 4\frac{1}{2}x \quad \left|:4\frac{1}{2}\right.$$

$$0 = x$$

eingesetzt in g: $y = \frac{1}{2} \cdot 0 + 1 = 0 + 1 = 1 \quad \Rightarrow$ **B(0|1)**

Schnitt von h und k:

$$\begin{aligned} -x+7 &= 5x+1 && |-5x \\ -6x+7 &= 1 && |-7 \\ -6x &= -6 && |:(-6) \\ x &= 1 \end{aligned}$$

eingesetzt in h: $y=-1+7=6 \Rightarrow$ **C(1|6)**

105 a) Tarif 1: $y=0{,}11x+9{,}50$ (x in Minuten)
Tarif 2: $y=0{,}05x+18{,}50$ (x in Minuten)

Die Tarife sind gleich teuer, wenn Tarif 1 = Tarif 2 gilt:

$$\begin{aligned} 0{,}11x+9{,}50 &= 0{,}05x+18{,}50 && |-9{,}50 \\ 0{,}11x &= 0{,}05x+9 && |-0{,}05x \\ 0{,}06x &= 9 && |:0{,}06 \\ x &= 150 \end{aligned}$$

Bei **150 Gesprächsminuten** sind die beiden Tarife gleich teuer.

b) Flatrate: $y=30$ (unabhängig von der Anzahl x der Gesprächsminuten)

Die Kosten im Tarif 2 steigen pro telefonierte Minute. Ab einem gewissen Zeitpunkt übersteigen die Kosten die 30 €, die die Flatrate kostet.
Zu berechnen ist also der Schnittpunkt, der Punkt, bei dem die Tarife gleich teuer sind:

$$\begin{aligned} 30 &= 0{,}05x+18{,}50 && |-18{,}50 \\ 11{,}50 &= 0{,}05x && |:0{,}05x \\ 230 &= x \end{aligned}$$

Telefoniert man **mehr als 230 Minuten**, so lohnt sich die Flatrate.

106 Vergütung pro Monat: 400 kWh · 42,9 ct/kWh = 171,60 €
Vergütung pro Jahr: 12 · 171,60 € = 2 059,2 €

Einmalige Kosten: 24 000 €

x stehe für die Anzahl der Jahre.

$$\begin{aligned} 24\,000 &= 2\,059{,}2 \cdot x && |:2\,059{,}2 \\ x &= 11{,}655 \end{aligned}$$

Nach etwa 12 Jahren werden die Kosten eingeholt.

107 „Citycar“: $y=50+0{,}40x$ (x: gefahrene km)
Kfz-Händler: $y=150$

Frau Müller fährt 95 km einfache Strecke, also 2 · 95 km = 190 km gesamt.

Kosten für Frau Müller bei „Citycar": $y = 50 + 0{,}40 \cdot 190 = 50 + 76 = 126$ [€]
Kosten für Frau Müller beim Kfz-Händler: $y = 150$ [€]

Frau Müller wählt das Angebot von „Citycar".

Ab wie vielen km pro Tag ist das Angebot des Kfz-Händlers günstiger?

$$\begin{aligned} 50 + 0{,}40x &= 150 \quad &&| -50 \\ 0{,}40x &= 100 \quad &&| :0{,}40 \\ x &= 250 \end{aligned}$$

Ab 251 gefahrenen km pro Tag lohnt sich das Angebot des Kfz-Händlers.

108 Funktionsgleichung für Firma B: $\mathbf{y = (55x + 12) \cdot 1{,}19}$

3 Stunden bei Firma A: 200 €
3 Stunden bei Firma B: $(55 \cdot 3 + 12) \cdot 1{,}19 = 210{,}63$ [€]

Das Angebot der **Firma A ist günstiger**.

109 Waldkindergarten: $y = 60 + 8x$ (x in Jahren)
Gemeindekindergarten: $y = 150 - 12x$ (x in Jahren)

$$\begin{aligned} 60 + 8x &= 150 - 12x \quad &&| +12x \\ 60 + 20x &= 150 \quad &&| -60 \\ 20x &= 90 \quad &&| :20 \\ x &= 4{,}5 \end{aligned}$$

Nach 4,5 Jahren haben die Kindergärten etwa gleich viele Kinder. **Nach 5 Jahren** sind es im Waldkindergarten mehr.

110 a) $f(15) = 15^2 = 225$ ✓

$\Rightarrow$ **A liegt auf $f(x) = x^2$**

b) $f(-4) = (-4)^2 = 16$ ↯

$h(-4) = -(-4)^2 = -16$ ✓

$\Rightarrow$ **B liegt auf $h(x) = -x^2$**

c) $f(-1{,}5) = (-1{,}5)^2 = 2{,}25$ ↯

$h(-1{,}5) = -(-1{,}5)^2 = -2{,}25$ ↯

$\Rightarrow$ **C liegt weder auf f noch auf h**

d) $f(0{,}9) = 0{,}9^2 = 0{,}81$ ↯

$h(0{,}9) = -0{,}9^2 = -0{,}81$ ↯

$\Rightarrow$ **D liegt weder auf f noch auf h**

Es muss jeweils eine Punktprobe durchgeführt werden.
Da f und h keine gemeinsamen Punkte neben $(0|0)$ haben, so reicht pro Punkt evtl. eine Punktprobe. Denn sobald man weiß, dass er z. B. auf der Normalparabel liegt, so kann er nicht gleichzeitig auf der gespiegelten Normalparabel liegen.

e) $f(-5) = (-5)^2 = 25$ ↯
$h(-5) = -(-5)^2 = -25$ ✓
$\Rightarrow$ **E liegt auf $h(x) = -x^2$**

f) $f(30) = 30^2 = 900$ ✓
$\Rightarrow$ **F liegt auf $f(x) = x^2$**

111 Scheitel von $f(x) = x^2 + 2{,}5$: **$S_f(0 | 2{,}5)$**
Scheitel von $g(x) = (x+3)^2$: **$S_g(-3 | 0)$**

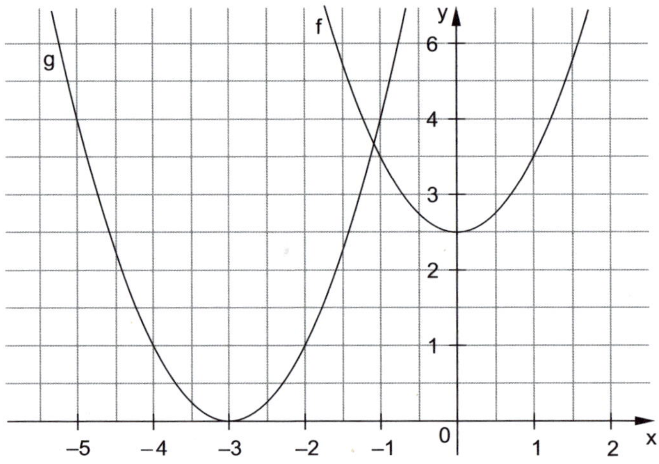

112 a) $S(0 | 2)$
b) $S(0 | 3{,}5)$
c) $S(2 | 0)$
d) $S(-1 | -2)$
e) $S(2 | 2)$
f) $S(0 | -3{,}5)$

113 a) $y = (x \mathbf{- 4{,}5})^2 \mathbf{+ 3}$ mit $S(4{,}5 | 3)$
b) $y = (x \mathbf{+ 12})^2 \mathbf{+ 8{,}2}$ mit $S(-12 | 8{,}2)$
c) $y = (x \mathbf{- 20})^2 \mathbf{- 3{,}5}$ mit $S(20 | -3{,}5)$

Setze passend in $y = (x - d)^2 + c$ ein.

114 a) Scheitel: $S(3 | 3)$
Öffnung: nach oben geöffnet
Lage: um 3 LE nach rechts und 3 LE nach oben verschoben

b) Scheitel: $S(-1 | -2{,}5)$
Öffnung: nach unten geöffnet
Lage: um 1 LE nach links und 2,5 LE nach unten verschoben

115 a) Scheitel: $S(0|2)$
Öffnung: nach oben geöffnet $(a=1>0)$
Form: Normalparabel $(a=1)$
Lage: um 2 LE nach oben verschoben

b) Scheitel: $S(0|-2)$
Öffnung: nach unten geöffnet $(a=-2<0)$
Form: schlanker als die Normalparabel $(a=-2<-1)$
Lage: um 2 LE nach unten verschoben

c) Scheitel: $S(1|-5)$
Öffnung: nach unten geöffnet $(a=-1<0)$
Form: Normalparabel $(a=-1)$
Lage: um 1 LE nach rechts und 5 LE nach unten verschoben

d) Scheitel: $S(-5|-8{,}2)$
Öffnung: nach oben geöffnet $(a=1>0)$
Form: Normalparabel $(a=1)$
Lage: um 5 LE nach links und 8,2 LE nach unten verschoben

e) Scheitel: $S(3|14)$
Öffnung: nach oben geöffnet $(a=0{,}2>0)$
Form: breiter als die Normalparabel $(0<a=0{,}2<1)$
Lage: um 3 LE nach rechts und 14 LE nach oben verschoben

f) Scheitel: $S(-3|2)$
Öffnung: nach oben geöffnet $(a=2{,}5>0)$
Form: schlanker als die Normalparabel $(a=2{,}5>1)$
Lage: um 3 LE nach links und 2 LE nach oben verschoben

116 a) $\mathbf{y=(x-2{,}5)^2+2}$

b) $\mathbf{y=2x^2-4}$

c) $y=a(x-4)^2+1$

Einsetzen von $P(6|3)$: $3=a(6-4)^2+1$

$$3=a\cdot 2^2+1 \quad |-1$$
$$2=4a \quad |:4$$
$$\frac{1}{2}=a$$

$\Rightarrow$ $\mathbf{y=\frac{1}{2}(x-4)^2+1}$

117

	x	–3	–2	–1	0	1	2	3
a)	$f_1(x)$	5	$3\frac{1}{3}$	$2\frac{1}{3}$	2	$2\frac{1}{3}$	$3\frac{1}{3}$	5
b)	$f_2(x)$	3,5	1	–0,5	–1	–0,5	1	3,5
c)	$f_3(x)$	32	18	8	2	0	2	8
d)	$f_4(x)$	–9	–3	–1	–3	–9	–19	–33

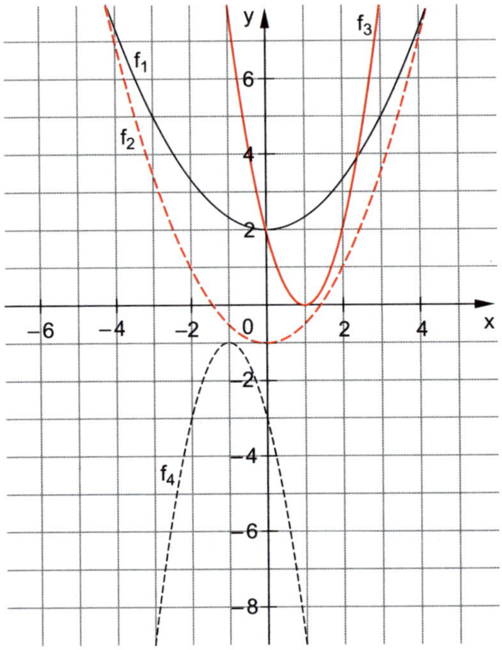

118 a) $y = (x-2)^2 + c$

Einsetzen von P(2 | 4): $4 = (2-2)^2 + c$

$4 = c$

$\Rightarrow$ $\mathbf{y = (x-2)^2 + 4}$

b) $y = (x-d)^2 + 2$

Einsetzen von P(1 | 2): $2 = (1-d)^2 + 2 \quad | -2$

$0 = (1-d)^2$

$\Rightarrow \quad d = 1$

$\Rightarrow$ $\mathbf{y = (x-1)^2 + 2}$

119 a) $y = x^2 - 4x + 4 = \mathbf{(x-2)^2}$ — 2. Binomische Formel: $(a-b)^2 = a^2 - 2ab + b^2$

Scheitel: $\mathbf{S(2|0)}$

b) $y = x^2 + 6x - 1$

$y = x^2 + 6x + 3^2 - 3^2 - 1$ — Quadratisch ergänzen

$y = (x+3)^2 - 9 - 1$ — Binomische Formel

$y = \mathbf{(x+3)^2 - 10}$ — Zusammenfassen

Scheitel: $\mathbf{S(-3|-10)}$

c) $y = 2x^2 + 4x - 1$

$y = 2(x^2 + 2x) - 1$ — Ausklammern

$y = 2(x^2 + 2x + 1^2 - 1^2) - 1$ — Quadratisch ergänzen

$y = 2((x+1)^2 - 1) - 1$ — Binomische Formel

$y = 2(x+1)^2 - 2 - 1$ — Ausmultiplizieren

$y = \mathbf{2(x+1)^2 - 3}$ — Zusammenfassen

Scheitel: $\mathbf{S(-1|-3)}$

d) $y = -3x^2 + 4x$

$y = -3\left(x^2 - \frac{4}{3}x\right)$ — Ausklammern

$y = -3\left(x^2 - \frac{4}{3}x + \left(\frac{2}{3}\right)^2 - \left(\frac{2}{3}\right)^2\right)$ — Quadratisch ergänzen

$y = -3\left(\left(x - \frac{2}{3}\right)^2 - \frac{4}{9}\right)$ — Binomische Formel

$y = \mathbf{-3\left(x - \frac{2}{3}\right)^2 + \frac{4}{3}}$ — Ausmultiplizieren

Scheitel: $\mathbf{S\left(\frac{2}{3} \middle| \frac{4}{3}\right)}$

e) $y = -0{,}5x^2 + 2x + 3$

$y = -0{,}5(x^2 - 4x) + 3$ — Ausklammern

$y = -0{,}5(x^2 - 4x + 2^2 - 2^2) + 3$ — Quadratisch ergänzen

$y = -0{,}5((x-2)^2 - 4) + 3$ — Binomische Formel

$y = -0{,}5(x-2)^2 + 2 + 3$ — Ausmultiplizieren

$y = \mathbf{-0{,}5(x-2)^2 + 5}$ — Zusammenfassen

Scheitel: $\mathbf{S(2|5)}$

f)

$y=-2x^2+16x-35$	
$y=-2(x^2-8x)-35$	Ausklammern
$y=-2(x^2-8x+4^2-4^2)-35$	Quadratisch ergänzen
$y=-2((x-4)^2-16)-35$	Binomische Formel
$y=-2(x-4)^2+32-35$	Ausmultiplizieren
$y=\mathbf{-2(x-4)^2-3}$	Zusammenfassen

Scheitel: **S(4|–3)**

120

$y=-x^2-6x-13$	S(–3|–4)	$y=0{,}25x^2-x+3{,}25$	S(2|2,25)
$x^2-9y-36=0$	S(0|–4)	$y=-1{,}5x^2+6x-7$	S(2|–1)

Denn:

- $y=-x^2-6x-13$

$y=-(x^2+6x)-13$	Ausklammern
$y=-(x^2+6x+3^2-3^2)-13$	Quadratisch ergänzen
$y=-((x+3)^2-9)-13$	Binomische Formel
$y=-(x+3)^2+9-13$	Ausmultiplizieren
$y=\mathbf{-(x+3)^2-4}$	Zusammenfassen

- $y=0{,}25x^2-x+3{,}25$

$y=0{,}25(x^2-4x)+3{,}25$	Ausklammern
$y=0{,}25(x^2-4x+2^2-2^2)+3{,}25$	Quadratisch ergänzen
$y=0{,}25((x-2)^2-4)+3{,}25$	Binomische Formel
$y=0{,}25(x-2)^2-1+3{,}25$	Ausmultiplizieren
$y=\mathbf{0{,}25(x-2)^2+2{,}25}$	Zusammenfassen

- $x^2-9y-36=0 \quad |+9y$

$$9y=x^2-36 \quad |:9$$

$$y=\mathbf{\frac{1}{9}x^2-4}$$

- $y=-1{,}5x^2+6x-7$

$y=-1{,}5(x^2-4x)-7$	Ausklammern
$y=-1{,}5(x^2-4x+2^2-2^2)-7$	Quadratisch ergänzen
$y=-1{,}5((x-2)^2-4)-7$	Binomische Formel
$y=-1{,}5(x-2)^2+6-7$	Ausmultiplizieren
$y=\mathbf{-1{,}5(x-2)^2-1}$	Zusammenfassen

121

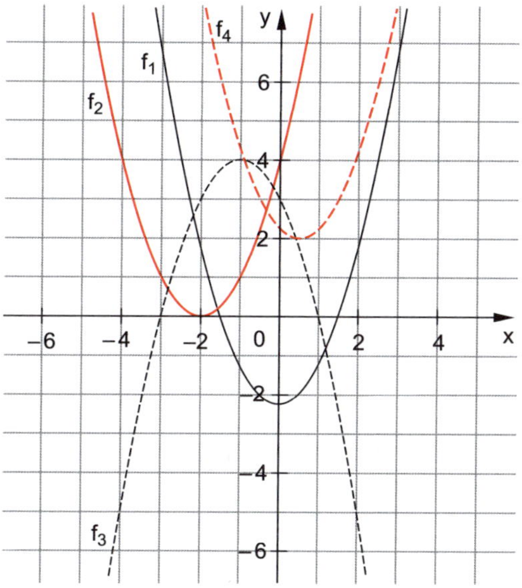

a) **$N_1(1{,}5\,|\,0)$, $N_2\ (-1{,}5\,|\,0)$**

b) **$N_{1/2}(-2\,|\,0)$**

c) **$N_1(-3\,|\,0)$, $N_2\ (1\,|\,0)$**

d) **keine Nullstellen**

122 a) $0 = x^2 + 2x - 2$

$x_{1/2} = -1 \pm \sqrt{1^2 + 2}$ p-q-Formel mit $p = 2$ und $q = -2$

$x_{1/2} = -1 \pm \sqrt{3}$

Die Diskriminante ist positiv, daher gibt es 2 Nullstellen.

$\Rightarrow$ **$x_1 = -1 + \sqrt{3}$; $x_2 = -1 - \sqrt{3}$**

b) $0 = x^2 + x - 0{,}75$

$x_{1/2} = -\frac{1}{2} \pm \sqrt{\left(\frac{1}{2}\right)^2 + \frac{3}{4}}$ p-q-Formel mit $p = 1$ und $q = -0{,}75$

$x_{1/2} = -\frac{1}{2} \pm \sqrt{\frac{1}{4} + \frac{3}{4}}$

$x_{1/2} = -\frac{1}{2} \pm \sqrt{1}$

Die Diskriminante ist positiv, daher gibt es 2 Nullstellen.

$\Rightarrow$ **$x_1 = \frac{1}{2}$; $x_2 = -\frac{3}{2}$**

c) $0 = 2x^2 - 8x + 8 \quad |:2$

$0 = x^2 - 4x + 4$

$x_{1/2} = 2 \pm \sqrt{(-2)^2 - 4}$ — p-q-Formel mit $p = -4$ und $q = 4$

$x_{1/2} = 2 \pm \sqrt{4 - 4}$

$x_{1/2} = 2 \pm \sqrt{0}$

Die Diskriminante ist 0, daher gibt es genau eine Nullstelle.

$\Rightarrow$ **$x_{1/2} = 2$**

d) $0 = 9x^2 - 9x + 18 \quad |:9$

$0 = x^2 - x + 2$

$x_{1/2} = \frac{1}{2} \pm \sqrt{\left(-\frac{1}{2}\right)^2 - 2}$ — p-q-Formel mit $p = -1$ und $q = 2$

$x_{1/2} = \frac{1}{2} \pm \sqrt{\frac{1}{4} - 2}$

$x_{1/2} = \frac{1}{2} \pm \sqrt{-1\frac{3}{4}}$

Die Diskriminante ist negativ, daher gibt es **keine Nullstellen**.

123 a) Schnittpunkte mit x-Achse: $N_1(0|0)$, $N_2(2|0)$

Scheitel: $S(1|-1)$

Scheitelform: $y = a(x-1)^2 - 1$

Einsetzen von $N_1(0|0)$: $0 = a(0-1)^2 - 1$

$0 = a \cdot 1 - 1 \quad |+1$

$1 = a$

Funktionsgleichung: **$y = (x-1)^2 - 1$**

b) Schnittpunkte mit x-Achse: $N_1(-0{,}5|0)$, $N_2(1{,}5|0)$

Scheitel: $S(0{,}5|1)$

Scheitelform: $y = a(x-0{,}5)^2 + 1$

Einsetzen von $N_2(1{,}5|0)$: $0 = a(1{,}5-0{,}5)^2 + 1$

$0 = a \cdot (1)^2 + 1 \quad |-1$

$-1 = a \cdot 1$

$-1 = a$

Funktionsgleichung: **$y = -(x-0{,}5)^2 + 1$**

124 a)

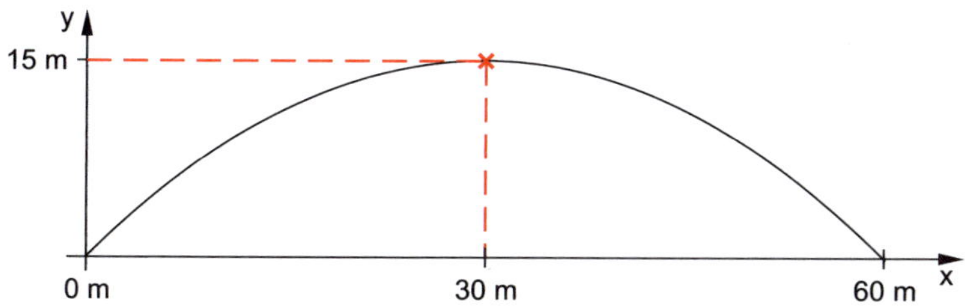

b) Scheitel: **S(30 | 15)**
Scheitelform: $y = a(x-30)^2 + 15$

x-Koordinate des Scheitels liegt zwischen den Nullstellen.

Einsetzen von $N_1(0|0)$:

$$0 = a \cdot (0-30)^2 + 15$$
$$0 = a \cdot 900 + 15 \qquad |-15$$
$$-15 = 900a \qquad |:900$$
$$-\frac{1}{60} = a$$

Funktionsgleichung: $\mathbf{y = -\frac{1}{60}(x-30)^2 + 15}$

125 a)

$$f(x) = g(x)$$
$$x^2 + 4x + 1 = x + 1 \qquad |-x$$
$$x^2 + 3x + 1 = 1 \qquad |-1$$
$$x^2 + 3x = 0$$
$$x(x+3) = 0$$

faktorisieren, da $c = 0$

$\Rightarrow\ x_1 = 0;\ x_2 = -3$

$x_1 = 0$ in g einsetzen: $y = 0 + 1 = 1 \Rightarrow$ **$S_1(0|1)$**
$x_2 = -3$ in g einsetzen: $y = -3 + 1 = -2 \Rightarrow$ **$S_2(-3|-2)$**

b)

$$f(x) = g(x)$$
$$-x^2 + 6x - 1 = 3x - 5 \qquad |-3x$$
$$-x^2 + 3x - 1 = -5 \qquad |+5$$
$$-x^2 + 3x + 4 = 0 \qquad |\cdot(-1)$$
$$x^2 - 3x - 4 = 0$$
$$x_{1/2} = \frac{3}{2} \pm \sqrt{\left(-\frac{3}{2}\right)^2 + 4}$$

p-q-Formel mit $p = -3$ und $q = -4$

$$x_{1/2} = \frac{3}{2} \pm \sqrt{\frac{9}{4} + 4}$$

$$x_{1/2} = \frac{3}{2} \pm \sqrt{\frac{25}{4}}$$

$$x_{1/2} = \frac{3}{2} \pm \frac{5}{2}$$

$$\Rightarrow \quad x_1 = \frac{8}{2} = 4; \quad x_2 = \frac{-2}{2} = -1$$

$x_1 = 4$ in g einsetzen: $y = 3 \cdot 4 - 5 = 12 - 5 = 7 \quad \Rightarrow$ **$S_1(4|7)$**
$x_2 = -1$ in g einsetzen: $y = 3 \cdot (-1) - 5 = -3 - 5 = -8 \quad \Rightarrow$ **$S_2(-1|-8)$**

c)

$$f(x) = g(x)$$

$$-x^2 - 6x - 13 = -\frac{1}{2}x - \frac{3}{2} \quad \left| +\frac{1}{2}x \right.$$

$$-x^2 - \frac{11}{2}x - 13 = -\frac{3}{2} \quad \left| +\frac{3}{2} \right.$$

$$-x^2 - \frac{11}{2}x - \frac{23}{2} = 0 \quad | \cdot (-1)$$

$$x^2 + \frac{11}{2}x + \frac{23}{2} = 0$$

$$x_{1/2} = -\frac{11}{4} \pm \sqrt{\left(\frac{11}{4}\right)^2 - \frac{23}{2}}$$

p-q-Formel mit $p = \frac{11}{2}, q = \frac{23}{2}$

$$x_{1/2} = -\frac{11}{4} \pm \sqrt{-\frac{63}{16}}$$

$$x + 2y + 3 = 0 \quad | -x$$
$$2y + 3 = -x \quad | -3$$
$$2y = -x - 3 \quad | :2$$
$$y = -\frac{1}{2}x - \frac{3}{2}$$

Da die Diskriminante negativ ist, gibt es **keine Schnittpunkte**.

d)

$$f(x) = g(x)$$

$$-2x^2 + 16x - 35 = -x \quad | +x$$

$$-2x^2 + 17x - 35 = 0 \quad | :(-2)$$

$$x^2 - \frac{17}{2}x + \frac{35}{2} = 0$$

$$x_{1/2} = \frac{17}{4} \pm \sqrt{\left(-\frac{17}{4}\right)^2 - \frac{35}{2}}$$

p-q-Formel mit $p = -\frac{17}{2}, q = \frac{35}{2}$

$$x_{1/2} = \frac{17}{4} \pm \sqrt{\frac{9}{16}}$$

$$x_{1/2} = \frac{17}{4} \pm \frac{3}{4}$$

$$\Rightarrow \quad x_1 = \frac{20}{4} = 5; \; x_2 = \frac{14}{4} = 3{,}5$$

$x_1 = 5$ in g einsetzen: $y = -5 \quad \Rightarrow \quad$ **$S_1(5\,|\,-5)$**
$x_2 = 3{,}5$ in g einsetzen: $y = -3{,}5 \quad \Rightarrow \quad$ **$S_2(3{,}5\,|\,-3{,}5)$**

126 a)

$$\begin{aligned} -3x^2 + 5 &= x^2 + 1 && |-x^2 \\ -4x^2 + 5 &= 1 && |-5 \\ -4x^2 &= -4 && |:(-4) \\ x^2 &= 1 \end{aligned}$$

$$\Rightarrow \quad x_{1/2} = \pm\sqrt{1}$$
$$x_{1/2} = \pm 1$$

$x_1 = 1$ in $y = x^2 + 1$ einsetzen: $y = 1^2 + 1 = 2 \quad \Rightarrow \quad$ **$S_1(1\,|\,2)$**
$x_2 = -1$ in $y = x^2 + 1$ einsetzen: $y = (-1)^2 + 1 = 2 \quad \Rightarrow \quad$ **$S_2(-1\,|\,2)$**

b)

$$\begin{aligned} \frac{10}{7}x^2 + 4 &= 2x^2 - 3 && |-2x^2 \\ -\frac{4}{7}x^2 + 4 &= -3 && |-4 \\ -\frac{4}{7}x^2 &= -7 && \left|:\left(-\frac{4}{7}\right)\right. \\ x^2 &= \frac{49}{4} \end{aligned}$$

$$\Rightarrow \quad x_{1/2} = \pm\sqrt{\frac{49}{4}}$$
$$x_{1/2} = \pm\frac{7}{2}$$

$x_1 = \frac{7}{2}$ in $y = 2x^2 - 3$ einsetzen:

$$y = 2 \cdot \left(\frac{7}{2}\right)^2 - 3 = \frac{49}{2} - 3 = \frac{43}{2} \quad \Rightarrow \quad \mathbf{S_1\left(\frac{7}{2}\,\middle|\,\frac{43}{2}\right)}$$

$x_2 = -\frac{7}{2}$ in $y = 2x^2 - 3$ einsetzen:

$$y = 2 \cdot \left(-\frac{7}{2}\right)^2 - 3 = \frac{49}{2} - 3 = \frac{43}{2} \quad \Rightarrow \quad \mathbf{S_2\left(-\frac{7}{2}\,\middle|\,\frac{43}{2}\right)}$$

c) $-5x^2-20x-23=\frac{3}{4}x^2+3x \quad \left|-\frac{3}{4}x^2\right.$

$-\frac{23}{4}x^2-20x-23=3x \quad |-3x$

$-\frac{23}{4}x^2-23x-23=0 \quad \left|:\left(-\frac{23}{4}\right)\right.$

$x^2+4x+4=0$

$\Rightarrow x_{1/2}=-2\pm\sqrt{2^2-4}$ p-q-Formel mit $p=4$, $q=4$

$x_{1/2}=-2\pm\sqrt{4-4}$

$x_{1/2}=-2\pm\sqrt{0}$

$x_{1/2}=-2$

$x_{1/2}=-2$ in $y=\frac{3}{4}x^2+3x$ einsetzen:

$y=\frac{3}{4}\cdot(-2)^2+3\cdot(-2)=\frac{3}{4}\cdot 4-6=3-6=-3 \Rightarrow$ **S(−2|−3)**

d) $-\frac{7}{2}x^2-14x-9=3+2x+\frac{1}{2}x^2 \quad \left|-\frac{1}{2}x^2\right.$

$-4x^2-14x-9=3+2x \quad |-2x$

$-4x^2-16x-9=3 \quad |-3$

$-4x^2-16x-12=0 \quad |:(-4)$

$x^2+4x+3=0$

$\Rightarrow x_{1/2}=-2\pm\sqrt{2^2-3}$ p-q-Formel mit $p=4$, $q=3$

$x_{1/2}=-2\pm\sqrt{4-3}$

$x_{1/2}=-2\pm\sqrt{1}$

$x_{1/2}=-2\pm 1$

$\Rightarrow x_1=-1;\ x_2=-3$

$x_1=-1$ in $y=3+2x+\frac{1}{2}x^2$ einsetzen:

$y=3+2\cdot(-1)+\frac{1}{2}\cdot(-1)^2=3-2+\frac{1}{2}=\frac{3}{2} \Rightarrow$ **$S_1\left(-1\left|\frac{3}{2}\right.\right)$**

$x_2=-3$ in $y=3+2x+\frac{1}{2}x^2$ einsetzen:

$y=3+2\cdot(-3)+\frac{1}{2}\cdot(-3)^2=3-6+\frac{9}{2}=\frac{3}{2} \Rightarrow$ **$S_2\left(-3\left|\frac{3}{2}\right.\right)$**

127 a)

$$f(x) = g(x)$$
$$x^2 - 2x + 3 = -x + t \quad |+x$$
$$x^2 - x + 3 = t \quad |-t$$
$$x^2 - x + 3 - t = 0$$
$$\Rightarrow \quad x_{1/2} = \frac{1}{2} \pm \sqrt{\left(-\frac{1}{2}\right)^2 - (3-t)}$$
$$x_{1/2} = \frac{1}{2} \pm \sqrt{\frac{1}{4} - 3 + t}$$
$$x_{1/2} = \frac{1}{2} \pm \sqrt{\underbrace{-\frac{11}{4} + t}_{\overset{!}{=}0}}$$
$$-\frac{11}{4} + t = 0 \quad \left| + \frac{11}{4}\right.$$
$$t = \frac{11}{4}$$

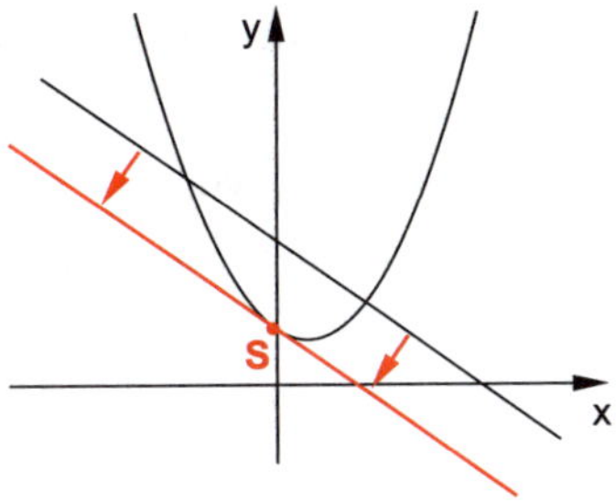

p-q-Formel mit $p = -1$, $q = 3 - t$

Nur für $D = 0$ gibt es genau einen Schnittpunkt.

Für $\mathbf{t = \frac{11}{4}}$ haben die Graphen von f und g genau einen Schnittpunkt.

b)

$$f(x) = g(x)$$
$$\frac{1}{4}x^2 = x - t \quad |-x$$
$$\frac{1}{4}x^2 - x = -t \quad |+t$$
$$\frac{1}{4}x^2 - x + t = 0 \quad |\cdot 4$$
$$x^2 - 4x + 4t = 0$$
$$\Rightarrow \quad x_{1/2} = 2 \pm \sqrt{(-2)^2 - 4t}$$
$$x_{1/2} = 2 \pm \sqrt{\underbrace{4 - 4t}_{\overset{!}{=}0}}$$

p-q-Formel mit $p = -4$, $q = 4t$

Nur für $D = 0$ gibt es genau einen Schnittpunkt.

$$4 - 4t = 0 \quad |+4t$$
$$4 = 4t \quad |:4$$
$$1 = t$$

Für $\mathbf{t = 1}$ haben die Graphen von f und g genau einen Schnittpunkt.

128 Beim Spiegeln ändert sich nur das Vorzeichen der y-Koordinate des Scheitels.
$\Rightarrow$ **$S_2(-5\,|\,3)$**

Funktionsgleichung von p_2: $y = -(x+5)^2 + 3$ — p_2 ist nach unten geöffnet

Funktionsgleichung von g: $y = -1{,}5x + b$

Einsetzen von $P(-1\,|\,13)$:

$$\begin{aligned} 13 &= -1{,}5 \cdot (-1) + b \\ 13 &= 1{,}5 + b \qquad \big| -1{,}5 \\ 11{,}5 &= b \\ \Rightarrow\ y &= -1{,}5x + 11{,}5 \end{aligned}$$

Schnittpunkte berechnen durch Gleichsetzen:

$$\begin{aligned} -(x+5)^2 + 3 &= -1{,}5x + 11{,}5 \\ -(x^2 + 10x + 25) + 3 &= -1{,}5x + 11{,}5 \\ -x^2 - 10x - 25 + 3 &= -1{,}5x + 11{,}5 && \big| +1{,}5x \\ -x^2 - 8{,}5x - 22 &= 11{,}5 && \big| -11{,}5 \\ -x^2 - 8{,}5x - 33{,}5 &= 0 && \big| \cdot (-1) \\ x^2 + 8{,}5x + 33{,}5 &= 0 \end{aligned}$$

$$\Rightarrow\ x_{1/2} = -4{,}25 \pm \sqrt{(4{,}25)^2 - 33{,}5}$$ p-q-Formel: $p = 8{,}5$; $q = 33{,}5$

$$x_{1/2} = -4{,}25 \pm \sqrt{-\frac{247}{16}}$$

Die Diskriminante ist negativ, die Graphen von g und p_2 **schneiden sich nicht**.

129 Die fehlenden Koordinaten werden durch Einsetzen der bekannten Koordinaten in $y = 0{,}5x - 3$ ermittelt.

Punkt A: $y = 0{,}5 \cdot 7 - 3 = 3{,}5 - 3 = 0{,}5 \quad \Rightarrow \quad A(7\,|\,\mathbf{0{,}5})$

Punkt B:
$$\begin{aligned} -3 &= 0{,}5x - 3 && \big| +3 \\ 0 &= 0{,}5x && \big| :0{,}5 \\ 0 &= x && \Rightarrow\ B(\mathbf{0}\,|\,-3) \end{aligned}$$

Punkt C:
$$\begin{aligned} 8 &= 0{,}5x - 3 && \big| +3 \\ 11 &= 0{,}5x && \big| :0{,}5 \\ 22 &= x && \Rightarrow\ C(\mathbf{22}\,|\,8) \end{aligned}$$

Punkt D:
$$\begin{aligned} -6 &= 0{,}5x - 3 && \big| +3 \\ -3 &= 0{,}5x && \big| :0{,}5 \\ -6 &= x && \Rightarrow\ D(\mathbf{-6}\,|\,-6) \end{aligned}$$

Punkt E: $y = 0{,}5 \cdot (-0{,}2) - 3 = -3{,}1 \quad \Rightarrow \quad E(-0{,}2\,|\,\mathbf{-3{,}1})$

130 I zu h)
II zu d)
III zu a)
IV zu e)

Du kannst anhand der Steigung m und des y-Achsenabschnitts b die richtige Gleichung finden.

131 senkrecht: $m_g \cdot m_h = -1 \Rightarrow m_g = -\frac{1}{m_h} = -\frac{1}{0{,}75} = -\frac{4}{3}$

Funktionsgleichung von g: $y = -\frac{4}{3}x + b$

Einsetzen von (–2 | 0):

$$0 = -\frac{4}{3} \cdot (-2) + b$$

$$0 = \frac{8}{3} + b \qquad \left| -\frac{8}{3} \right.$$

$$-\frac{8}{3} = b$$

$$\Rightarrow \quad \mathbf{y = -\frac{4}{3}x - \frac{8}{3}}$$

132 a) $0 = -\frac{2}{3}x - \frac{4}{7} \qquad \left| +\frac{2}{3}x \right.$

$\frac{2}{3}x = -\frac{4}{7} \qquad \left| : \frac{2}{3} \right.$

$\mathbf{x = -\frac{6}{7}}$

Nullstelle ist nur die x-Koordinate des Schnittpunkts mit der x-Achse.

b) $5x - 6 \cdot 0 - 10 = 0 \qquad | +10$

$5x = 10 \qquad | :5$

$\mathbf{x = 2}$

c) $0 = x^2 - 3x$

$0 = x(x - 3)$

$\Rightarrow \mathbf{x_1 = 0;\ x_2 = 3}$

faktorisieren, da c = 0

d) $0 = 4x^2 + 2x - 6 \quad |:4$

$$0 = x^2 + \frac{1}{2}x - \frac{3}{2}$$

$$x_{1/2} = -\frac{1}{4} \pm \sqrt{\left(\frac{1}{4}\right)^2 + \frac{3}{2}}$$ p-q-Formel mit $p = \frac{1}{2}, q = -\frac{3}{2}$

$$x_{1/2} = -\frac{1}{4} \pm \sqrt{\frac{25}{16}}$$

$$x_{1/2} = -\frac{1}{4} \pm \frac{5}{4}$$

$$\Rightarrow \mathbf{x_1 = \frac{4}{4} = 1;\ x_2 = -\frac{6}{4} = -1{,}5}$$

133 a) $y = -\frac{5}{9} \cdot 1^2 + \frac{10}{3} \cdot 1 = -\frac{5}{9} + \frac{30}{9} = \frac{25}{9} \approx 2{,}78$

Das Wasser befindet sich etwa **2,78 m** über dem Boden.

b) Es müssen die Nullstellen berechnet werden:

$$0 = -\frac{5}{9}x^2 + \frac{10}{3}x$$

$$0 = -\frac{5}{9}x(x - 6)$$

$$\Rightarrow x_1 = 0$$

$$x_2 - 6 = 0 \quad |+6$$

$$x_2 = 6$$

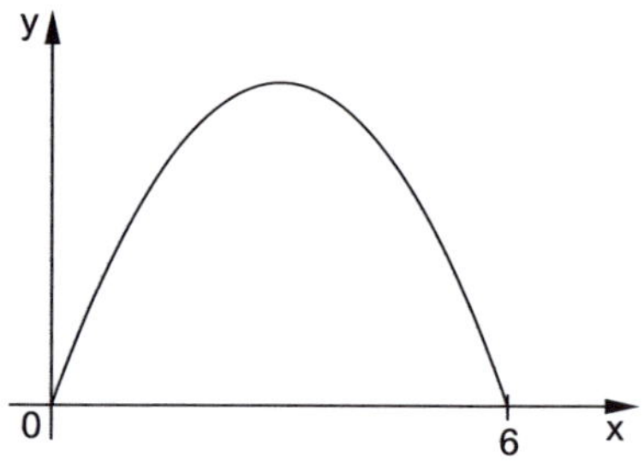

Nach 6 m trifft das Wasser wieder auf dem Boden auf.

c) Der höchste Punkt ist der Scheitel. Daher muss die Funktionsgleichung in die Scheitelform gebracht werden.

$$y = -\frac{5}{9}x^2 + \frac{10}{3}x$$

$$y = -\frac{5}{9}(x^2 - 6x)$$ Ausklammern

$$y = -\frac{5}{9}(x^2 - 6x + 3^2 - 3^2)$$ Quadratisch ergänzen

$y = -\frac{5}{9}((x-3)^2 - 9)$ Binomische Formel

$y = -\frac{5}{9}(x-3)^2 + 5$ Ausmultiplizieren

$\Rightarrow$ **S(3 | 5)**

Bei **x = 3** erreicht das Wasser die maximale Höhe von **5 m**.

134 a) Fontäne 1: Schnittpunkte mit der x-Achse: $N_1(-8\,|\,0)$, $N_2(0\,|\,0)$
Scheitel: $S(-4\,|\,8)$
Scheitelform: $y = a(x+4)^2 + 8$
Einsetzen von $N_2(0\,|\,0)$:

$$0 = a \cdot (0+4)^2 + 8$$
$$0 = 16a + 8 \quad |-8$$
$$-8 = 16a \quad |:16$$
$$-\frac{1}{2} = a$$

$\Rightarrow$ $\mathbf{y = -\frac{1}{2}(x+4)^2 + 8}$

Fontäne 2: Schnittpunkte mit der x-Achse: $N_1(0\,|\,0)$, $N_2(8\,|\,0)$
Scheitel: $S(4\,|\,8)$
Die Parabel ist um 8 LE gegenüber Fontäne 1 nach rechts verschoben.

$\Rightarrow$ $y = -\frac{1}{2}(x+4-8)^2 + 8$

$\mathbf{y = -\frac{1}{2}(x-4)^2 + 8}$

b) Ablesen: **x = –2**
Rechnung: Gesucht ist der x-Wert des Schnittpunkts von Fontäne 1 mit der Geraden y = 6.

$$-\frac{1}{2}(x+4)^2 + 8 = 6 \quad |-6$$
$$-\frac{1}{2}(x^2 + 8x + 16) + 2 = 0$$
$$-\frac{1}{2}x^2 - 4x - 8 + 2 = 0$$
$$-\frac{1}{2}x^2 - 4x - 6 = 0 \quad \Big|:\left(-\frac{1}{2}\right)$$
$$x^2 + 8x + 12 = 0$$

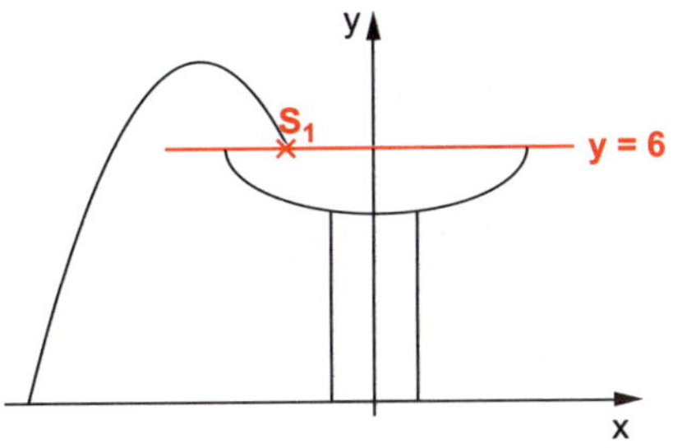

$x_{1/2} = -4 \pm \sqrt{4^2 - 12}$ p-q-Formel mit $p = 8$, $q = 12$

$x_{1/2} = -4 \pm \sqrt{4}$

$x_{1/2} = -4 \pm 2$

$\Rightarrow$ $\mathbf{x_1 = -2}$; $[x_2 = -6]$ Die Schale reicht nicht bis $x_2 = -6$. Es gibt nur einen Schnittpunkt und der ist bei $x_1 = -2$.

c) Zu schneiden ist Fontäne 2 mit $y = 6$.

$$-\frac{1}{2}(x-4)^2 + 8 = 6 \quad |-6$$

$$-\frac{1}{2}(x^2 - 8x + 16) + 2 = 0$$

$$-\frac{1}{2}x^2 + 4x - 8 + 2 = 0$$

$$-\frac{1}{2}x^2 + 4x - 6 = 0 \quad \left| : \left(-\frac{1}{2}\right)\right.$$

$$x^2 - 8x + 12 = 0$$

$x_{1/2} = 4 \pm \sqrt{(-4)^2 - 12}$ p-q-Formel $p = -8$, $q = 12$

$x_{1/2} = 4 \pm \sqrt{4}$

$x_{1/2} = 4 \pm 2$

$\Rightarrow$ $[x_1 = 6]$; $\mathbf{x_2 = 2}$ Die Schale reicht nicht bis $x_1 = 6$. Es gibt nur einen Schnittpunkt und der ist bei $x_2 = 2$.

Hinweis: Da Fontäne 2 die an der y-Achse gespiegelte Fontäne 1 ist, kann man $x_2 = 2$ auch ohne Rechnung sofort schlussfolgern.

135 a) relative Häufigkeiten:

- Internet: $\frac{27}{100} = \mathbf{27\ \%}$
- Fernsehen: $\frac{9}{100} = \mathbf{9\ \%}$
- Freunde: $\frac{42}{100} = \mathbf{42\ \%}$
- Shoppen: $\frac{1}{100} = \mathbf{1\ \%}$
- Sonstiges: $\frac{21}{100} = \mathbf{21\ \%}$

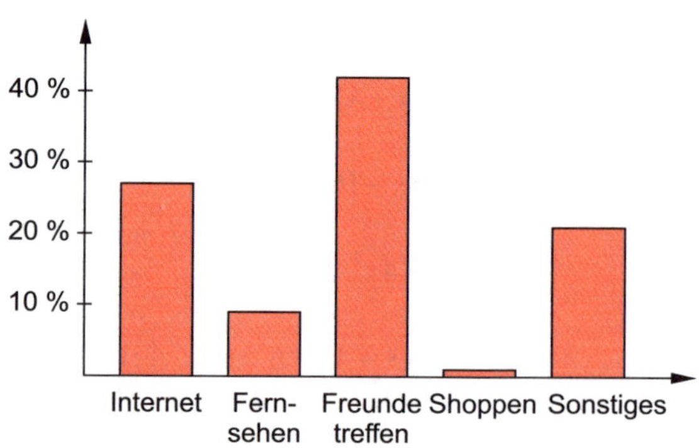

b) Kreisanteile:

- Internet: $\frac{23}{180} \cdot 360° = \mathbf{46°}$
- Fernsehen: $\frac{5}{180} \cdot 360° = \mathbf{10°}$
- Freunde: $\frac{92}{180} \cdot 360° = \mathbf{184°}$
- Shoppen: $\frac{18}{180} \cdot 360° = \mathbf{36°}$
- Sonstiges: $\frac{42}{100} \cdot 360° = \mathbf{84°}$

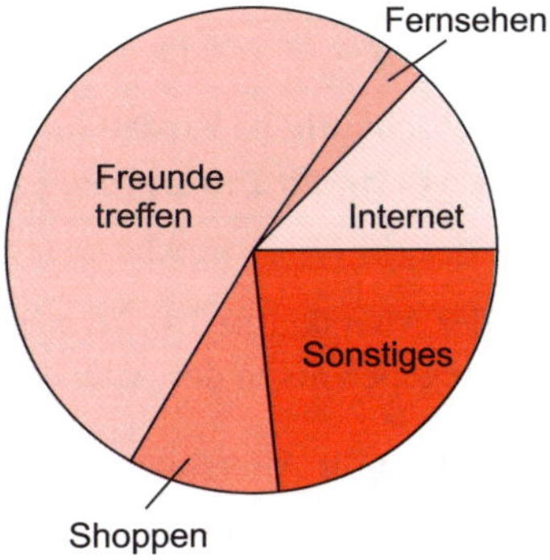

136 **Nein**, denn an einem Auto können **mehrere Mängel oder gar kein Mangel** festgestellt worden sein. Die Tabelle zeigt daher nicht, wie viele Fahrzeuge untersucht worden sind.

137 a) Die relative Häufigkeit der Stichprobe entspricht etwa der relativen Häufigkeit der Grundgesamtheit, also gilt:

- Bus: $\frac{62}{120} \cdot 650 \approx 336$
- Auto: $\frac{23}{120} \cdot 650 \approx 125$

Etwa **336 Schüler** kommen mit dem **Bus** und **125 Schüler** werden mit dem **Auto** gebracht.

b)
- Bus: $\frac{62}{120} \approx \mathbf{0{,}52}$
- Auto: $\frac{23}{120} \approx \mathbf{0{,}19}$
- Rad: $\frac{16}{120} \approx \mathbf{0{,}13}$
- keines: $\frac{19}{120} \approx \mathbf{0{,}16}$

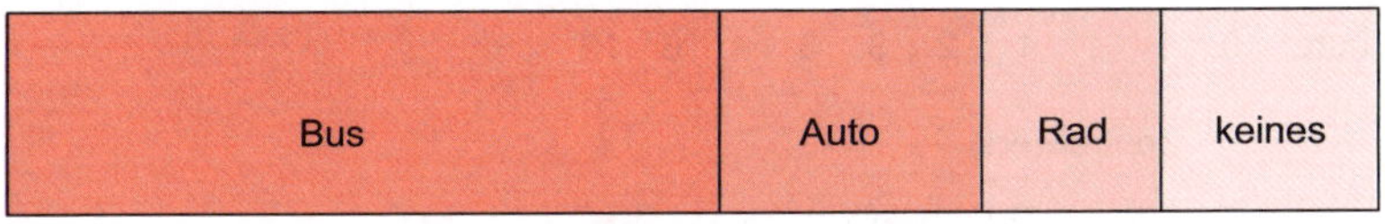

138 a) Durchschnittliche Kosten in Altersklasse 14–16-Jährige:

$$\frac{5+16+8+10+8+15+5+9+22+12+18}{11} = \frac{128}{11} \approx \mathbf{11{,}64}\,[€]$$

Durchschnittliche Kosten in Altersklasse 17–18-Jährige:

$$\frac{11+25+26+7+12+11+6+6+19+16+4}{11} = \frac{143}{11} = \mathbf{13}\,[€]$$

In der Altersklasse 14–16 wird durchschnittlich weniger Geld für das Handy ausgegeben als in der Altersklasse 17–18.

b) Rangliste für Altersklasse 14–16-Jährige:

5 5 8 8 9 [10] 12 15 16 18 22

q_u: 8 z q_o: 16

q: 16 – 8 = 8

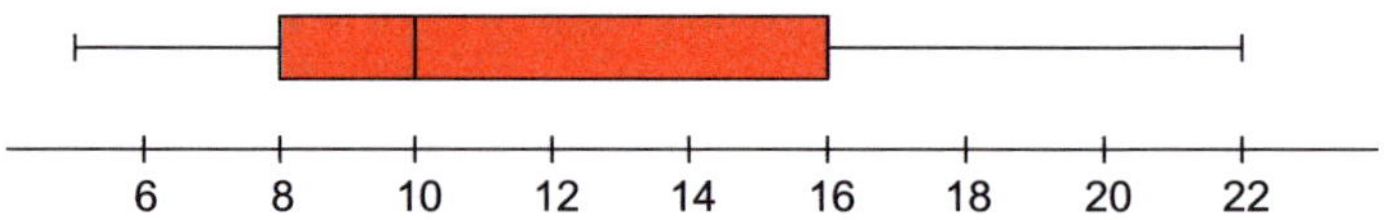

Rangliste für Altersklasse 17–18-Jährige:

4 6 6 7 11 [11] 12 16 19 25 26

q_u: 6 z q_o: 19

q: 19 – 6 = 13

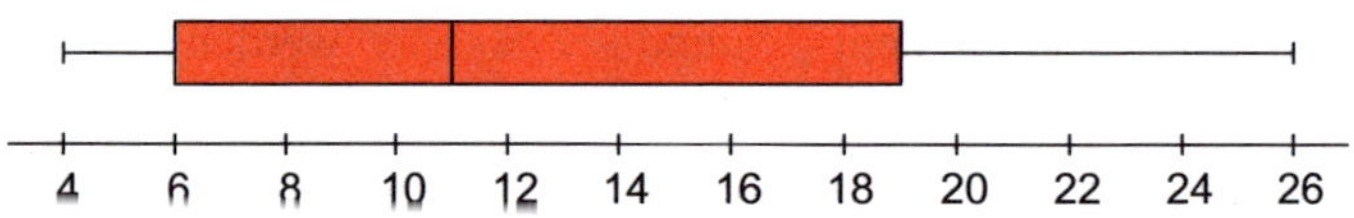

139 a) $\frac{3+0+1+1+1+6+4+3+2+12}{10} = \frac{33}{10} = 3{,}3$

Im Mittel hat ein Mitarbeiter **3,3 Tage** gefehlt.

b) Rangliste: 0 1 1 1 2 3 3 4 6 12

Zentralwert: $\frac{2+3}{2} = \mathbf{2{,}5}$

Spannweite: **12**

c) Der Zentralwert ist 2,5 und nicht 3.
Das obere Quartil ist 4 und nicht 6.

obere Datenhälfte: 3 3 4 6 12 (q_o = 4)

140 Das Feld 3 nimmt die Hälfte des Glücksrades ein, die Felder 1 und 2 nehmen zusammen die andere Hälfte ein. Man gewinnt also mit der Wahrscheinlichkeit $\frac{1}{2}$ mindestens eine Freikarte.

141 Im Lostopf sind noch $1\,000 - 20 - 50 - 120 = 810$ Nieten.

$$P(\text{kein Gewinn}) = \frac{810}{1\,000} = \mathbf{0{,}81}$$

142 Diese Hunde sind möglicherweise unterschiedlich schnell. Somit ist vermutlich von vorneherein klar, wer gewinnen wird. Bei diesem Rennen spielt die Leistung eine Rolle und nicht der Zufall.

143 a) Von 15 möglichen Karten sind 3 günstig.

$$P(\text{nächster Zug 7}) = \frac{3}{15} = \frac{1}{5} = \mathbf{0{,}2}$$

b) Unter 10 möglichen Karten befinden sich 3 günstige.

$$P(\text{nächster Zug 7}) = \frac{3}{10} = \mathbf{0{,}3}$$

144

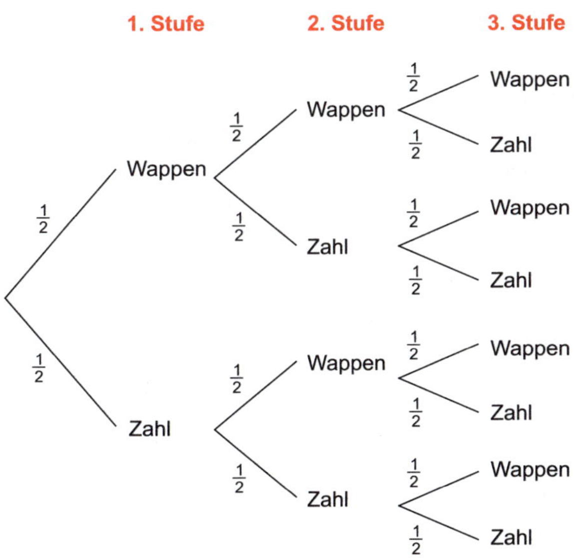

$P(WWW) = \frac{1}{2} \cdot \frac{1}{2} \cdot \frac{1}{2} = \frac{1}{8}$

$P(WWZ) = \frac{1}{2} \cdot \frac{1}{2} \cdot \frac{1}{2} = \frac{1}{8}$

$P(WZW) = \frac{1}{2} \cdot \frac{1}{2} \cdot \frac{1}{2} = \frac{1}{8}$

$P(WZZ) = \frac{1}{2} \cdot \frac{1}{2} \cdot \frac{1}{2} = \frac{1}{8}$

$P(ZWW) = \frac{1}{2} \cdot \frac{1}{2} \cdot \frac{1}{2} = \frac{1}{8}$

$P(ZWZ) = \frac{1}{2} \cdot \frac{1}{2} \cdot \frac{1}{2} = \frac{1}{8}$

$P(ZZW) = \frac{1}{2} \cdot \frac{1}{2} \cdot \frac{1}{2} = \frac{1}{8}$

$P(ZZZ) = \frac{1}{2} \cdot \frac{1}{2} \cdot \frac{1}{2} = \frac{1}{8}$

145 $P(\text{2 Gewinne}) = \frac{20}{100} \cdot \frac{19}{99} \approx 0{,}038$

Die Wahrscheinlichkeit, 2 Gewinne zu erhalten, beträgt etwa **3,8 %**.

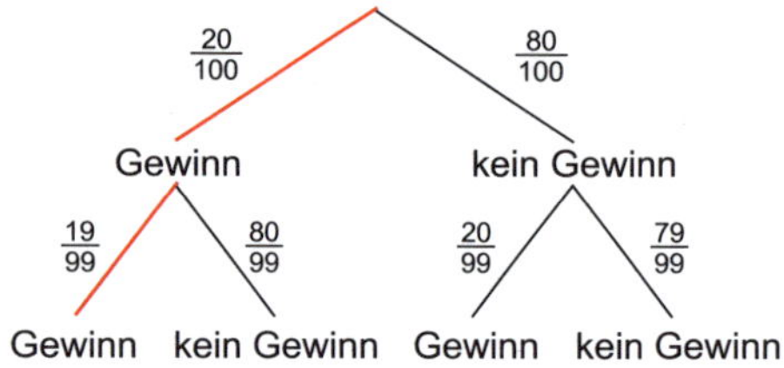

146 Das Spiel kann mittels eines Baumdiagramms dargestellt werden.

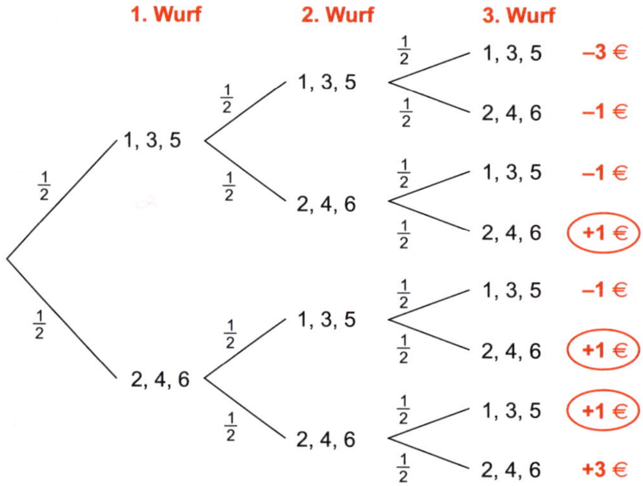

Es gibt 3 Pfade, bei denen Jonas 1 € gewinnt.

P(Gewinn 1 €) = P(ungerade, gerade, gerade) + P(gerade, ungerade, gerade) + P(gerade, gerade, ungerade)

$P(\text{Gewinn 1 €}) = \frac{1}{2} \cdot \frac{1}{2} \cdot \frac{1}{2} + \frac{1}{2} \cdot \frac{1}{2} \cdot \frac{1}{2} + \frac{1}{2} \cdot \frac{1}{2} \cdot \frac{1}{2} = \frac{1}{8} + \frac{1}{8} + \frac{1}{8} = \frac{3}{8}$

Jonas gewinnt mit einer Wahrscheinlichkeit von $\frac{3}{8}$ genau 1 €.

147 a)

Gefäß 1 \ Gefäß 2	1	2	3	4	6	8
2	3	4	5	6	8	10
3	4	5	6	7	9	11
4	5	6	7	8	10	**12**
5	6	7	8	9	11	13
6	7	8	9	10	**12**	14

Mögliche Summenwerte:
3, 4, 5, 6, 7, 8, 9, 10, 11, 12, 13 oder 14

Bei diesem Versuch sind insgesamt **12 verschiedene Summenwerte** möglich.

b) Schaue in der Tabelle aus Teilaufgabe a, wo die Summe 12 steht.

$P(6+6)=\frac{1}{5}\cdot\frac{1}{6}=\frac{1}{30}$

In Gefäß 1 sind 5 Kugeln, in Gefäß 2 sind 6 Kugeln. Die „6" bzw. „4" bzw. „8" kommt jeweils nur 1-mal vor.

$P(4+8)=\frac{1}{5}\cdot\frac{1}{6}=\frac{1}{30}$

$P(12)=P(6+6)+P(4+8)=\frac{1}{30}+\frac{1}{30}=\frac{2}{30}=\frac{1}{15}$

148 a) Die Felder rot, blau und grün sind gleich groß, während Feld weiß die Hälfte des Glücksrads ausmacht.

$P(\text{weiß})=\frac{1}{2}$

$P(\text{rot})=P(\text{blau})=P(\text{grün})=\frac{1}{2}:3=\frac{1}{2}\cdot\frac{1}{3}=\frac{1}{6}$

Gewinn in €	0,50	1,50	2,50	–1,50
Wahrscheinlichkeit	$\frac{1}{6}$	$\frac{1}{6}$	$\frac{1}{6}$	$\frac{1}{2}$

Mithilfe des Erwartungswerts kann entschieden werden, ob sich das Spiel lohnt:

$\frac{1}{6}\cdot 0{,}50\,€+\frac{1}{6}\cdot 1{,}50\,€+\frac{1}{6}\cdot 2{,}50\,€-\frac{1}{2}\cdot 1{,}50\,€=0\,€$

Das Spiel ist fair, auf lange Sicht macht man **weder Gewinn noch Verlust**. Eine Teilnahme am Spiel ist daher weder zu empfehlen noch ist von ihr abzuraten.

b) Wenn alle 4 Felder gleich groß wären, würde jedes Feld mit der Wahrscheinlichkeit $\frac{1}{4}$ gedreht werden.

Gewinn in €	0,50	1,50	2,50	–1,50
Wahrscheinlichkeit	$\frac{1}{4}$	$\frac{1}{4}$	$\frac{1}{4}$	$\frac{1}{4}$

Berechnung des Erwartungswerts:

$\frac{1}{4}\cdot 0{,}50\,€+\frac{1}{4}\cdot 1{,}50\,€+\frac{1}{4}\cdot 2{,}50\,€-\frac{1}{4}\cdot 1{,}50\,€=0{,}75\,€$

Das Spiel ist für den Spieler **gewinnbringend** geworden. Jetzt gewinnt man auf lange Sicht **0,75 € pro Spiel**. Eine Teilnahme lohnt sich.

149 a) P(kein Gewinn) $= 1 - \text{P(Gewinn)}$
P(kein Gewinn) $= 1 - (10\,\% + 4\,\% + 2\,\% + 1\,\% + 0{,}5\,\%) = 1 - 17{,}5\,\% =$ **82,5 %**

b) „Fair“ bedeutet:
- Erwartungswert = 0 bzw.
- erwartete Auszahlung = Einsatz

$$\text{Erwartete Auszahlung} = 10\,\% \cdot 0{,}2 + 4\,\% \cdot 0{,}5 + 2\,\% \cdot 1 + 1\,\% \cdot 5 + 0{,}5\,\% \cdot 10 = 0{,}16\,[€]$$

Das Spiel ist fair, wenn Tim pro Spiel **16 ct** Einsatz verlangt.

c) Für Tim würde das bedeuten, dass er auf lange Sicht 84 ct pro Spiel gewinnen würde, für ihn wäre das also eine gute Wahl. Gegenüber seinen Mitspielern wäre das Spiel allerdings unfair.

150 a) Norwegen: $\frac{12}{135} \cdot 360° = 32°$

Österreich: $\frac{27}{135} \cdot 360° = 72°$

Schweden: $\frac{36}{135} \cdot 360° = 96°$

Deutschland: $\frac{39}{135} \cdot 360° = 104°$

andere/keines: $\frac{21}{135} \cdot 360° = 56°$

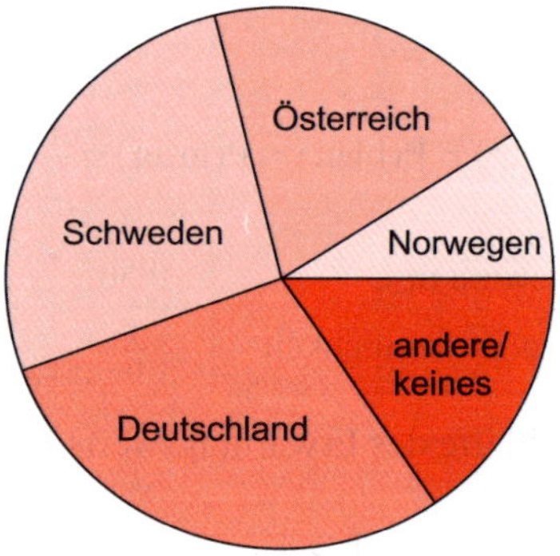

b) günstige Personen: 39
mögliche Personen: 135

P(Preis an Zuschauer mit Deutschlandfahne) $= \frac{39}{135} = \mathbf{\frac{13}{45}}$

151 Die Buchstaben sollen am 2. Tag die gleichen sein wie am 1. Tag. Beim 1. Zug gibt es also 2 günstige Buchstaben, da die Reihenfolge keine Rolle spielt, in der die beiden Buchstaben ausgewählt werden. Beim 2. Zug gibt es nur noch 1 günstigen Buchstaben. Das Alphabet besitzt 26 Buchstaben.

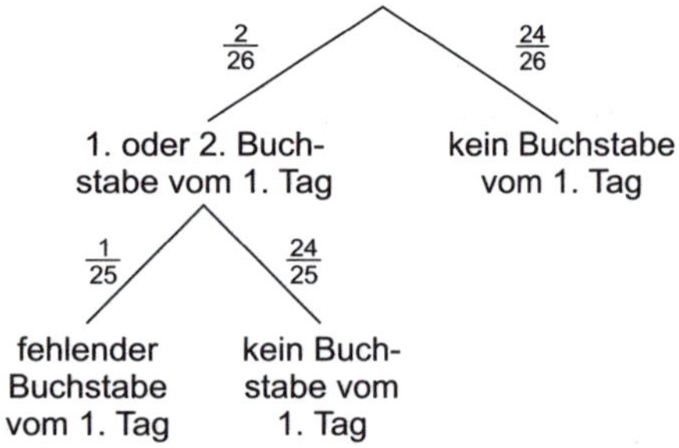

$$P(\text{die gleichen Buchstaben}) = \frac{2}{26} \cdot \frac{1}{25} = \mathbf{\frac{1}{325}}$$

152

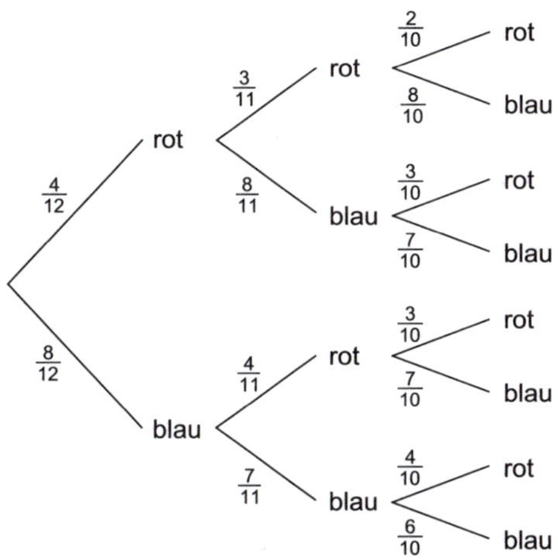

a) $P(\text{keine rote Kugel}) = P(\text{blau, blau, blau}) = \frac{8}{12} \cdot \frac{7}{11} \cdot \frac{6}{10} = \mathbf{\frac{14}{55}}$

b) $P(\text{genau 2 rote Kugeln}) = P(\text{rot, rot, blau}) + P(\text{rot, blau, rot}) + P(\text{blau, rot, rot})$

$P(\text{genau 2 rote Kugeln}) = \frac{4}{12} \cdot \frac{3}{11} \cdot \frac{8}{10} + \frac{4}{12} \cdot \frac{8}{11} \cdot \frac{3}{10} + \frac{8}{12} \cdot \frac{4}{11} \cdot \frac{3}{10} = \mathbf{\frac{12}{55}}$

153

Augen	1	2	3	4	5	6
Auszahlung in €	0,5	1	1,5	2	2,5	3
Wahrscheinlichkeit	$\frac{1}{6}$	$\frac{1}{6}$	$\frac{1}{6}$	$\frac{1}{6}$	$\frac{1}{6}$	$\frac{1}{6}$

Das Spiel ist fair, wenn die erwartete Auszahlung dem Einsatz entspricht:

$$\text{Erwartete Auszahlung} = 0{,}5\,€ \cdot \frac{1}{6} + 1\,€ \cdot \frac{1}{6} + 1{,}5\,€ \cdot \frac{1}{6} + 2\,€ \cdot \frac{1}{6} + 2{,}5\,€ \cdot \frac{1}{6} + 3\,€ \cdot \frac{1}{6} = 1{,}75\,€$$

Bei einem Einsatz von **1,75 €** ist das Spiel fair.

154

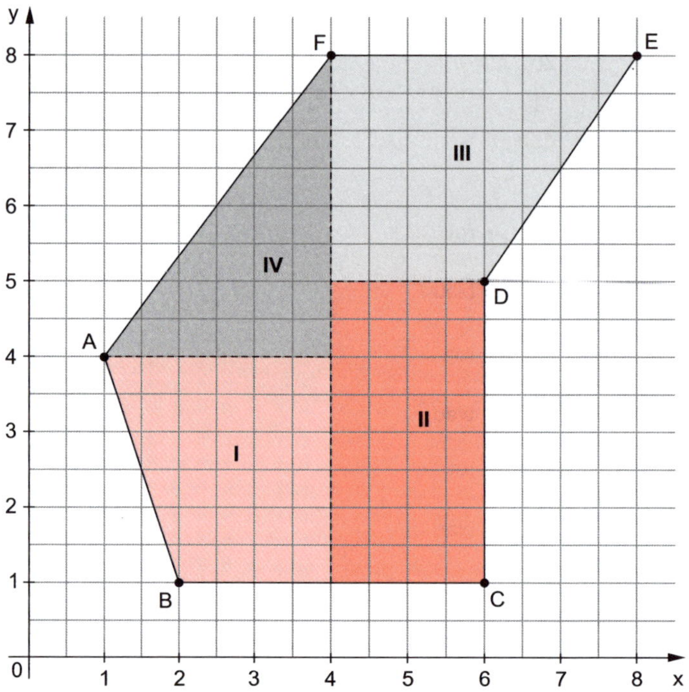

Das Sechseck kann z. B. in die Flächen I bis IV zerlegt werden.

Berechnung der Trapezfläche I:

$$A_I = \frac{1}{2} \cdot (3\ \text{cm} + 2\ \text{cm}) \cdot 3\ \text{cm} = 2{,}5\ \text{cm} \cdot 3\ \text{cm} = 7{,}5\ \text{cm}^2$$

Berechnung der Rechtecksfläche II:

$$A_{II} = 2\ \text{cm} \cdot 4\ \text{cm} = 8{,}0\ \text{cm}^2$$

Berechnung der Trapezfläche III:

$$A_{III} = \frac{1}{2} \cdot (4\ \text{cm} + 2\ \text{cm}) \cdot 3\ \text{cm} = 3\ \text{cm} \cdot 3\ \text{cm} = 9{,}0\ \text{cm}^2$$

Berechnung der Dreiecksfläche IV:

$$A_{IV} = \frac{1}{2} \cdot 3\ \text{cm} \cdot 4\ \text{cm} = 6{,}0\ \text{cm}^2$$

Als Gesamtflächeninhalt des Sechsecks ergibt sich:

$$A_I + A_{II} + A_{III} + A_{IV} = 7{,}5\ \text{cm}^2 + 8{,}0\ \text{cm}^2 + 9{,}0\ \text{cm}^2 + 6{,}0\ \text{cm}^2 = \mathbf{30{,}5\ cm^2}$$

155 a) Die Grundfläche der Wohnung ist ein Trapez. Der Zeichnung entnimmt man, dass die parallelen Seiten des Trapezes 5,6 m und 6,3 m lang sind. Die Höhe beträgt 4,1 m. Der Inhalt der Grundfläche ergibt sich daher zu:

$$A_{\text{Grundfläche}} = \frac{1}{2} \cdot (5{,}6\text{ m} + 6{,}3\text{ m}) \cdot 4{,}1\text{ m} = \frac{1}{2} \cdot 11{,}9\text{ m} \cdot 4{,}1\text{ m} = \mathbf{24{,}395\text{ m}^2}$$

b) Bad und Küche ergeben zusammen ein Rechteck mit einer Länge von 4,1 m und einer Breite von 2,2 m.

$$A_{\text{Bad und Küche}} = 4{,}1\text{ m} \cdot 2{,}2\text{ m} = 9{,}02\text{ m}^2$$

Somit nehmen Bad und Küche zusammen folgenden Anteil an der Grundfläche ein:

$$\frac{A_{\text{Bad und Küche}}}{A_{\text{Grundfläche}}} = \frac{9{,}02\text{ m}^2}{24{,}395\text{ m}^2} \approx 0{,}37 = \mathbf{37\ \%}$$

156 a) Gegeben: Seite $a = 12b$
Flächeninhalt $A = 108b^2$
Gesucht: Höhe h_a

Die Formel für den Flächeninhalt des Parallelogramms muss also nach h_a umgestellt werden:

$$A = a \cdot h_a \quad \Rightarrow \quad h_a = \frac{A}{a}$$

Einsetzen der gegebenen Werte und Berechnung von h_a:

$$h_a = \frac{108b^2}{12b} = \mathbf{9b}$$

b) Gegeben: parallele Seiten $s_1 = 9a$ und $s_1 = 3a$
Flächeninhalt $A = 24a^2$
Gesucht: Höhe h

Umstellen der Formel für die Trapezfläche nach h:

$$A = \frac{1}{2} \cdot (s_1 + s_2) \cdot h \quad |\cdot 2$$

$$2A = (s_1 + s_2) \cdot h \quad |:(s_1 + s_2)$$

$$\frac{2A}{s_1 + s_2} = h$$

Einsetzen der gegebenen Werte und Berechnung von h:

$$h = \frac{2 \cdot 24a^2}{9a + 3a} = \frac{48a^2}{12a} = \mathbf{4a}$$

157 a) Die Figur setzt sich aus einem Parallelogramm und einem Dreieck zusammen.

$$A_{Figur} = A_{Parallelogramm} + A_{Dreieck} = 4\text{ cm} \cdot 2\text{ cm} + \frac{1}{2} \cdot 4\text{ cm} \cdot 2\text{ cm}$$

$$A_{Figur} = 8\text{ cm}^2 + 4\text{ cm}^2 = \mathbf{12\text{ cm}^2}$$

b) Die Figur setzt sich aus zwei Rechtecken und einem Dreieck zusammen.

$$A_{Figur} = A_{Rechteck\,1} + A_{Rechteck\,2} + A_{Dreieck}$$

$$A_{Figur} = 3\text{ cm} \cdot 15\text{ cm} + 6\text{ cm} \cdot 14\text{ cm} + \frac{1}{2} \cdot 14\text{ cm} \cdot (15\text{ cm} - 6\text{ cm})$$

$$A_{Figur} = 45\text{ cm}^2 + 84\text{ cm}^2 + 63\text{ cm}^2 = \mathbf{192\text{ cm}^2}$$

c) Die Figur setzt sich aus zwei Kreisen, einem Rechteck und einem Parallelogramm zusammen. Von den beiden Kreisen ist jeweils der Durchmesser gegeben. Die zugehörigen Radien sind 8 cm bzw. 11 cm.

$$A_{Figur} = A_{Kreis\,1} + A_{Kreis\,2} + A_{Rechteck} + A_{Parallelogramm}$$

$$A_{Figur} = \pi \cdot (8\text{ cm})^2 + \pi \cdot (11\text{ cm})^2 + 12\text{ cm} \cdot 4\text{ cm} + 2\text{ cm} \cdot 7\text{ cm}$$

$$A_{Figur} = 64\pi\text{ cm}^2 + 121\pi\text{ cm}^2 + 48\text{ cm}^2 + 14\text{ cm}^2 \approx \mathbf{643{,}2\text{ cm}^2}$$

d) Die Figur kann in ein Rechteck, zwei Parallelogramme und ein Dreieck zerlegt werden (siehe Abbildung rechts).

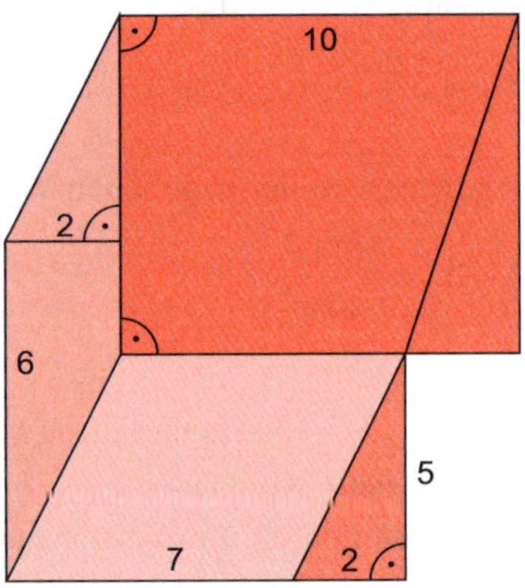

$$A_{Figur} = A_{Rechteck} + A_{Parallelogramm\,1} + A_{Parallelogramm\,2} + A_{Dreieck}$$

$$A_{Figur} = 10\text{ cm} \cdot 6\text{ cm} + 6\text{ cm} \cdot 2\text{ cm} + 7\text{ cm} \cdot 5\text{ cm} + \frac{1}{2} \cdot 2\text{ cm} \cdot 5\text{ cm}$$

$$A_{Figur} = 60\text{ cm}^2 + 12\text{ cm}^2 + 35\text{ cm}^2 + 5\text{ cm}^2$$

$$A_{Figur} = \mathbf{112\text{ cm}^2}$$

158 1. Möglichkeit:

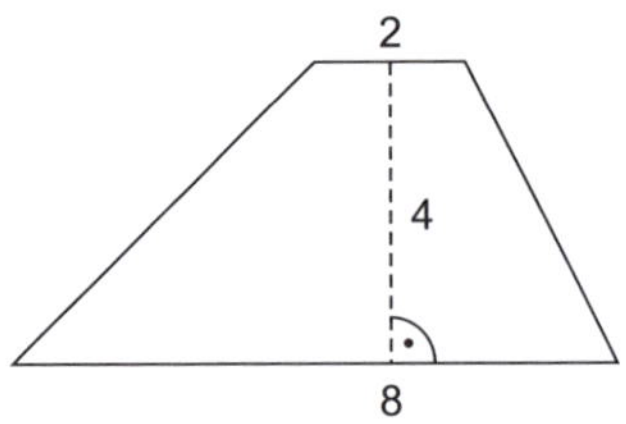

2. Möglichkeit:

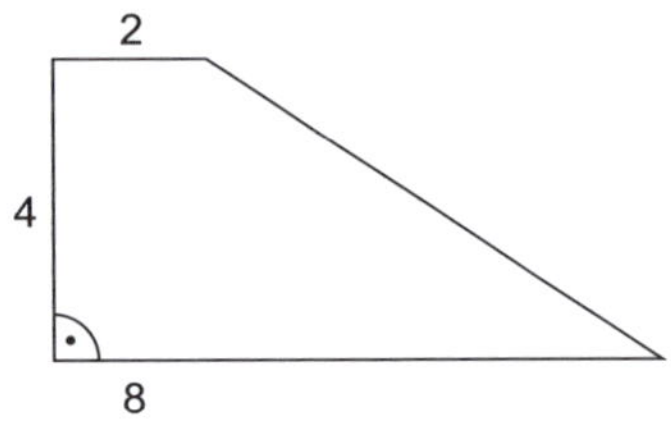

3. Möglichkeit:

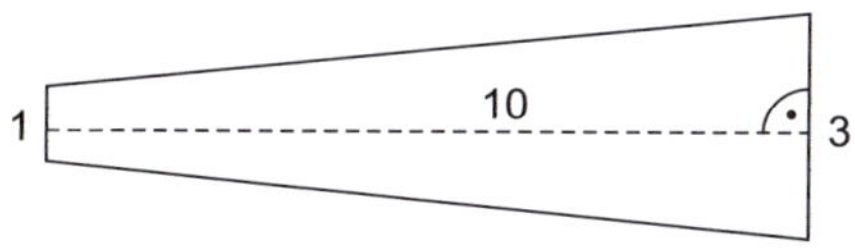

4. Möglichkeit:

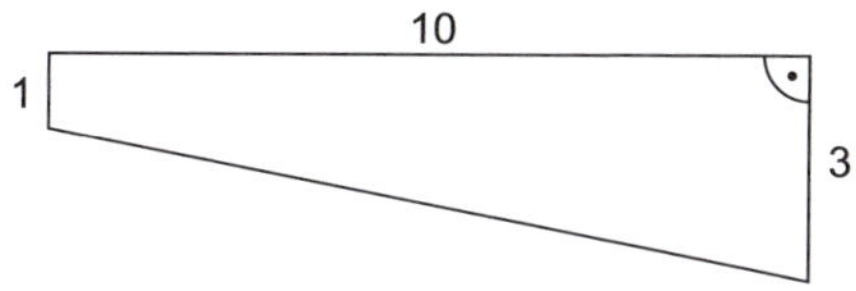

159 Maßstabsgerechte Zeichnung mit Maßstab 1 : 10 (1 cm in der Zeichnung entspricht 10 cm in der Wirklichkeit):

Der Kreis und die Dreiecke können auch anders auf dem Brett angeordnet werden, sie dürfen sich natürlich auch berühren. Nebenstehend ist nur eine von vielen Möglichkeiten abgebildet.

Flächeninhalt des Holzbretts:

$A_{Holzbrett} = 30\text{ cm} \cdot 60\text{ cm} = 1\,800\text{ cm}^2$

Fläche, die vom Kreis und der beiden Dreiecke eingenommen wird:

$$A_{Kreis} + 2 \cdot A_{Dreieck} = \pi \cdot (15\text{ cm})^2 + 2 \cdot \frac{(20\text{ cm})^2}{4} \cdot \sqrt{3}$$

$$A_{Kreis} + 2 \cdot A_{Dreieck} = 225\pi\text{ cm}^2 + 200 \cdot \sqrt{3}\text{ cm}^2 \approx 1\,053{,}27\text{ cm}^2$$

Fläches des Holzes, die übrig bleibt:

$A_{Rest} = 1\,800\text{ cm}^2 - 1\,053{,}27\text{ cm}^2 = \mathbf{746{,}73\text{ cm}^2}$

160 Die Seitenwand lässt sich in ein Quadrat und in ein rechtwinkliges Dreieck zerlegen. Zunächst wird die fehlende Seite des Dreiecks mithilfe des Satzes des Pythagoras berechnet:

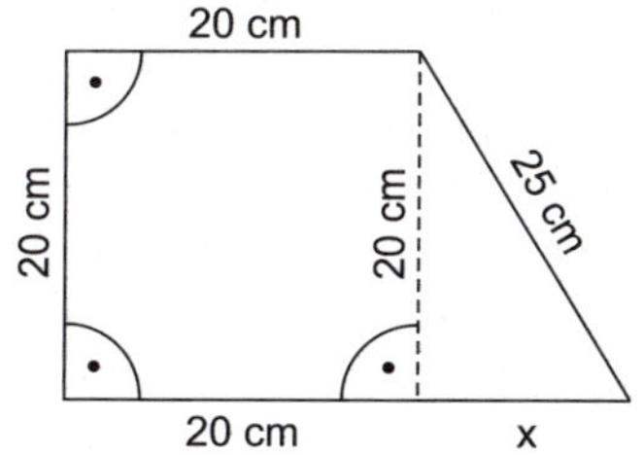

$(25\text{ cm})^2 = (20\text{ cm})^2 + x^2$

$625\text{ cm}^2 = 400\text{ cm}^2 + x^2 \quad |-400\text{ cm}^2$

$225\text{ cm}^2 = x^2 \quad |\sqrt{}$

$x = 15\text{ cm}$

Für den Umfang der Seitenwand erhält man somit:

$u = 3 \cdot 20\text{ cm} + 25\text{ cm} + 15\text{ cm} = \mathbf{100\text{ cm}}$

Und der Flächeninhalt ergibt sich zu:

$$A_{\text{Seitenwand}} = A_{\text{Quadrat}} + A_{\text{Dreieck}}$$

$$A_{\text{Seitenwand}} = (20\text{ cm})^2 + \frac{1}{2} \cdot 20\text{ cm} \cdot 15\text{ cm}$$

$$A_{\text{Seitenwand}} = 400\text{ cm}^2 + 150\text{ cm}^2 = \mathbf{550\text{ cm}^2}$$

161 a)

$$b^2 = a^2 + c^2$$
$$(91\text{ cm})^2 = (84\text{ cm})^2 + c^2$$
$$8\,281\text{ cm}^2 = 7\,056\text{ cm}^2 + c^2 \quad |-7\,056\text{ cm}^2$$
$$c^2 = 1\,225\text{ cm}^2 \quad |\sqrt{}$$
$$\mathbf{c = 35\text{ cm}}$$

Da der rechte Winkel bei B liegt, ist die Seite b die Hypotenuse.

b)

$$c^2 = a^2 + b^2$$
$$(17\text{ dm})^2 = a^2 + (8\text{ dm})^2$$
$$289\text{ dm}^2 = a^2 + 64\text{ dm}^2 \quad |-64\text{ dm}^2$$
$$a^2 = 225\text{ dm}^2 \quad |\sqrt{}$$
$$\mathbf{a = 15\text{ dm}}$$

c)

$$a^2 = b^2 + c^2$$
$$(29\text{ cm})^2 = b^2 + (20\text{ cm})^2$$
$$841\text{ cm}^2 = b^2 + 400\text{ cm}^2 \quad |-400\text{ cm}^2$$
$$b^2 = 441\text{ cm}^2 \quad |\sqrt{}$$
$$\mathbf{b = 21\text{ cm}}$$

2 dm = 20 cm

162 In einer Stunde läuft Kim 4,8 km weit, in einer halben Stunde also 2,4 km.
Jenny läuft in einer Stunde 8,2 km und somit in einer halben Stunde 4,1 km.
Diese beiden Strecken bilden die Katheten eines rechtwinkligen Dreiecks. Die Entfernung e ist die zugehörige Hypotenuse.

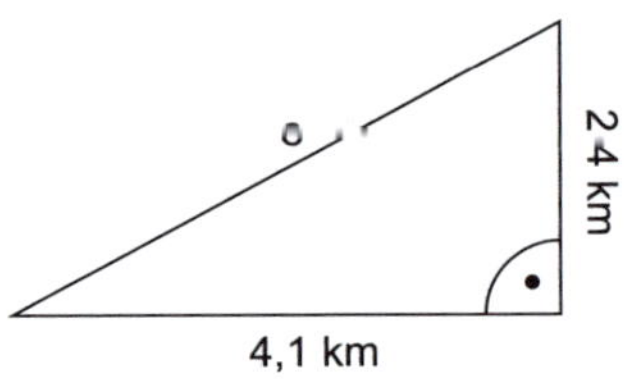

$$e^2 = (4{,}1\text{ km})^2 + (2{,}4\text{ km})^2$$
$$e^2 = 16{,}81\text{ km}^2 + 5{,}76\text{ km}^2$$
$$e^2 = 22{,}57\text{ km}^2 \quad |\sqrt{}$$
$$e \approx 4{,}75\text{ km}$$

Die beiden sind nach einer halben Stunde etwa **4,75 km** voneinander entfernt.

163 Zeichnung:

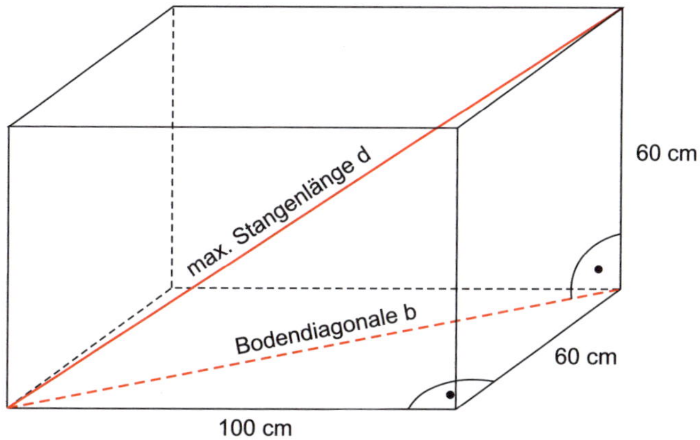

Wenigstens eine Eisenstange findet in der Kiste Platz, wenn deren Diagonale länger ist als die Eisenstangen. Um das herauszufinden, muss zweimal der Satz des Pythagoras angewendet werden, zum einen, um die Länge der Bodendiagonale zu berechnen, zum anderen, um mit dieser die Diagonale der Kiste zu berechnen.

Berechnung der Bodendiagonale b im Quadrat:

$b^2 = (100\ \text{cm})^2 + (60\ \text{cm})^2$

$b^2 = 10\,000\ \text{cm}^2 + 3\,600\ \text{cm}^2$

$b^2 = 13\,600\ \text{cm}^2$

Berechnung der Diagonale der Kiste d:

$d^2 = 13\,600\ \text{cm}^2 + (60\ \text{cm})^2$

$d^2 = 13\,600\ \text{cm}^2 + 3\,600\ \text{cm}^2$

$d^2 = 17\,200\ \text{cm}^2 \quad |\sqrt{\ }$

$d \approx 131{,}15\ \text{cm}$

$d = 1{,}3115\ \text{m}$

Herr Seibels **Behauptung ist wahr**. Die Stangen sind mit 1,35 m zu lang.

164 Berechnung der Heißluftballonhöhe h mittels des 2. Strahlensatzes:

$$\frac{h}{10{,}5\ \text{m}} = \frac{13{,}4\ \text{m} + 19{,}6\ \text{m}}{13{,}4\ \text{m}}$$

$$\frac{h}{10{,}5\ \text{m}} = \frac{33\ \text{m}}{13{,}4\ \text{m}} \quad |\cdot 10{,}5\ \text{m}$$

$$h = \frac{33\ \text{m}}{13{,}4\ \text{m}} \cdot 10{,}5\ \text{m}$$

$$\mathbf{h \approx 25{,}86\ m}$$

165 a) $\frac{x}{4\,cm} = \frac{3\,cm}{6\,cm} \quad |\cdot 4\,cm$

$x = \frac{3\,cm}{6\,cm} \cdot 4\,cm$

$\mathbf{x = 2\,cm}$

b) $\frac{x}{6\,cm} = \frac{3\,cm}{4\,cm} \quad |\cdot 6\,cm$

$x = \frac{3\,cm}{4\,cm} \cdot 6\,cm$

$\mathbf{x = 4{,}5\,cm}$

c) $\frac{x}{11\,cm} = \frac{7\,cm + 9\,cm}{9\,cm}$

$\frac{x}{11\,cm} = \frac{16\,cm}{9\,cm} \quad |\cdot 11\,cm$

$x = \frac{16\,cm}{9\,cm} \cdot 11\,cm$

$\mathbf{x \approx 19{,}6\,cm}$

d) $\frac{x}{8{,}5\,cm} = \frac{7{,}5\,cm}{7{,}5\,cm + 5{,}5\,cm}$

$\frac{x}{8{,}5\,cm} = \frac{7{,}5\,cm}{13\,cm} \quad |\cdot 8{,}5\,cm$

$x = \frac{7{,}5\,cm}{13\,cm} \cdot 8{,}5\,cm$

$\mathbf{x \approx 4{,}9\,cm}$

e) $\frac{x + 9\,cm}{9\,cm} = \frac{15\,cm}{12\,cm} \quad |\cdot 9\,cm$

$x + 9\,cm = 11{,}25\,cm \quad |-9\,cm$

$\mathbf{x = 2{,}25\,cm}$

f) $\frac{x + 4\,cm}{x} = \frac{6\,cm}{3\,cm} \quad |\cdot x$

$x + 4\,cm = 2x \quad |-x$

$\mathbf{x = 4\,cm}$

166 In der linken Strahlensatzfigur hat Monika den Strahlensatz falsch aufgestellt:

$\frac{4}{5} = \frac{4{,}5}{x}$ (durchgestrichen) richtig: $\frac{4}{5} = \frac{x}{4{,}5}$

Die rechte Figur ist gar keine Strahlensatzfigur, da die beiden schneidenden Geraden nicht parallel verlaufen.

167 Ergänzung der Zeichnung:

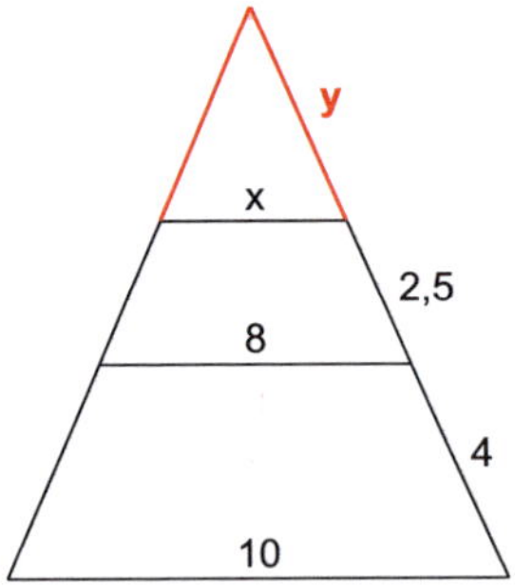

Berechnung von y:

$$\frac{y+6,5}{y+2,5}=\frac{10}{8} \qquad |\cdot 8\cdot(y+2,5)$$

$$(y+6,5)\cdot 8=10\cdot(y+2,5)$$

$$8y+52=10y+25 \qquad |-8y$$

$$52=2y+25 \qquad |-25$$

$$27=2y \qquad |:2$$

$$\mathbf{y=13,5}$$

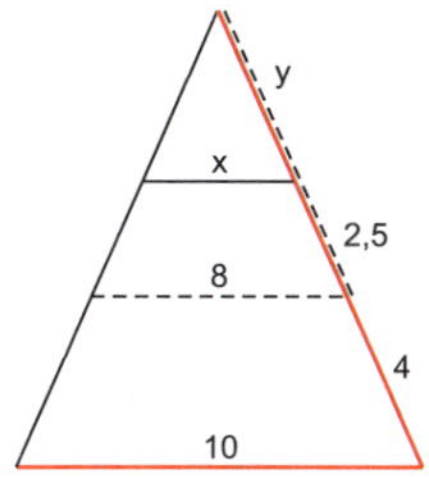

Berechnung von x:

$$\frac{x}{8}=\frac{13,5}{16} \qquad |\cdot 8$$

$$x=\frac{13,5}{16}\cdot 8$$

$$\mathbf{x=6,75}$$

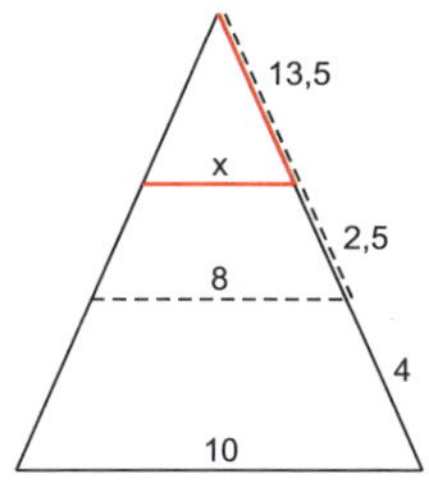

168

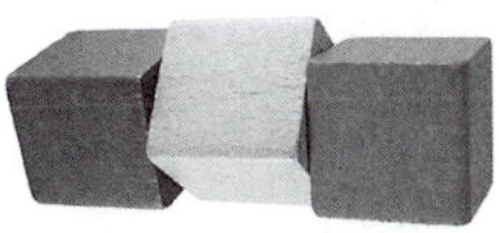

Würfel

Zylinder

Quader

Pyramide

Zylinder

Prisma

169

		wahr	falsch
1	Lars meint: „Wenn ich 100 kleine Bleikugeln mit jeweils 3 cm Durchmesser zu einer großen Kugel schmelze, so ist das Volumen der großen Kugel 100-mal so groß wie das Volumen einer der kleinen Kugeln.“ *Begründung:* Die Bleimenge der 100 kleinen Kugeln wird komplett für die große Kugel verwendet.	☒	☐
2	Meike behauptet: „Eine 6 cm hohe Pyramide, die ein gleichseitiges Dreieck mit Kantenlänge 4 cm als Grundfläche besitzt, hat das Volumen $7\sqrt{3}\text{ cm}^3$.“ *Begründung:* Flächeninhalt des gleichseitigen Dreiecks (Grundfläche): $G = \frac{(4\text{ cm})^2}{4} \cdot \sqrt{3} = 4\sqrt{3}\text{ cm}^2$ Volumen der Pyramide: $V = \frac{1}{3} \cdot 4\sqrt{3}\text{ cm}^2 \cdot 6\text{ cm} = 8\sqrt{3}\text{ cm}^3$	☐	☒
3	Jana sagt: „Aus genau 90 gleich großen Würfeln kann ich einen neuen, größeren Würfel basteln.“ *Begründung:* Ein Würfel ist so lang wie breit wie hoch. Durch Probieren verschiedener Würfelanzahlen für die Länge (bzw. Breite und Höhe) erhält man: $a = 3$: $3^3 = 27$ kleine Würfel $a = 4$: $4^3 = 64$ kleine Würfel < 90 $a = 5$: $5^3 = 125$ kleine Würfel > 90 Aus genau 90 Würfeln kann also kein großer Würfel gebastelt werden.	☐	☒

170 a) Da der Pokal 12 cm hoch ist und der zylindrische Teil nur 10 cm, besitzt die Kugel einen Durchmesser von 2 cm und somit einen Radius von 1 cm. Die Breite des Pokals entspricht dem Durchmesser des zylindrischen Teils, der Radius des Zylinders ist also 2 cm. Mit diesen Maßen lässt sich zunächst das Volumen des Pokals berechnen:

$$V_{\text{Pokal}} = V_{\text{Zylinder}} + V_{\text{Kugel}} = \pi \cdot (2\text{ cm})^2 \cdot 10\text{ cm} + \frac{4}{3}\pi \cdot (1\text{ cm})^3$$

$$V_{\text{Pokal}} = 40\pi\text{ cm}^3 + \frac{4}{3}\pi\text{ cm}^3 = 41\frac{1}{3}\pi\text{ cm}^3 \approx 129{,}9\text{ cm}^3$$

Mittels der Formel Gewicht = Dichte · Volumen kann das gesuchte Gewicht des Pokals berechnet werden:

$$\text{Gewicht}_{\text{Pokal}} = \text{Dichte}_{\text{Kunststoff}} \cdot V_{\text{Pokal}}$$

$$\text{Gewicht}_{\text{Pokal}} = 0{,}8\ \frac{\text{g}}{\text{cm}^3} \cdot 129{,}9\ \text{cm}^3$$

$$\text{Gewicht}_{\text{Pokal}} = \mathbf{103{,}92\ g}$$

b) Da die Kugel den zylindrischen Teil des Pokals nur in einem Punkt berührt, entspricht die benötigte Menge an Goldfolie der Summe der Oberflächen der beiden Pokalteile.

$$O_{\text{Pokal}} = O_{\text{Zylinder}} + O_{\text{Kugel}}$$

$$O_{\text{Pokal}} = 2\pi \cdot (2\ \text{cm})^2 + 2\pi \cdot 2\ \text{cm} \cdot 10\ \text{cm} + 4\pi \cdot (1\ \text{cm})^2$$

$$O_{\text{Pokal}} = 8\pi\ \text{cm}^2 + 40\pi\ \text{cm}^2 + 4\pi\ \text{cm}^2$$

$$O_{\text{Pokal}} = 52\pi\ \text{cm}^2 \approx \mathbf{163{,}4\ cm^2}$$

171

	u	h	G	M	O	V
Prisma 1	12 m	**8 m**	10 m^2	**96 m^2**	**116 m^2**	80 m^3
Prisma 2	**20 cm**	7 cm	**25 cm^2**	140 cm^2	**190 cm^2**	175 cm^3

Berechnungen für Prisma 1:

$$V = G \cdot h \quad \Rightarrow \quad h = \frac{V}{G} = \frac{80\ \text{m}^3}{10\ \text{m}^2} = 8\ \text{m}$$

$$M = u \cdot h = 12\ \text{m} \cdot 8\ \text{m} = 96\ \text{m}^2$$

$$O = 2G + M = 2 \cdot 10\ \text{m}^2 + 96\ \text{m}^2 = 116\ \text{m}^2$$

Berechnungen für Prisma 2:

$$M = u \cdot h \quad \Rightarrow \quad u = \frac{M}{h} = \frac{140\ \text{cm}^2}{7\ \text{cm}} = 20\ \text{cm}$$

$$V = G \cdot h \quad \Rightarrow \quad G = \frac{V}{h} = \frac{175\ \text{cm}^3}{7\ \text{cm}} = 25\ \text{cm}^2$$

$$O = 2G + M = 2 \cdot 25\ \text{cm}^2 + 140\ \text{cm}^2 = 190\ \text{cm}^2$$

172 a) $|5| = \mathbf{5}$

b) $|-15| = \mathbf{15}$

c) $|-27{,}5| = \mathbf{27{,}5}$

d) $|-35| + |12| = 35 + 12 = \mathbf{47}$

e) $-|101| = \mathbf{-101}$

f) $|23{,}6| + |-23{,}6| = 23{,}6 + 23{,}6 = \mathbf{47{,}2}$

173 a)

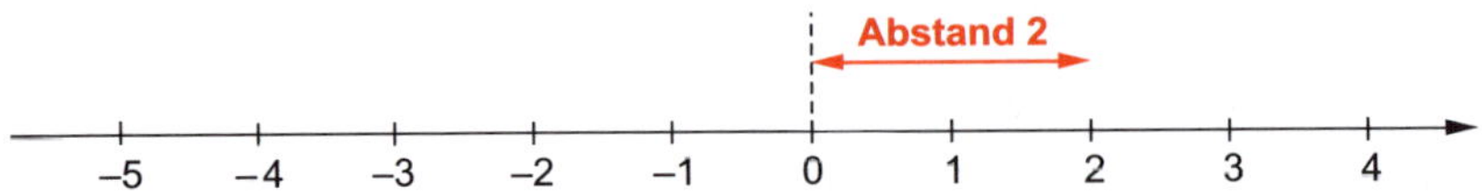

b)

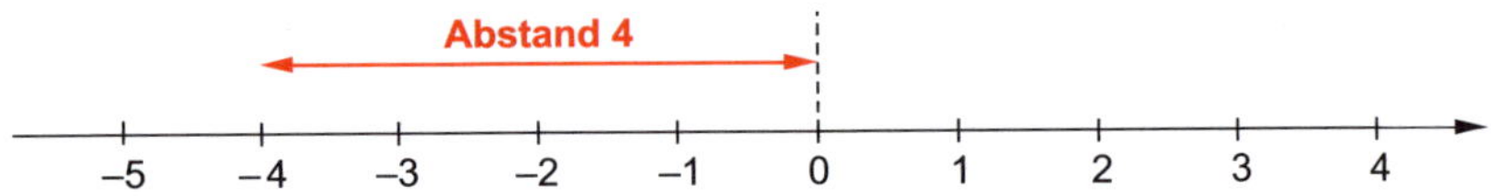

c)

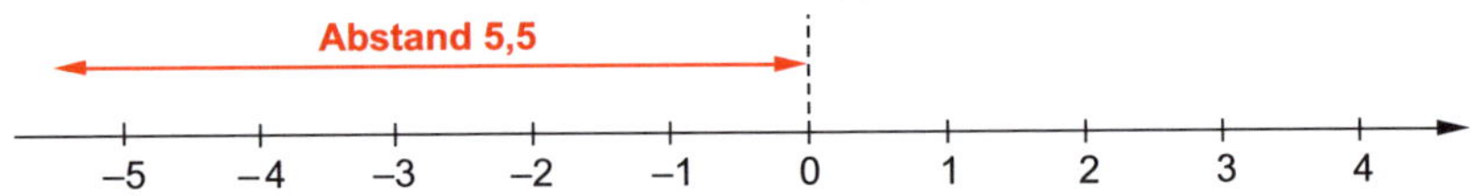

d)

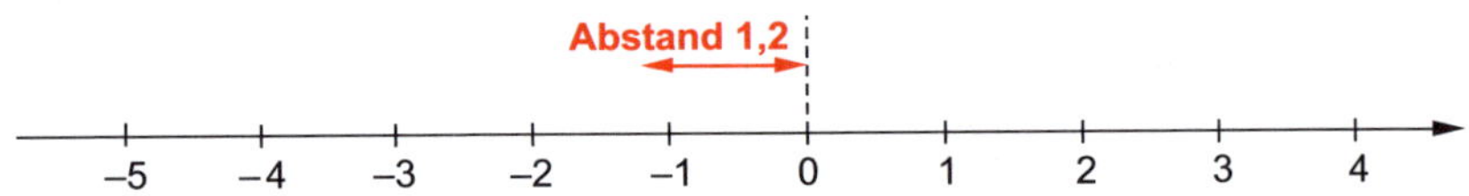

174 Funktion $f(x) = |1 - x|$:
Für $\mathbf{x = 1}$ wird das Argument der Betragsfunktion 0. 1 bildet also die Grenze, bis zu der die Funktion entweder negativ oder positiv ist.

Für $x < 1$ gilt: $f(x) = 1 - x$
Für $x \geq 1$ gilt: $f(x) = -(1 - x) = -1 + x$

Es folgt:

$$f(x) = |1 - x| = \begin{cases} 1 - x & \text{für } x < 1 \\ -1 + x & \text{für } x \geq 1 \end{cases}$$

Setzt man für x eine kleinere Zahl als 1 ein, so ist $1 - x$ positiv. Für alle x größer als 1 ist das Argument negativ und der Betrag muss mit einem Minuszeichen aufgelöst werden.

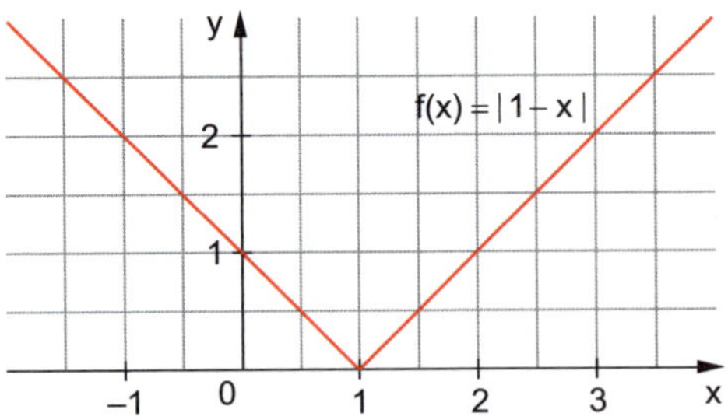

Funktion $f(x) = |1 + x|$:
Für **$x = -1$** wird das Argument der Betragsfunktion 0. –1 bildet also die Grenze, bis zu der die Funktion entweder negativ oder positiv ist.

Für $x \geq -1$ gilt: $f(x) = 1 + x$
Für $x < -1$ gilt: $f(x) = -(1 + x) = -1 - x$
Es folgt:

$$f(x) = |1+x| = \begin{cases} 1+x & \text{für } x \geq -1 \\ -1-x & \text{für } x < -1 \end{cases}$$

Setzt man für x eine größere Zahl als –1 ein, so ist 1 + x positiv. Für alle x kleiner als –1 ist das Argument negativ und der Betrag muss mit einem Minuszeichen aufgelöst werden.

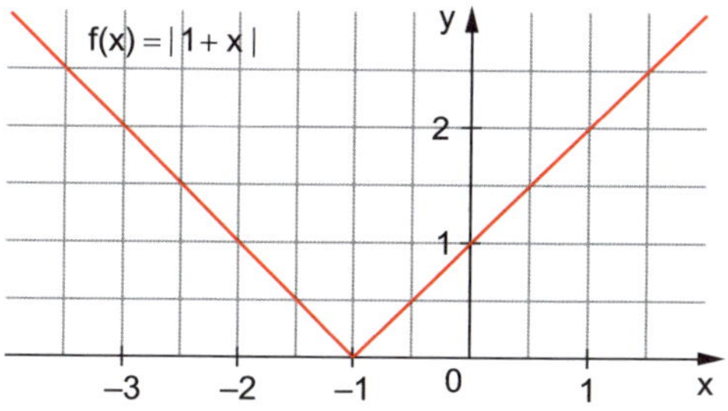

175 Die Handykosten beinhalten pro Monat auf jeden Fall die Fixkosten von 5,99 € für die Grundgebühr und 8,99 € für die SMS-Flat.
$\Rightarrow$ 5,99 € + 8,99 € = 14,98 €

Darin enthalten sind 20 Freiminuten. Für jede Minute, die Nik mehr telefoniert, muss er 5 ct bezahlen.
$\Rightarrow$ $0{,}05 \cdot (x - 20)$ (x in Minuten)

Telefoniert er z. B. 21 Minuten, so muss er $0{,}05 \cdot (21 - 20) = 0{,}05 \cdot 1 = 0{,}05$ [€] zusätzlich bezahlen.

Insgesamt ergibt sich:

$$f(x) = \begin{cases} 14{,}98 & \text{für } x \leq 20 \\ 14{,}98 + 0{,}05(x - 20) & \text{für } x > 20 \end{cases}$$

176 Für $m = \frac{1}{2}$ folgt: $y = \frac{1}{2}x + 2 \cdot \frac{1}{2}$ $\Rightarrow$ g_1: $y = \frac{1}{2}x + 1$

Für $m = 1$ folgt: $y = 1x + 2 \cdot 1$ $\Rightarrow$ g_2: $y = x + 2$

Für $m = \frac{3}{2}$ folgt: $y = \frac{3}{2}x + 2 \cdot \frac{3}{2}$ $\Rightarrow$ g_3: $y = \frac{3}{2}x + 3$

Für $m = -2$ folgt: $y = -2x + 2 \cdot (-2)$ $\Rightarrow$ g_4: $y = -2x - 4$

Aus der Zeichnung kann der gemeinsame Punkt **P(–2 | 0)** abgelesen werden.

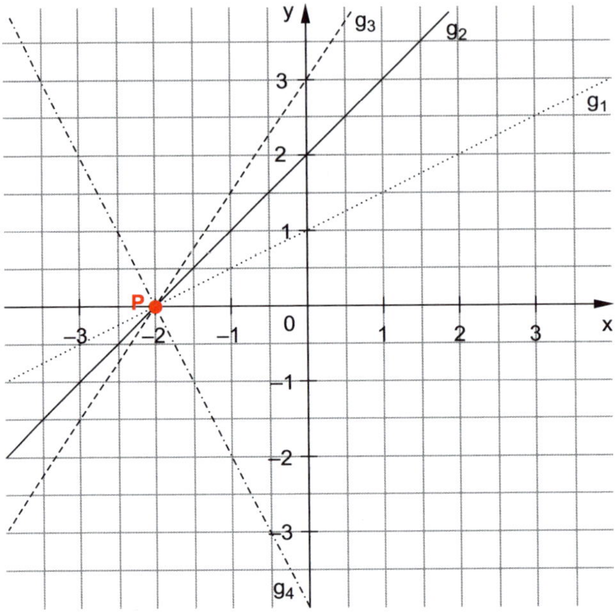

177 Parallele Geraden haben dieselbe Steigung, aber einen anderen y-Achsenabschnitt b. Von der Geraden g muss also lediglich die Steigung berechnet werden:

$$m = \frac{3-1}{1-0} = \frac{2}{1} = 2$$

Für die gesuchte Funktionenschar folgt somit:

p: y = 2x + b

178

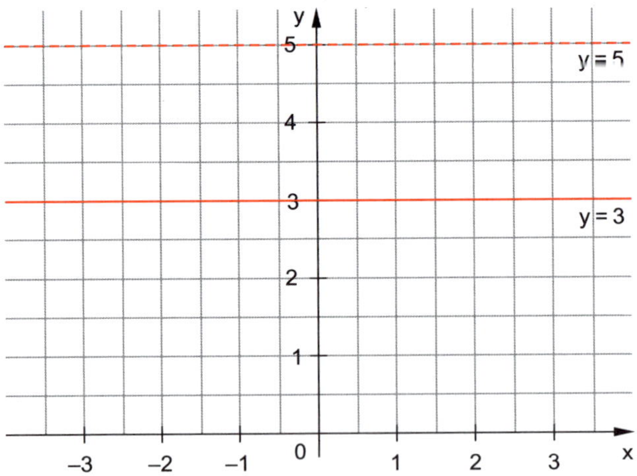

Alle Parallelen zur x-Achse haben die Steigung $m = 0$ und ihre Geradengleichungen unterscheiden sich lediglich im y-Achsenabschnitt b.
Für die gesuchte Funktionenschar folgt somit:
p: $y = b$

179 a) Punktprobe für $(1 \mid 1)$: $1 = 2 \cdot 1^2$
$1 = 2$ ↯ $\Rightarrow$ **$P \notin f$**

Punktprobe für $(-1 \mid 1)$: $1 = 2 \cdot (-1)^2$
$1 = 2$ ↯ $\Rightarrow$ **$P \notin f$**

b) Punktprobe für $(1 \mid 1)$: $1 = 1^6$
$1 = 1$ ✓ $\Rightarrow$ **$P \in g$**

Punktprobe für $(-1 \mid 1)$: $1 = (-1)^6$
$1 = 1$ ✓ $\Rightarrow$ **$P \in g$**

Nur die Potenzfunktionen $f(x) = x^n$ mit geradzahligem n verlaufen durch die Punkte $(1 \mid 1)$ und $(-1 \mid 1)$.
Für die Potenzfunktionen $f(x) = ax^n$ mit Streckungs-/Stauchungsfaktor a, $a \neq 1$, gilt dies nicht. Achsensymmetrisch zur y-Achse sind sie aber dennoch!

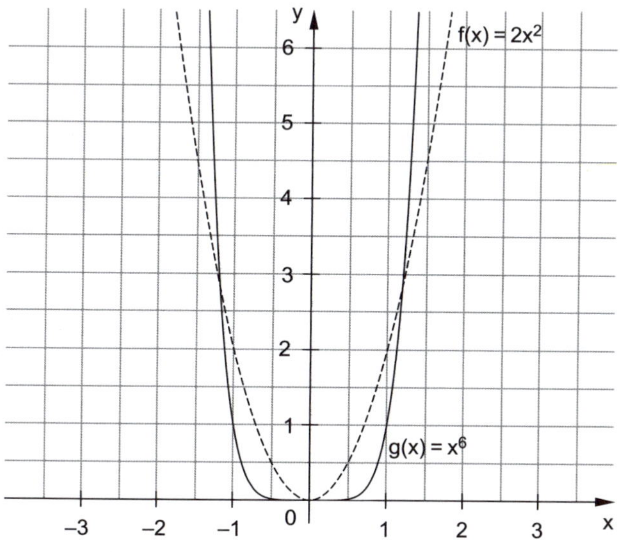

180 a) Punktprobe für $(1 \mid 1)$: $1 = 1^7$
$1 = 1$ ✓ $\Rightarrow$ **$P \in f$**

Punktprobe für $(-1 \mid -1)$: $-1 = (-1)^7$
$-1 = -1$ ✓ $\Rightarrow$ **$P \in f$**

Nur die Potenzfunktionen $f(x) = x^n$ mit ungeradzahligem n verlaufen durch die Punkte $(1 \mid 1)$ und $(-1 \mid -1)$.

b) Punktprobe für (1 | 1): $1 = \frac{1}{4} \cdot 1^3$

$1 = \frac{1}{4}$ ↯ $\Rightarrow$ **P ∉ g**

Punktprobe für (–1 | –1): $-1 = \frac{1}{4} \cdot (-1)^3$

$-1 = -\frac{1}{4}$ ↯ $\Rightarrow$ **P ∉ g**

Für die Potenzfunktionen $f(x) = ax^n$ mit Streckungs-/Stauchungsfaktor a, $a \neq 1$ gilt dies nicht. Punktsymmetrisch zum Ursprung sind sie aber dennoch!

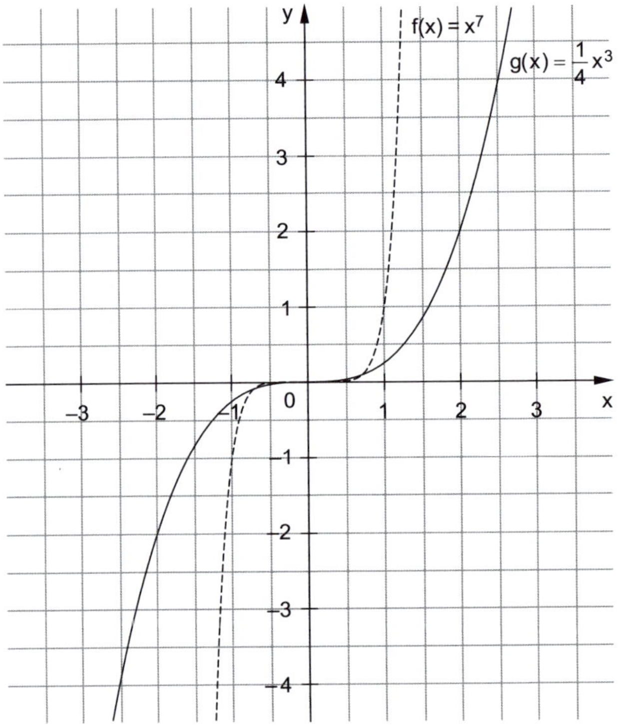

181 Egal, mit welcher natürlichen Zahl 1 potenziert wird, das Ergebnis ist immer 1:
$1^n = 1$ für alle $n \in \mathbb{N}$

Somit gilt dies insbesondere für alle geradzahligen n.
$f(x) = x^n$ mit geradzahligem $n \in \mathbb{N}$ verläuft also stets durch den Punkt (1 | 1).

Potenziert man (–1) mit einer geradzahligen natürlichen Zahl, so ist das Ergebnis stets 1, $(-1)^2 = 1$, $(-1)^4 = 1$, $(-1)^6 = 1$ usw.
$f(x) = x^n$ mit geradzahligem $n \in \mathbb{N}$ verläuft also stets durch den Punkt (–1 | 1).

182 a) Screenshots:

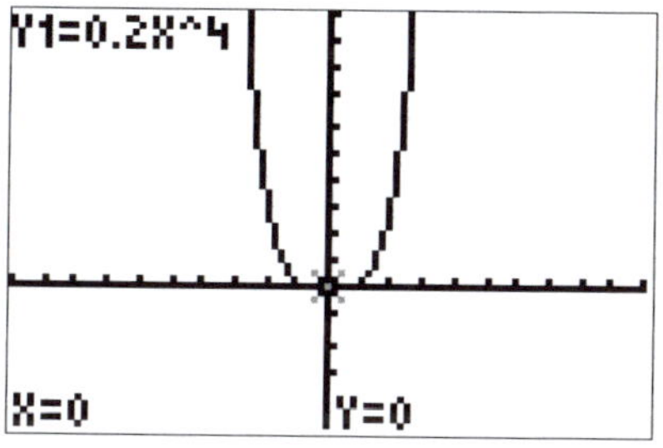

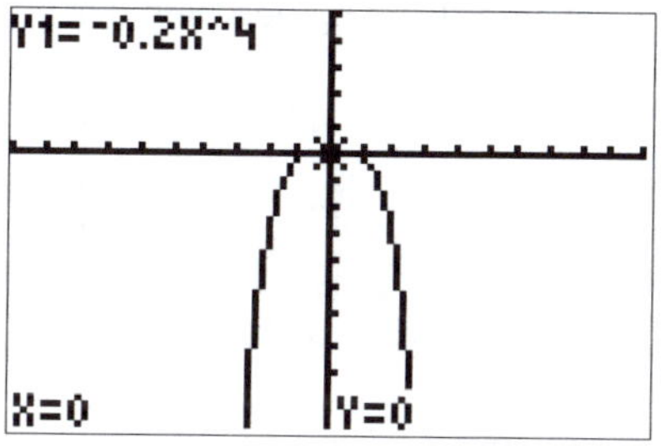

Zusammenhang der beiden Graphen:
h(x) ist die **an der x-Achse gespiegelte Funktion** g(x)

b) Screenshots:

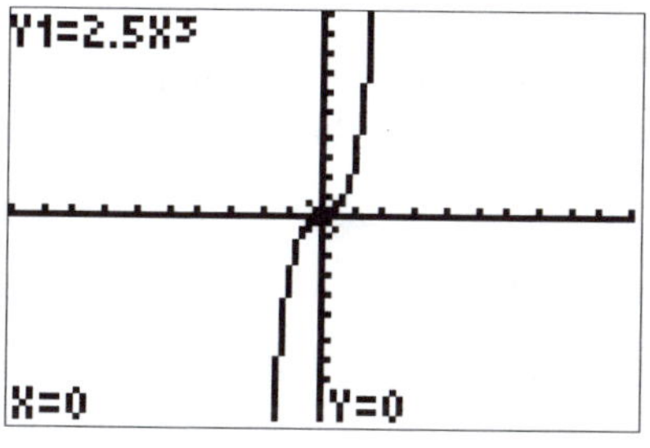

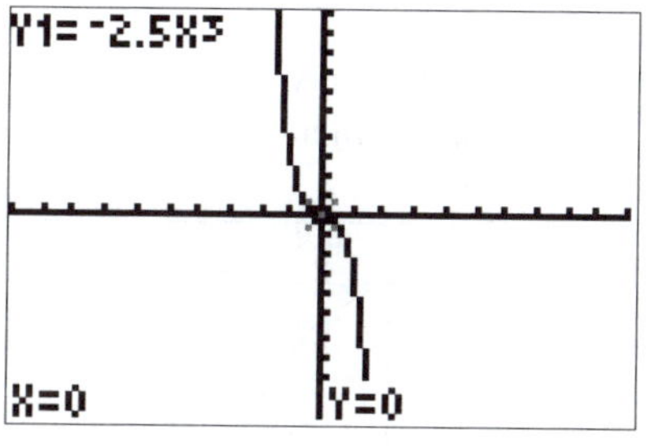

Zusammenhang der beiden Graphen:
h(x) ist die **an der x-Achse gespiegelte Funktion** g(x). Richtig wäre auch zu sagen, dass h(x) die an der y-Achse gespiegelte Funktion g(x) ist.

183 a) Der Graph von $y = x^{-4}$ verläuft sowohl durch den Punkt (1 | 1) als auch durch den Punkt (–1 | 1). Zudem liegt der Graph vollständig oberhalb der x-Achse.

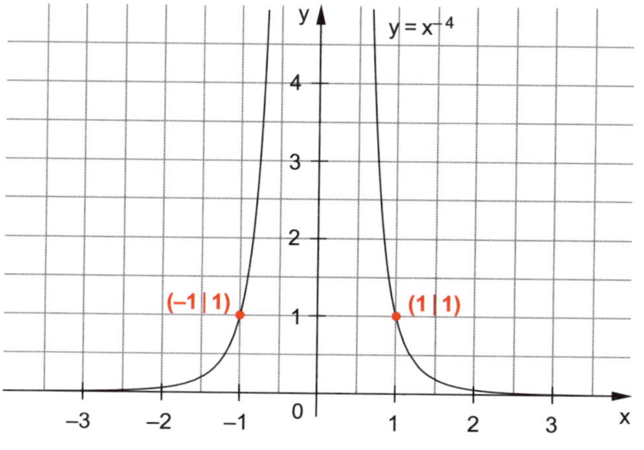

b) Der Graph von $y = 2x^{-2}$ verläuft nicht durch die Punkte (1 | 1) und (–1 | 1), liegt aber vollständig oberhalb der x-Achse.

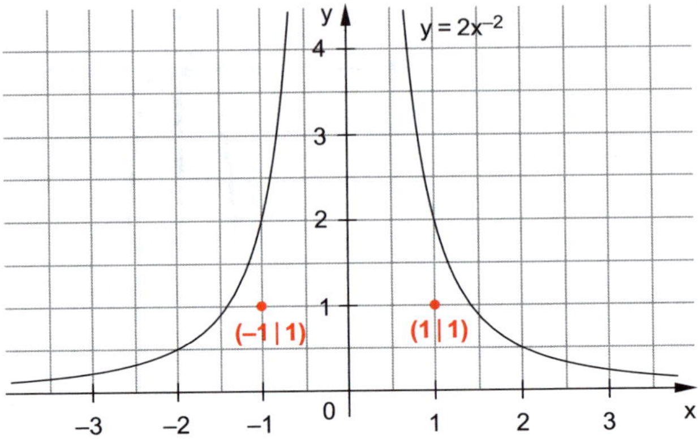

c) Der Graph von $y = -3x^{-2}$ verläuft nicht durch die Punkte (1 | 1) und (–1 | 1). Er liegt zudem niemals oberhalb, sondern vollständig unterhalb der x-Achse.

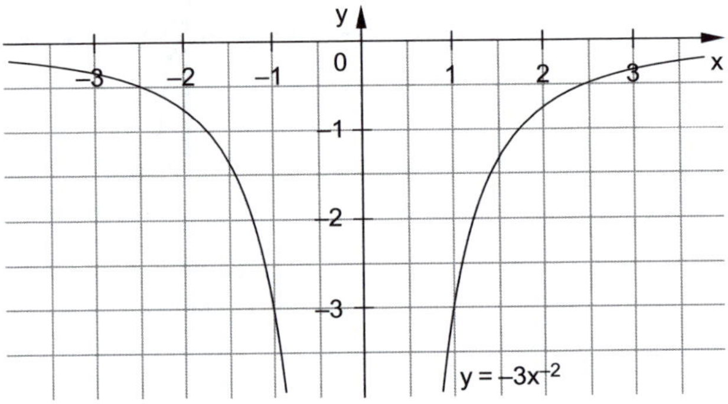

d) Der Graph von $y = x^{-6}$ verläuft durch die beiden Punkte (1 | 1) und (–1 | 1) und liegt zudem vollständig oberhalb der x-Achse.

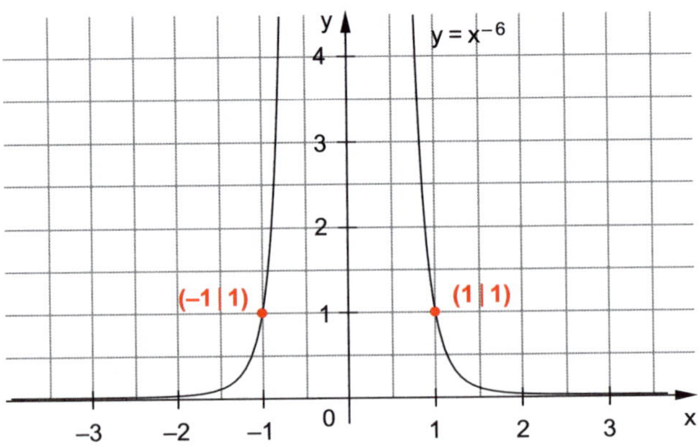

184 a) Allgemeine Volumenformel für eine Pyramide: $V = \frac{1}{3} G \cdot h$

Allgemeine Flächenformel für ein gleichseitiges Dreieck: $G = \frac{a^2}{4}\sqrt{3}$

Geg.: $V = 100\ \text{cm}^3$
$a = 5\ \text{cm}$

Ges.: h

Durch Einsetzen der gegebenen Größen in die Volumenformel und Auflösen der Gleichung nach h ergibt sich:

$$V = \frac{1}{3} G \cdot h$$

$$100\ \text{cm}^3 = \frac{1}{3} \cdot \frac{(5\ \text{cm})^2}{4} \cdot \sqrt{3} \cdot h$$

$$100\ \text{cm}^3 = \frac{\sqrt{3} \cdot 25\ \text{cm}^2}{12} \cdot h \qquad | \cdot 12$$

$$1\,200\ \text{cm}^3 = 25\sqrt{3}\ \text{cm}^2 \cdot h \qquad | : 25\ \text{cm}^2$$

$$48\ \text{cm} = \sqrt{3} \cdot h \qquad | : \sqrt{3}$$

$$27{,}7\ \text{cm} \approx h$$

Die Pyramide ist etwa **27,7 cm hoch**.

b) Jetzt wird vorausgesetzt, dass die Seitenlänge a des gleichseitigen Dreiecks nicht fest vorgegeben ist. Es wird eine Funktion gesucht, mit der man die Höhe h in Abhängigkeit von a bestimmen kann. Die Volumengleichung mit der Unbekannten a muss also allgemein nach h aufgelöst werden.

$$V = \frac{1}{3} G \cdot h$$

$V = 100\ \text{cm}^3$ gilt weiterhin!

$$100 = \frac{1}{3} \cdot \frac{a^2}{4}\sqrt{3} \cdot h$$

$$100 = \frac{\sqrt{3}}{12} a^2 \cdot h \qquad | \cdot 12$$

$$1\,200 = \sqrt{3} \cdot a^2 \cdot h \qquad | : \sqrt{3} \cdot a^2$$

$$\frac{1\,200}{\sqrt{3} \cdot a^2} = h$$

Die gesuchte Funktion f(h) ergibt sich zu: $\mathbf{f(h) = \frac{1\,200}{\sqrt{3} \cdot a^2}}$

185 Graph I: ☐ achsensymmetrisch
☒ punktsymmetrisch

Graph II: ☒ achsensymmetrisch
☐ punktsymmetrisch

Graph III: ☐ achsensymmetrisch
☒ punktsymmetrisch

Graph IV: ☒ achsensymmetrisch
☐ punktsymmetrisch

186 a) Test auf Achsensymmetrie zur y-Achse: $f(x) = f(-x)$

$$\left.\begin{aligned} f(x) &= \frac{1}{2}x^4 \\ f(-x) &= \frac{1}{2}(-x)^4 = \frac{1}{2}x^4 \end{aligned}\right\} f(x) = f(-x)$$

Die Funktion $y = \frac{1}{2}x^4$ ist also **achsensymmetrisch zur y-Achse**.

b) Test auf Achsensymmetrie zur y-Achse: $f(x) = f(-x)$

$$\left.\begin{aligned} f(x) &= \frac{1}{4}x^3 \\ f(-x) &= \frac{1}{4}(-x)^3 = -\frac{1}{4}x^3 \end{aligned}\right\} f(x) \neq f(-x)$$

Die Funktion $y = \frac{1}{4}x^3$ ist also nicht achsensymmetrisch zur y-Achse.

Aber es gilt:

$$f(-x) = -\frac{1}{4}x^3 = -f(x)$$

Die Funktion $y = \frac{1}{4}x^3$ ist somit **punktsymmetrisch zum Ursprung**.

c) Test auf Achsensymmetrie zur y-Achse: $f(x) = f(-x)$

$$\left.\begin{aligned} f(x) &= -2x^5 \\ f(-x) &= -2(-x)^5 = 2x^5 \end{aligned}\right\} f(x) \neq f(-x)$$

Die Funktion $y = -2x^5$ ist also nicht achsensymmetrisch zur y-Achse.
Aber es gilt:
$$f(-x) = 2x^5 = -(-2x^5) = -f(x)$$

Die Funktion $y = -2x^5$ ist somit **punktsymmetrisch zum Ursprung**.

d) Test auf Achsensymmetrie zur y-Achse: $f(x) = f(-x)$

$$\left.\begin{array}{l} f(x) = 3x^{-2} \\ f(-x) = 3(-x)^{-2} = 3x^{-2} \end{array}\right\} f(x) = f(-x)$$

Die Funktion $y = 3x^{-2}$ ist also **achsensymmetrisch zur y-Achse**.

187 Das Kriterium für Achsen- bzw. Punktsymmetrie muss allgemein nachgewiesen werden.

n geradzahlig:
$f(-x) = a(-x)^n = a(-1x)^n = a \cdot (-1)^n \cdot x^n = a \cdot 1 \cdot x^n = a \cdot x^n = f(x)$
Das Kriterium für die Achsensymmetrie zur y-Achse ist somit erfüllt.

n ungeradzahlig:
$f(-x) = a(-x)^n = a(-1x)^n = a \cdot (-1)^n \cdot x^n = a \cdot (-1) \cdot x^n = -ax^n = -f(x)$
Das Kriterium für die Punktsymmetrie zum Ursprung ist somit erfüllt.

188 a) Die Funktion $f(x) = -5(x+0{,}5)^2 + 1$ ist nur für $\mathbf{x < -0{,}5}$ streng monoton steigend und analog für $\mathbf{x > -0{,}5}$ streng monoton fallend.

b) Die Funktion $g(x) = 2x^4$ ist für $x < 0$ **streng** monoton fallend und für $x > 0$ **streng** monoton steigend.

189 a)

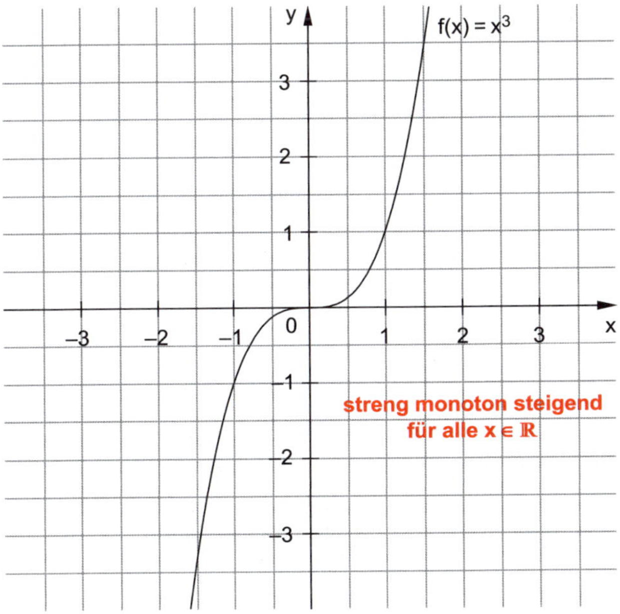

b)

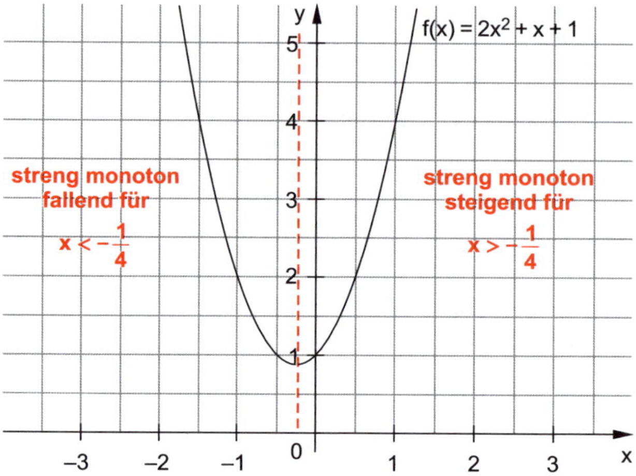

Das Monotonieverhalten einer quadratischen Funktion ändert sich exakt im Scheitel.

$f(x) = 2x^2 + x + 1$

$f(x) = 2\left(x^2 + \frac{1}{2}x\right) + 1$ Ausklammern

$f(x) = 2\left(x^2 + \frac{1}{2}x + \left(\frac{1}{4}\right)^2 - \left(\frac{1}{4}\right)^2\right) + 1$ Quadratisch ergänzen

$f(x) = 2\left(\left(x + \frac{1}{4}\right)^2 - \frac{1}{16}\right) + 1$ Binomische Formel

$f(x) = 2\left(x + \frac{1}{4}\right)^2 - \frac{1}{8} + 1$ Ausmultiplizieren

$f(x) = 2\left(x + \frac{1}{4}\right)^2 + \frac{7}{8}$ Zusammenfassen

$\Rightarrow \quad S\left(-\frac{1}{4} \,\middle|\, \frac{7}{8}\right)$

Die x-Koordinate des Scheitels bestimmt den Wert, bis zu dem eine nach oben geöffnete Parabel streng monoton fällt und ab dem sie streng monoton steigt.

Bemerkung: Eine nach unten geöffnete Parabel steigt zuerst bis zum x-Wert des Scheitels streng monoton und fällt danach streng monoton.

c)

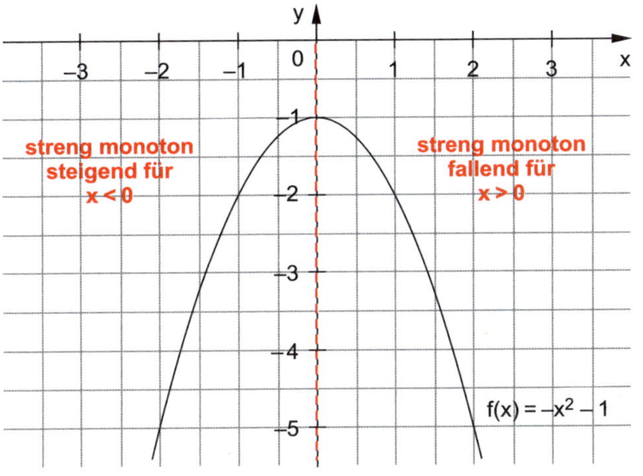

Der Scheitel der nach unten geöffneten Parabel kann direkt aus der Funktionsgleichung als $S(0|-1)$ abgelesen werden. Das Monotonieverhalten ändert sich also bei $x = 0$.

d)

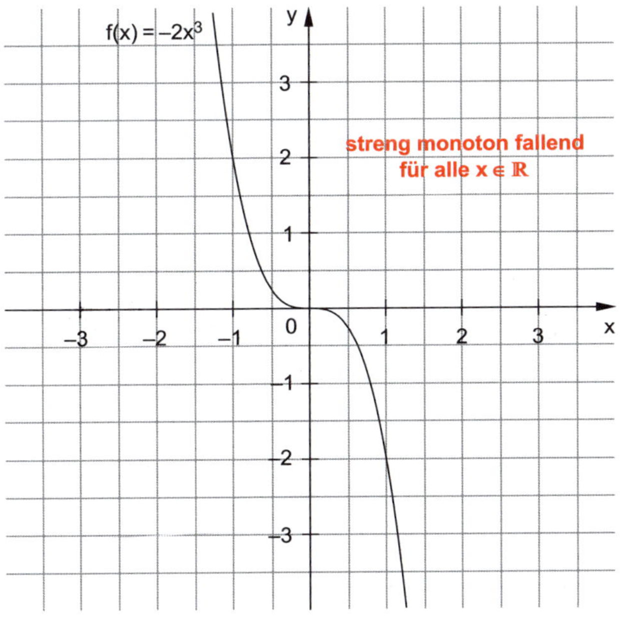

190 a) $\lim\limits_{x \to +\infty} \frac{2}{x} = \mathbf{0}$

Die Konstante 2 im Zähler beeinflusst das Grenzverhalten nicht. Der Nenner wird für $x \to +\infty$ immer größer und der Bruch $\frac{2}{x}$ somit immer kleiner.

$\lim\limits_{x \to -\infty} \frac{2}{x} = \mathbf{0}$

Die waagrechte Asymptote ist $\mathbf{y = 0}$.

b) $\lim\limits_{x \to +\infty} x^2 = \mathbf{+\infty}$

Die Normalparabel nimmt nur nicht negative Funktionswerte an. Sowohl für $x \to +\infty$ als auch für $x \to -\infty$ wächst sie gegen $+\infty$.

$\lim\limits_{x \to -\infty} x^2 = \mathbf{+\infty}$

Es existiert **keine** waagrechte Asymptote.

c) $\lim\limits_{x \to +\infty} \frac{1}{x^2 - 1} = \mathbf{0}$

Die Subtraktion von 1 im Nenner beeinflusst den Grenzwert nicht. Denn zu einem immer größer werdenden Wert wird lediglich 1 abgezogen. Die 1 fällt sozusagen nicht ins Gewicht. Der Nenner wird sowohl für $x \to +\infty$ als auch für $x \to -\infty$ immer größer und der Bruch somit immer kleiner.

$\lim\limits_{x \to -\infty} \frac{1}{x^2 - 1} = \mathbf{0}$

Die waagrechte Asymptote ist $\mathbf{y = 0}$.

d) $\lim\limits_{x \to +\infty} \frac{1}{x} - 2 = \mathbf{-2}$

Der Bruch strebt sowohl für $x \to +\infty$ als auch für $x \to -\infty$ gegen 0. Der Term –2 bleibt davon unbeeinflusst, da er unabhängig von x ist. Die Funktion nähert sich also im Unendlichen der –2 an.

$\lim\limits_{x \to -\infty} \frac{1}{x} - 2 = \mathbf{-2}$

Die waagrechte Asymptote ist $\mathbf{y = -2}$.

191 a) Verhalten im Unendlichen:

$\lim\limits_{x \to +\infty} \frac{1}{x - 1} = \mathbf{0}$

Annäherung auf der Zahlengeraden von rechts an die 0.

$\lim\limits_{x \to -\infty} \frac{1}{x - 1} = \mathbf{0}$

Annäherung auf der Zahlengeraden von links an die 0.

Die waagrechte Asymptote ist $\mathbf{y = 0}$.

Verhalten bei Annäherung an die Definitionslücke:
Der Definitionsbereich von f ist $D = \mathbb{R} \setminus \{1\}$. $x_0 = 1$ ist Definitionslücke.

Für $x \to 1$ mit $x > 1$ geht f(x) gegen $\mathbf{+\infty}$, da der Nenner $(x - 1)$ immer kleiner wird und gegen 0 strebt, aber stets positiv bleibt. Teilt man eine positive durch eine positive Zahl, so ist das Ergebnis positiv.

Für $x \to 1$ mit $x < 1$ geht f(x) gegen $-\infty$, da der Nenner $(x-1)$ vom Betrag her immer kleiner wird, aber zudem stets negativ ist. Teilt man eine positive durch eine negative Zahl, so ist das Ergebnis negativ.

Die senkrechte Asymptote ist $x = 1$.

b) Verhalten im Unendlichen:

$$\lim_{x \to +\infty} \frac{-5}{1+x} = 0$$

Annäherung auf der Zahlengeraden von links an die 0.

$$\lim_{x \to -\infty} \frac{-5}{1+x} = 0$$

Annäherung auf der Zahlengeraden von rechts an die 0.

Die waagrechte Asymptote ist $y = 0$.

Verhalten bei Annäherung an die Definitionslücke:
Der Definitionsbereich von f ist $D = \mathbb{R} \setminus \{-1\}$. $x_0 = -1$ ist Definitionslücke.

Für $x \to -1$ mit $x > -1$ geht f(x) gegen $-\infty$, da der Nenner $(1+x)$ immer kleiner wird und gegen 0 strebt, aber stets positiv ist. Teilt man eine negative durch eine positive Zahl, so ist das Ergebnis negativ.

Für $x \to -1$ mit $x < -1$ geht f(x) gegen $+\infty$, da der Nenner $(1+x)$ vom Betrag her immer kleiner wird, aber zudem stets negativ ist. Teilt man eine negative durch eine negative Zahl, so ist das Ergebnis positiv.

Die senkrechte Asymptote ist $x = -1$.

192 a)

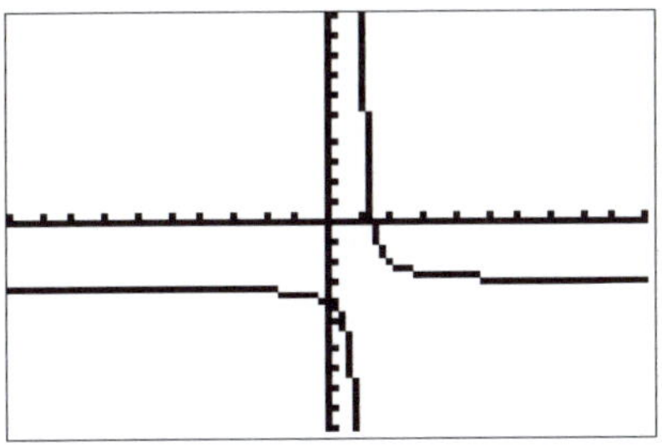

Waagrechte Asymptote:
$y = -3$

Senkrechte Asymptote:
$x = 1$

b)

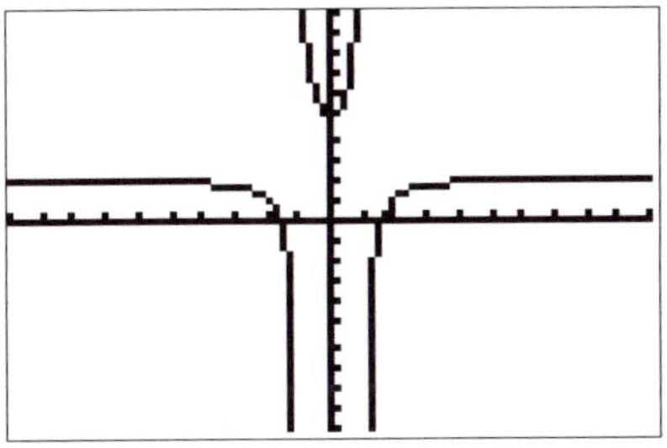

Waagrechte Asymptote:
$y = 2$

Senkrechte Asymptoten:
$x = -1$
$x = 1$

Stichwortverzeichnis

Ihre Meinung ist uns wichtig!

Ihre Anregungen sind uns immer willkommen. Bitte informieren Sie uns mit diesem Schein über Ihre Verbesserungsvorschläge!

Titel-Nr.	Seite	Vorschlag

Bitte hier abtrennen

Zutreffendes bitte ankreuzen!

Die Absenderin/der Absender ist:

- ☐ Lehrer/in in den Klassenstufen: ____
- ☐ Fachbetreuer/in
  Fächer: ____
- ☐ Seminarlehrer/in
  Fächer: ____
- ☐ Regierungsfachberater/in
  Fächer: ____
- ☐ Oberstufenbetreuer/in
- ☐ Schulleiter/in
- ☐ Referendar/in, Termin 2. Staatsexamen: ____
- ☐ Leiter/in Lehrerbibliothek
- ☐ Leiter/in Schülerbibliothek
- ☐ Sekretariat
- ☐ Eltern
- ☐ Schüler/in, Klasse: ____
- ☐ Sonstiges: ____

Unterrichtsfächer: (Bei Lehrkräften!)

____

STARK Verlag
Postfach 1852
85318 Freising

22-V2X
Bitte ausfüllen und im frankierten Umschlag an uns einsenden. Für Fensterkuverts geeignet.

Kennen Sie Ihre Kundennummer?
Bitte hier eintragen.

Absender (Bitte in Druckbuchstaben!)

Name/Vorname

Straße/Nr.

PLZ/Ort/Ortsteil

Telefon privat

Geburtsjahr

E-Mail

Schule/Schulstempel (Bitte immer angeben!)

Bitte hier abtrennen

(Bitte blättern Sie um)